智能制造工业软件应用系列教材

数字化工艺仿真

（上　册）

胡耀华　梁乃明　总主编
秦　毅　程泽阳　编　著

机 械 工 业 出 版 社

作为西门子 Process Simulate 软件的基础应用书籍，本书通过实例系统、全面地介绍了 Process Simulate 软件各个模块的主要功能和操作方法。本书在讲述每个主要模块的实例时，还融入了 Process Simulate 软件的特点和操作技巧，帮助读者加深理解。本书共有 9 章，涵盖了从软件安装到软件运行以及软件操作的步骤，详细介绍了每个功能模块的作用以及应用，使得读者能够对 Process Simulate 软件有更加全面、深刻的认识。

本书可以作为智能制造专业本科生的教材，也可以作为高等专科学校或职业技术学院的程序设计教材，还可以作为产品研发、制造业信息化、产品数据管理开发的 IT 人员和管理人员的参考书。

图书在版编目（CIP）数据

数字化工艺仿真：上册/胡耀华，梁乃明总主编；秦毅，程泽阳编著．—北京：机械工业出版社，2021.12

智能制造工业软件应用系列教材

ISBN 978-7-111-69880-7

Ⅰ.①数…　Ⅱ.①胡…②梁…③秦…④程…　Ⅲ.①智能制造系统-计算机仿真-高等学校-教材　Ⅳ.①TH166

中国版本图书馆 CIP 数据核字（2021）第 260145 号

机械工业出版社（北京市百万庄大街 22 号　邮政编码 100037）

策划编辑：王勇哲　　　　责任编辑：王勇哲　张翠翠

责任校对：肖　琳　张　薇　封面设计：王　旭

责任印制：常天培

北京机工印刷厂印刷

2022 年 2 月第 1 版第 1 次印刷

184mm×260mm · 14.25 印张 · 346 千字

标准书号：ISBN 978-7-111-69880-7

定价：55.00 元

电话服务　　　　　　　　　　网络服务

客服电话：010-88361066　　机　工　官　网：www.cmpbook.com

　　　　　010-88379833　　机　工　官　博：weibo.com/cmp1952

　　　　　010-68326294　　金　　书　　网：www.golden-book.com

封底无防伪标均为盗版　　机工教育服务网：www.cmpedu.com

前　言

本书介绍的是西门子 PLM 中的 Tecnomatix Process Simulate 工艺仿真软件，它是一个集成的在三维环境中验证制造工艺的仿真平台。在这个平台上，工艺规划人员和工艺仿真工程师可以采用组群工作的方式协同工作，利用计算机仿真来模拟和预测产品的整个生产制造过程，并把这一过程用三维方式展示出来，从而验证设计和制造方案的可行性，尽早发现并解决潜在的问题。这对于缩短新产品开发周期、提高产品质量、降低开发和生产成本、降低决策风险都是非常重要的。制造商可以利用 Process Simulate 在早期对制造方法和手段进行虚拟验证。该方式通过对产品和资源的三维数据的利用，极大地简化了复杂制造过程的验证、优化和试运行等工程任务，从而保证更高质量的产品被更快地投放市场。

本书共有 9 章，分别是 Process Simulate 软件介绍、Process Simulate 的安装与卸载、Process Simulate 的启动、Process Simulate 的界面介绍、Process Simulate 的快捷工具条、Process Simulate 的模型编辑、Process Simulate 的仿真操作、Process Simulate 的机器人仿真、Process Simulate 的连续焊接。与本书配合使用的《数字化工艺仿真（下册）》和本书同步出版。

本书是智能制造工业软件应用系列教材中的一本，本系列教材在东莞理工学院校长马宏伟和西门子中国区总裁赫尔曼的关怀下，结合西门子公司多年在产品数字化开发过程中的经验和技术积累编写而成。本系列教材由东莞理工学院的胡耀华和西门子公司的梁乃明任总主编，东莞理工学院的秦毅和西门子公司的程泽阳共同编著。虽然作者在本书的编写过程中力求描述准确，但由于水平有限，书中难免有不妥之处，恳请广大读者批评指正。

编著者

目录

第1章

Process Simulate软件介绍

1.1 简介

产品和制造流程越来越复杂，给 Mfg（Manufacturing，生产制造）带来了“产品上市速度”和资产优化方面的挑战。制造工程团队既需要推出无缺陷的产品，又需要达到设定的成本、质量和投产目标。为了应对这些挑战，居行业领先地位的 Mfg 需要利用企业知识和产品的三维模型及相关资源，以虚拟方式对制造流程进行事先验证。流程仿真给出了这些问题的答案，可提供与制造中枢完全集成的三维动态环境，用于设计和验证制造流程。制造工程师能在其中重用、创建和验证制造流程序列来模仿真实的过程，并帮助优化生产周期和节拍。流程仿真扩展到各种机器人流程中，能进行生产系统的仿真和调试。流程仿真允许制造企业以虚拟方式对制造概念进行事先验证，是推动产品快速上市的一个主要因素。

Process Simulate 是一款进行工艺过程仿真的软件。Mfg 可以利用 Process Simulate 在早期对制造方法和手段进行虚拟验证。Process Simulate 对产品和资源的三维数据的利用能力极大地简化了复杂制造过程的验证、优化和试运行等工程任务，从而保证更高质量的产品被更快地投放市场。

Process Simulate 是 Tecnomatix 应用程序套件之一。Process Simulate 套件支持流程验证和详细的流程创作。它提供了设计、分析、模拟和优化从工厂级到生产线及工作单元的制造过程的功能。

Process Simulate 包含以下应用程序：

- 手动任务的人工优化。
- 基于事件的仿真模块。
- 用于过程控制模拟的 OLE（Object Linking and Embedding，对象连接与嵌入）。
- Process Simulate 连接。
- 焊接设计。
- 使用汇编工具进行规划。应用程序可以单独使用，也可以与其他应用程序结合使用。

有关管理工具的信息，请参阅 Tecnomatix 管理指南的 Tecnomatix Doctor 部分。

1.2 主要功能

1. 汇编工具规划

汇编工具一个强大的工具，用于零件组装和拆卸计划过程，可以在流程设计阶段的早期进行静态分析并检测设计错误，可以创建静态和动态分析。即使在构建第一个物理原型之前，汇编工具也能够检查服务和维护程序。

汇编工具包含以下功能：

- 三维可视化。
- 创建插入和提取路径。
- 进行静态碰撞分析。
- 使用甘特图和树形图完成装配顺序定义。
- 人力和工具等资源的仿真。

2. 手动任务的人工优化

Human（人因）为交互式设计和手动任务优化提供了3D虚拟环境。在实际制造环境的3D模型中，可以使用虚拟人体模型来定义工作序列。综合功能可以准确分析工作场所的执行时间和人类工程学的人机工程学，可以发现修改产生的影响，从而使规划人员能够在实施前优化工作系统。

人因仿真包括以下功能：

- 统计男性和女性工作人员占比。
- 快速完成工作场所配置的工作包络线。
- 基于MTM、UAS和MEK方法进行时间分析。
- 利用OWAS进行人体工学姿势分析。
- 进行Burandt-Schultetus手臂力分析。
- 进行视野分析。
- 具有先进的运动学和运动功能。
- 用于建立快速任务模型的宏操作。

3. 基于事件的仿真模块与PNIO仿真

基于事件的仿真模块提供了一个仿真环境，用来支持复杂生产站的设计和验证。该模块可以模拟各种机器人，以及制造资源和控制设备必须完全同步运行的生产站。Process Simulate的基于事件的仿真模块提供了一种比传统的基于时间的（序列）仿真更精确的方法，即脱机创建程序以及基于事件和流量控制的仿真，能够仿真多个机器人和周围的设备生产站。借助基于事件的仿真模块的独特仿真功能——定点生产（Original Equipment Manufacture，OEM），线路建设者和系统集成商可以在部署新生产站的流程之前，通过识别同步和自动化问题来节省时间和成本。

Process Simulate支持与可编程的Simulation Unit PNIO设备的直接连接，最多可模拟256个PROFINET I/O（PNIO）设备，如图1-1所示。

因为快速模拟在Process Simulate连接中起着非常重要的作用，所以这对模拟PROFINET网络通信中的安全设备特别有用。其中，Tecnomatix主要由以下两个软件构成：

- Process Designer——工艺过程规划。
- Process Simulate——工艺过程仿真。

eMServer-3D连接提供了这两个构建模块的集成，可以与Process Designer中的工作流相关联地创建流程和资源的结构。因此，eM-Planner查看器、操作PERT、甘特图查看器、表格视图或变体可用于构建与真实制造流程相对应的大型复杂流程结构。

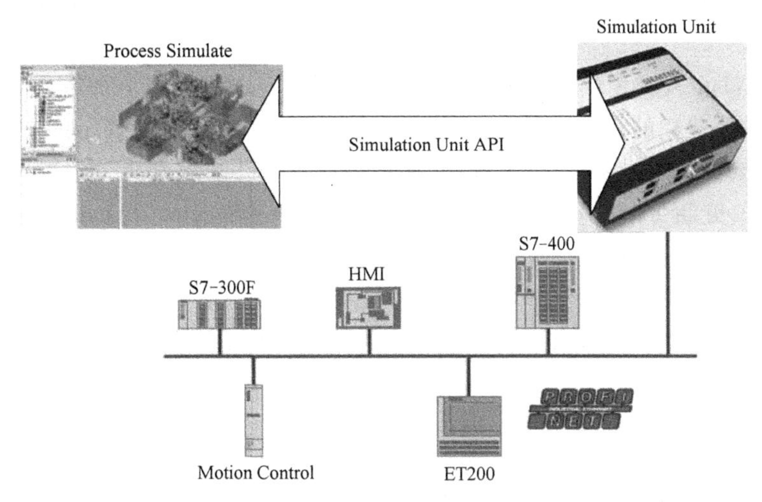

图 1-1　PNIO 设备的连接

接下来，这些结构可以在 3D 模拟过程中详细描述。因此，通过 eMServer-3D 连接，用户只需要在研究中添加所有相关部件、资源和操作来定义检查范围，并在 ProcessDesigner 中通过此研究启动 Process Simulate 即可。

4. 焊接设计

焊接操作解决了焊接设计过程仿真的优化问题。考虑到空间收缩、几何限制、零件碰撞及机器人可达性问题等关键因素，多节点控制和焊接点管理工具等的强大功能能够帮助创建虚拟单元并优化焊接过程。

焊接包括以下功能：

- CAD/CAM 系统的双向数据传输。
- 零件三维可视化。
- 焊接过程的静态和动态碰撞检查。
- 组件的 2D 和 3D 横截面可视化。
- 可管理导入的焊接点。
- 机器人焊接过程的运动学建模。
- 模拟部分焊接过程的机械操作。
- 机器人的外部 TCP 及相关组件应用。
- 支持 RRS1 模块。

5. 机器人和自动化模拟

机器人和自动化模拟使用新一代机器人技术，通过模拟和下载到各个供应商机器人控制器的特定方法来确保系统的合规性。

机器人和自动化模拟环境支持各种行业标准的 OLP 控制器以及基于 ROSE 和 .NET 功能的开放式架构。

虚拟机器人和自动化 Process Simulate 调试使用户能够简化从概念设计到车间的现有制造和工程数据。它为用户提供了参与生产区/电池（机械和电气）实际调试的各个学科的通用集成平台。它使用对象链接、嵌入过程控制（OPC）和实际的机器人程序，可以使用实际硬件仿真真实的可编程逻辑控制器（PLC）代码，从而实现非常实际的虚拟调试。

6. 设备

Process Simulate 支持使用定义为设备的组件结构。从这些结点添加或移除子组件或改变它们的位置是需要建模的。在运行 Update eMServer 之前（或保存在 Process Simulate Standalone 中），有必要完成对设备结构的更改。这意味着如果已添加或从设备层次结构中删除了子级，则必须在更新 eMServer 之前（或保存在 Process Simulate Standalone 中）执行 End Modeling 或 Reload Component。

用户可以从多个设备对象中构建复合设备。复合设备类似于常规设备，它们由链接、关节和坐标系组成。虽然常规设备和复合设备可以使用大多数运动对话框构建，但它们之间的主要区别包括：

- 复合设备的接头移动子组件，但不移动实体。
- 复合设备可以嵌套，而常规设备则不能。
- 复合设备的接头可以通过“联轴器”相互连接（见联合依赖编辑器）。
- 复合设备可以创建嵌套设备之间的附件。与常规附件相比，这些附件与原型一起保存。

复合设备的关节、链路和坐标系始终与单个结点（设备的根结点）关联。注意，该结点不一定是设备的根结点。

要创建复合设备，需要为此结点建模并使用常规的运动学编辑器创建链接和关节。在链接属性对话框中，可以选择链接的几何形状。对于复合设备，只能选择子组件，而不能选择实体。

可以通过为设备的根结点和子结点构建运动学模型来创建嵌套设备，并且可以使用“联合功能”对话框连接嵌套设备的接头。例如，嵌套设备可用于制造由多个相同夹具组成的夹具。复合设备的运动数据与几何数据分开存储，因此可以从 CAD 中更新几何体而不会丢失运动特性。在设备中也可以使用 JT 运动作为叶结点。为嵌套复合设备定义的姿态包含根设备的关节和子设备的所有关节。另外，逻辑行为命令还支持复合实例内的连接子组件。

第2章

Process Simulate的安装与卸载

2.1 软件安装基本信息

1. 系统要求

Tecnomatix 客户端版本 14.0.2 支持以下 Microsoft 捆绑的应用程序集和操作系统：

- Windows 7。
- Windows 8.1。
- Windows 10。
- Windows Vista。
- Windows Server 2012 R2。
- Windows Server 2008 R2 SP1。

2. 硬件配置需求

硬件配置需求见表 2-1。

表 2-1 硬件配置需求

硬件名称	要求
中央处理器	最低:4 核
内存条	最低:4GB 最佳:8~16GB
显卡	详见西门子官方的显卡支持序列文件
虚拟内存	最低:2GB
磁盘可用空间	最低:5GB

以下硬件支持 Tecnomatix 应用程序中的立体 3D 查看：

- 具有至少 120Hz 的高频率、支持主动立体声技术的监视器/投影机。
- 支持立体声渲染和四路缓冲立体声模式的显卡。
- 支持主动立体声技术的 3D 眼镜。

3. 软件安装先决条件

软件安装前，系统需具备以下条件或安装程序：

- Windows Installer 4. 5。
- Microsoft. NET Framework 4. 5。
- MSXML 6. 0 sp1 （x64）。
- Microsoft VisualC++ 2012 Update 4 Redistributable Package （64）。

4. 安装步骤

打开 Process Simulate 安装包“CD14. 0_ Tecnomatix”，双击 Tecnomatix 应用程序，如图 2-1 所示。

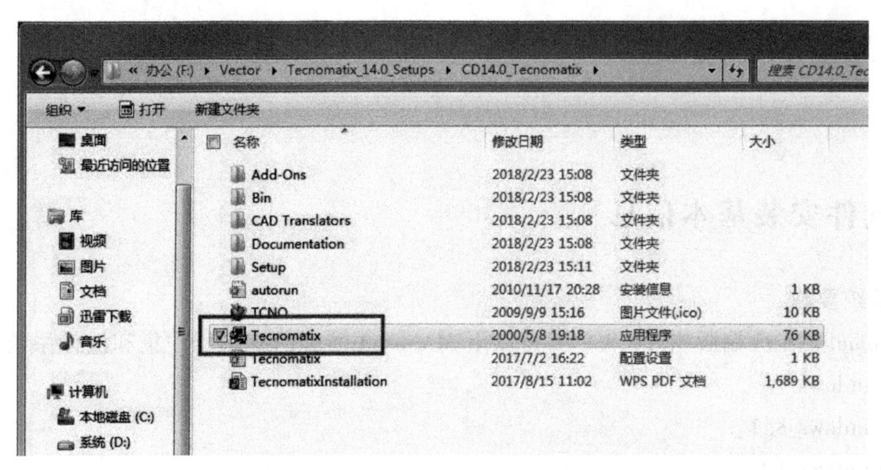

图 2-1　双击 Tecnomatix 应用程序

在弹出的对话框中选择“Install Tecnomatix 14. 0Products”选项如图 2-2 所示。

如图 2-3 所示，选择“Install Tecnomatix 14. 0”选项，进入 Tecnomatix 产品安装页面。

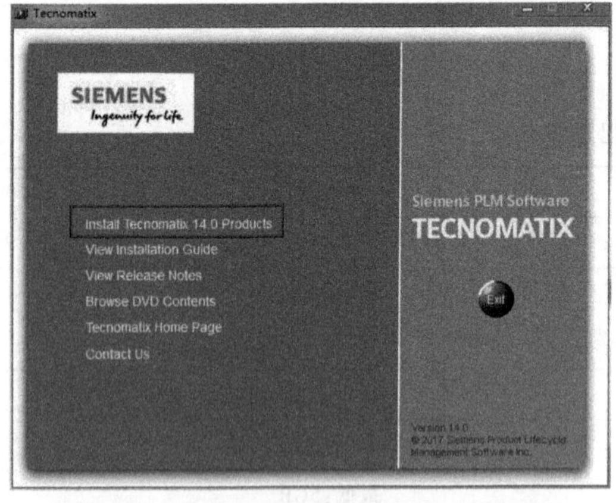

图 2-2　选择“Install Tecnomatix 14. 0 Products”选项

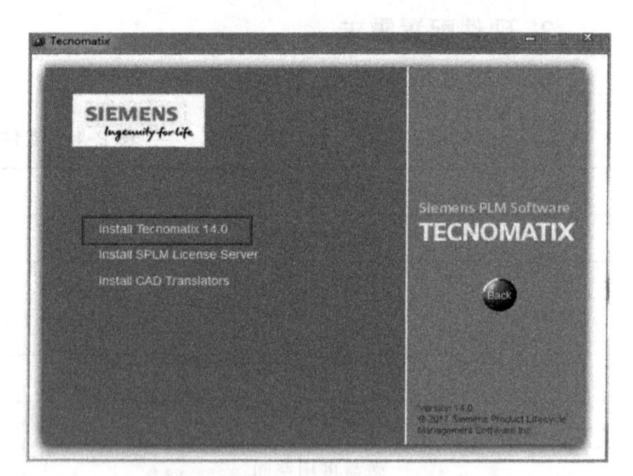

图 2-3　选择“Install Tecnomatix 14. 0”选项

在图 2-4 所示的界面中单击“Next”按钮，进入下一步设置。

安装程序提供了五种安装方案，此处使用默认设置，单击“Next”按钮，如图 2-5 所示。

在弹出的界面中，在 Client Applications 的下拉列表中选择“This feature will not be available.”，如图 2-6 所示。

在 eMServer 的下拉列表中选择“This feature will not be available.”选项，如此操作，确

保每一个选项前都有红色的×之后，即可单击“Next”按钮，如图 2-7 所示。

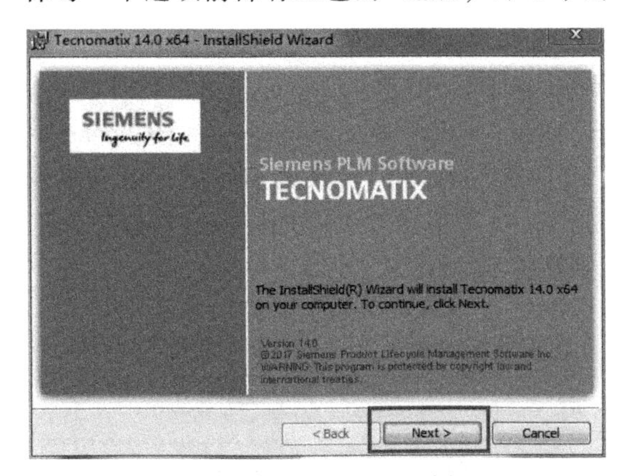

图 2-4　单击“Next”按钮

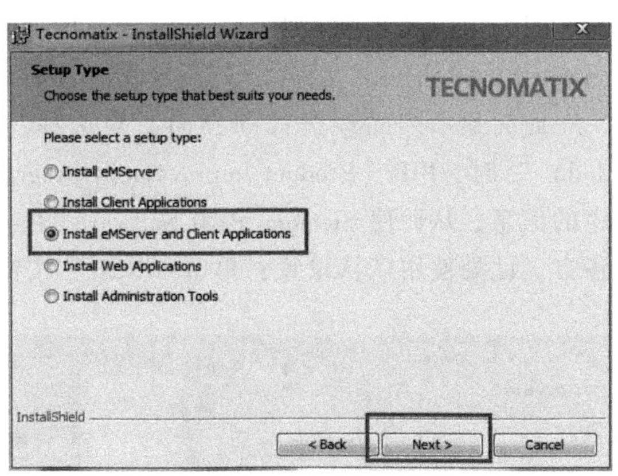

图 2-5　使用默认的“Install eMServer and Client Applications”选项

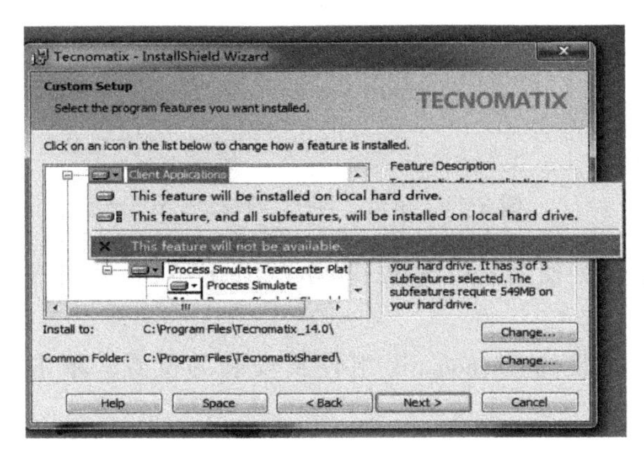

图 2-6　设置“Client Applications”选项

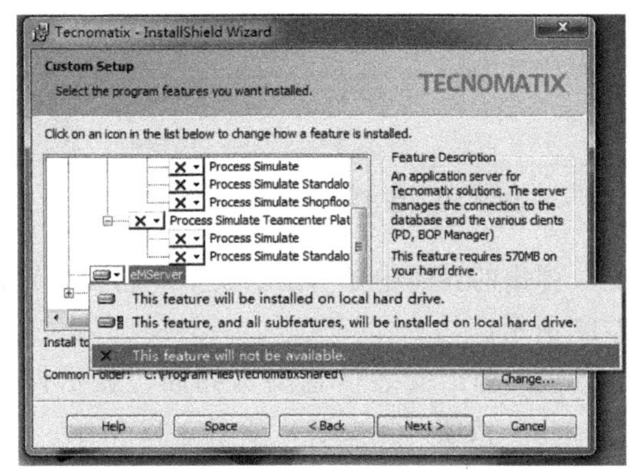

图 2-7　设置“eMServer”选项

接下来根据需求安装所需组件，此处只安装单机版 Process Simulate（个人计算机单机使用）。在 Process Simulate eMServer Platform 的 Process Simulate Standalone 下拉列表中选择“This feature, and all subfeatures, will be installed on local hard drive.”选项，如图 2-8 所示。

使用默认路径安装，单击“Next”按钮，如图 2-9 所示。

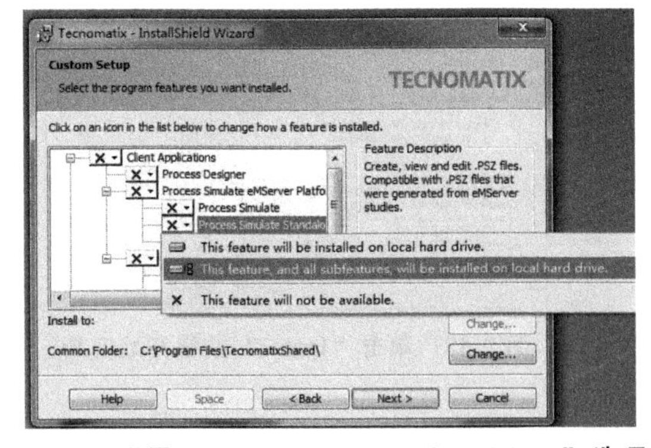

图 2-8　设置“Process Simulate Standalone”选项

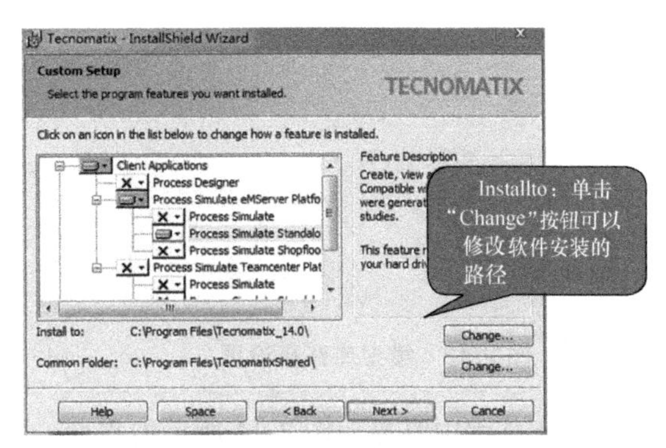

图 2-9　单击“Next”按钮进入下一步

在打开的界面中，在 Controller 下，可以选择需要用到的机器人品牌。此处以 KUKA 为例，对于 KUKA 下的 KUKA_ KRC，选择“This feature, and all subfeatures, will be installed on local hard drive.”选项，然后单击“Next”按钮，如图 2-10 所示。

此时显示产品改进计划界面，当选择“Yes. I am willing to participate. （Recommended）”时，PIP（Product Improvement Program，产品改进计划）会收集如何使用该应用程序的信息，从而使 Siemens PLM Software 能够改进产品及其功能。没有任何信息暴露于外部各方。此处使用默认设置，单击“Next”按钮，如图 2-11 所示。

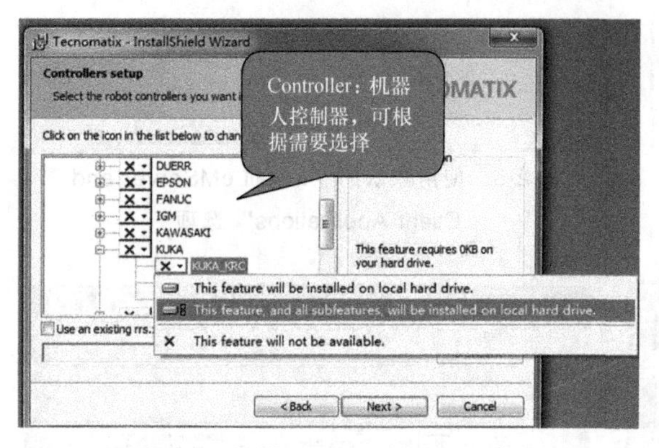

图 2-10　设置“KUKA_ KRC”选项

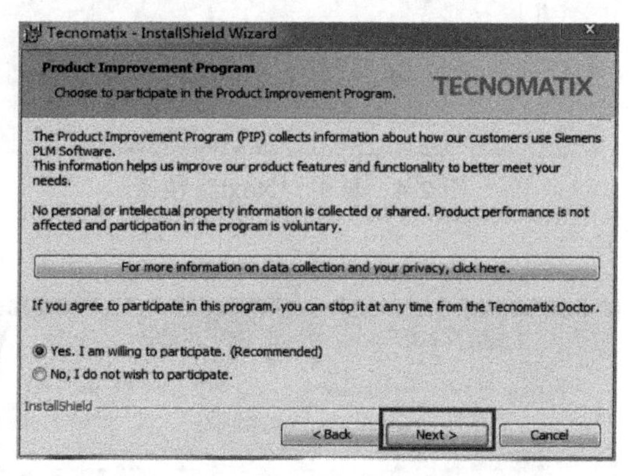

图 2-11　单击“Next”按钮进入下一步

弹出的界面中显示系统模型库路径设置，此处使用默认设置，单击“Next”按钮，如图 2-12 所示。

此时弹出安装信息浏览界面，显示即将安装的 Tecnomatix 组件及安装的位置，单击“Install”按钮开始安装，如图 2-13 所示。

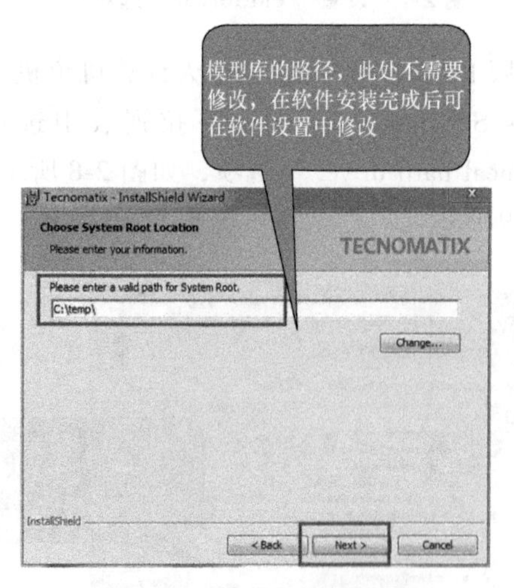

图 2-12　模型库路径设置

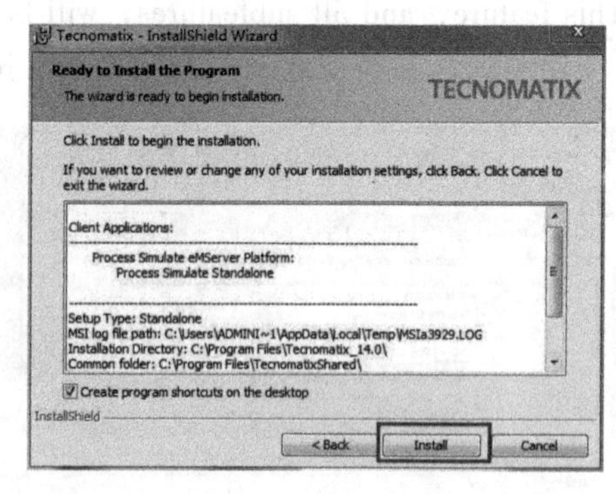

图 2-13　单击“Install”按钮开始安装

安装过程中将显示图 2-14 所示的界面。

安装完成后弹出安装完成信息，单击“Finish”按钮完成安装。

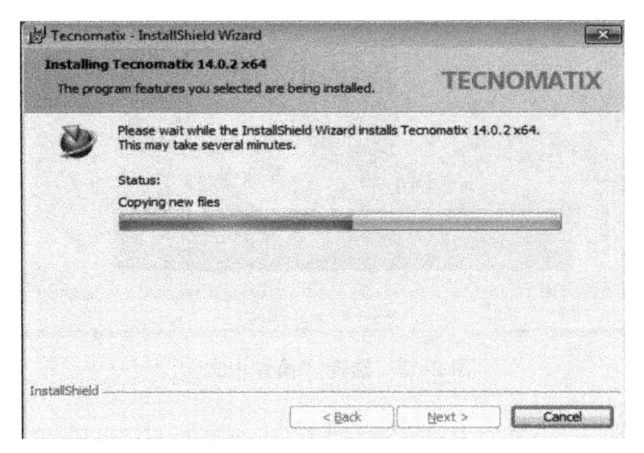

图 2-14　安装过程界面

2.2　安装许可

打开购买的 License 文件，将 License 文件中的 Host Name 改为服务器主机名，格式为“SERVER 计算机全名 ANY28000”，并保存，如图 2-15 所示。

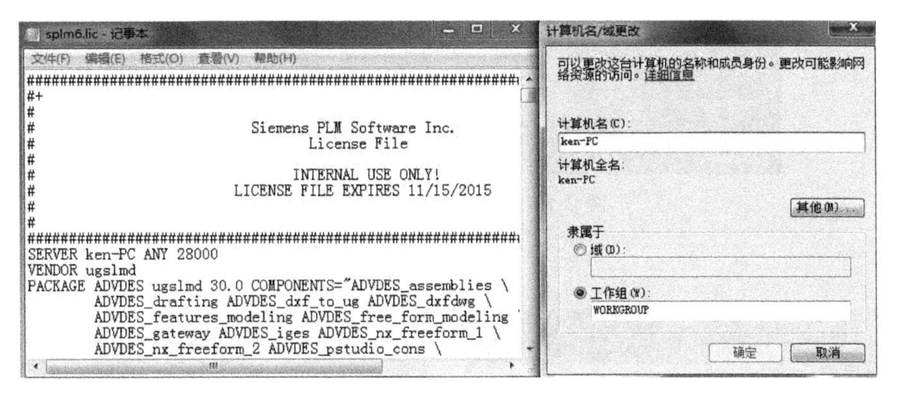

图 2-15　License 文件

打开 Tecnomatix 安装程序包，运行 SPLMLicenseServer_ v8. 2. 3_ win64_ setup. exe 进行安装，如图 2-16 所示。

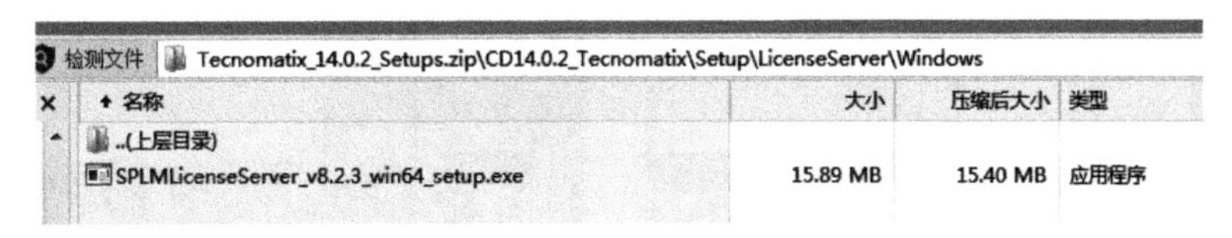

图 2-16　Tecnomatix 安装程序包

选择“简体中文”，然后单击“确定”按钮，如图 2-17 所示。

在弹出的界面中单击“下一步”按钮进行安装，如图 2-18 所示。

选择 License 安装位置，如图 2-19 所示。

选择许可证文件，即修改后的 License 文件，如图 2-20 所示。

图 2-17　选择“简体中文”

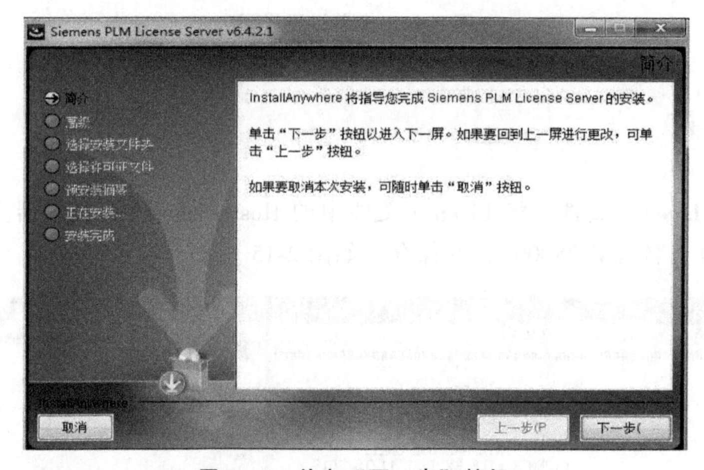

图 2-18　单击“下一步”按钮

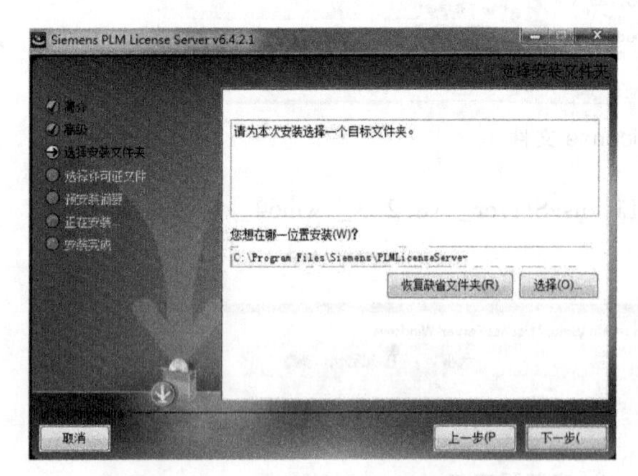

图 2-19　选择 License 安装位置

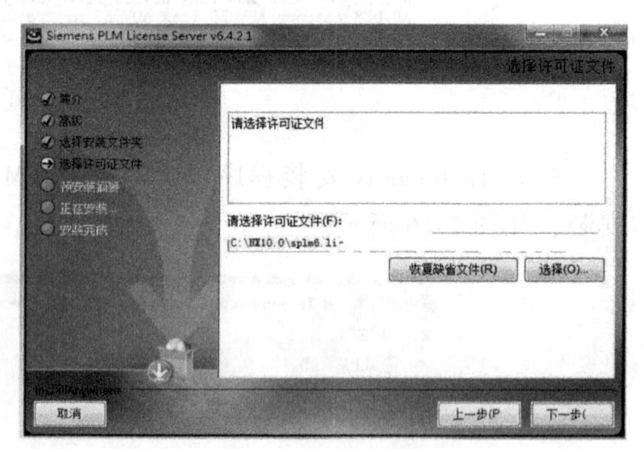

图 2-20　选择许可证文件

查看指定的安装信息，如图 2-21 所示。

安装进行中，安装界面如图 2-22 所示。

安装完成界面如图 2-23 所示。单击“完成”按钮后需要重启计算机，启动服务。

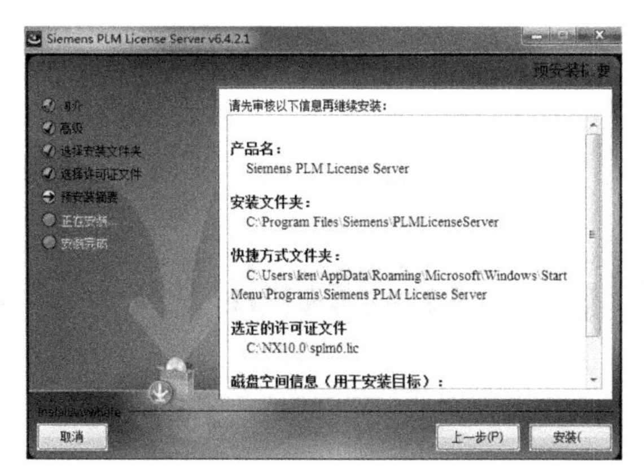

图 2-21　查看指定的安装信息

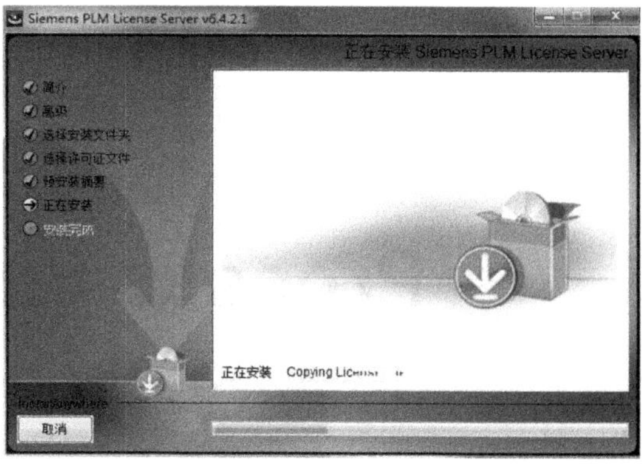

图 2-22　安装界面

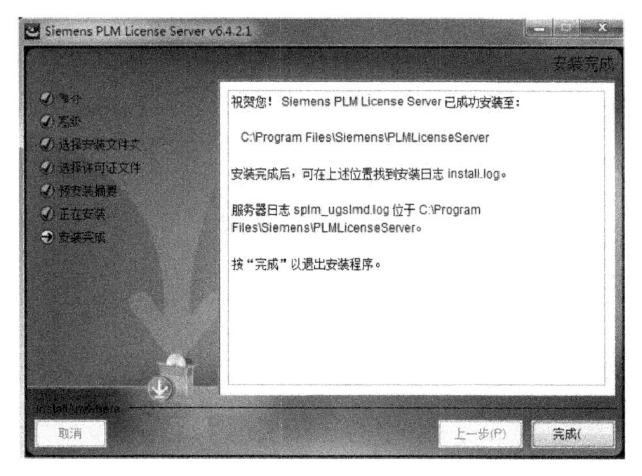

图 2-23　安装完成界面

第3章

Process Simulate的启动

3.1 启动

Process Simulate 从 Process Designer 中启动。加载数据时，样本数据可以在 Process Simulate 的安装目录中找到。

当 Process Designer 在安装了 Process Simulate 的系统上不可用时，可以使用 Direct Access 启动 Process Simulate。

步骤如下：

1）启动 Process Designer 并开启研究。

2）在导航树中右击一项研究，然后选择“打开方式”→“处理模拟”命令，出现“Welcome to Process Simulate”页面，如图 3-1 所示。

3）在 Recent Files 列表中选择想要打开的研究。该研究显示在 Process Simulate 窗口中，如图 3-2 所示。

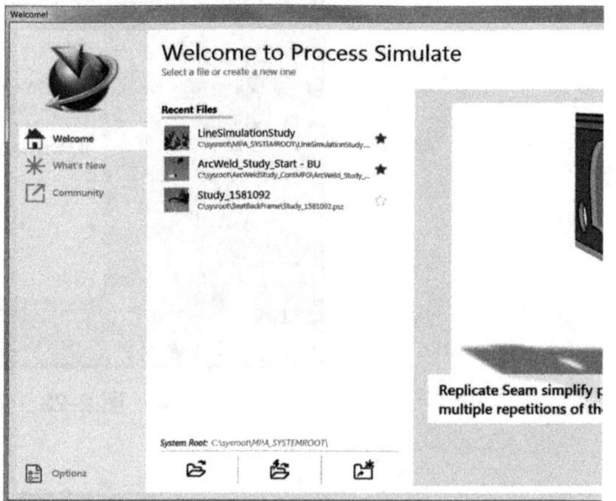

图 3-1 “Welcome to Process Simulate”页面

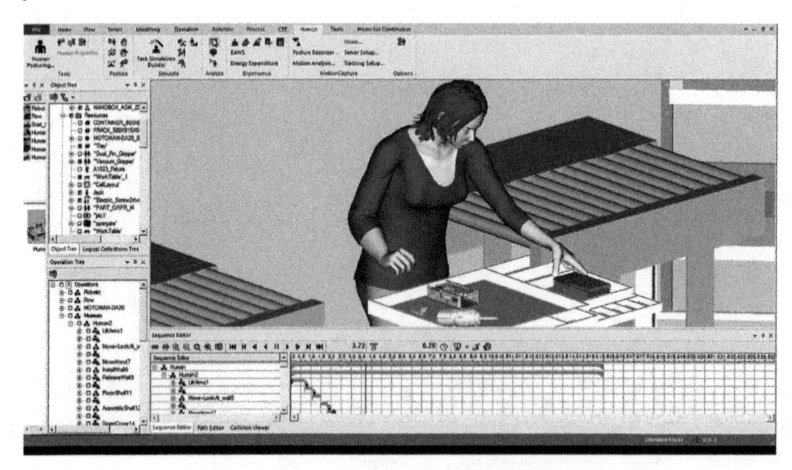
图 3-2 Process Simulate 窗口

使用 Process Simulate 的面向对象的界面，必须先选择想要处理的对象以激活所需的选项。在查看器中选择对象，通过功能区选项卡和右击快捷菜单访问选项。用户可以通过拖动边框来调整查看器的大小；可以通过单击查看器右上角的 ✖ 按钮完全关闭查看器；要想重新显示查看器，可在查看选项卡中选择布局组→查看器选项，然后选择所需的查看器。

3.2　标准模式/线路模拟模式下的启动与退出

线路仿真也称为基于事件的仿真。在开放的标准模式或线路模拟模式打开选项，可以打开本地文件的研究（PSZ）并运行。

运行 Process Simulate Standalone 时，必须在使用库组件 ZIP 文件之前配置系统根目录。有关配置系统根目录的信息，可参阅断开连接选项卡。

通过最近的文件，可选择一个文件。“另存为”选项可以使用选择的名称保存当前文件。

如果已完成与 Process Simulate Standalone 的工作会话，那么当与 eMServer 的连接变为可用时，可以启动 Process Simulate，加载 PSZ 文件，并通过将数据的更改更新到 eMServer 来更新服务器。

保存研究文件：

一般情况下，选择文件选项卡，单击保存按钮。在独立模式下，选择文件选项卡，单击断开的学习→保存按钮。

退出研究文件：

选择文件选项卡，单击退出按钮。

第4章 Process Simulate的界面介绍

4.1 处理模拟窗口

本节介绍 Process Simulate 中可用的选项卡、状态栏和默认快捷键。

随着 UX 技术的进步，在图形查看器中将鼠标指针从一个对象悬停到另一个对象时，随着前一个对象返回到非高亮颜色显示，将使用选择的预览颜色突出显示每个后续对象。此外，在鼠标指针悬停在对象上时，系统会根据指定的挑选等级和意图在对象上显示一个新的挑选意向预览标记。

当用户单击对象时，即实际选择对象时，预览颜色将更改为选择颜色，并且选择标记图标会更改，如图 4-1 所示。

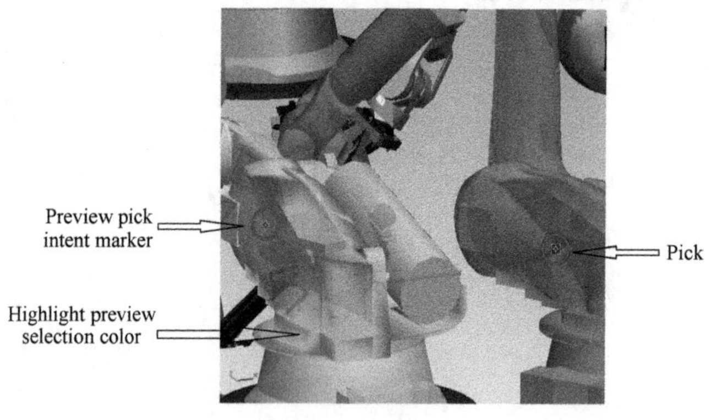

图 4-1 标记

用户可以在选项对话框的外观选项卡中修改预览颜色和选择颜色。

4.2 图形查看器工具栏

图形查看器工具栏在活动的图形查看器中可见（如果有多个查看器处于打开状态），默认情况下，它会出现在查看器的上部。用户可以在图形查看器中进行拖动。图形查看器工具栏中包含视图更改命令（如缩放、视图中心等），以及拾取等级、测量、尺寸和其他操作图形查看器中对象的命令（如放置操纵器），如图 4-2 所示。

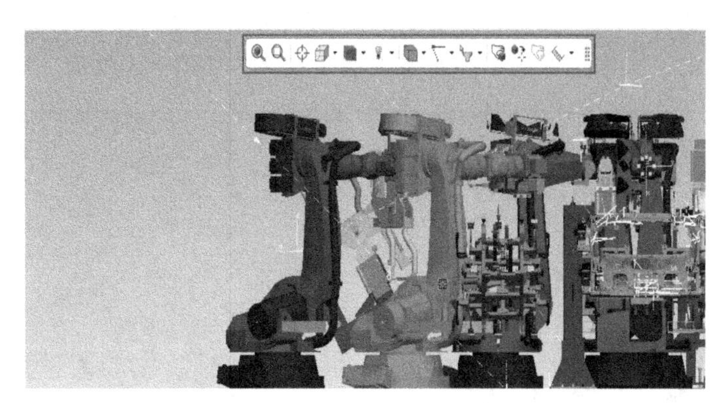

图 4-2　图形查看器工具栏

图形查看器默认显示工具栏。用户可以通过取消选择选项对话框的图形查看器选项卡中的显示查看器工具栏复选框来隐藏它。通常，图形查看器工具栏保持可见状态，但在使用前变暗，如图 4-3 所示。

图 4-3　图形查看器工具栏变暗

另外，将光标定位在图形查看器中，然后按空格键，可打开三段“快速”工具栏。三段“快速”工具栏包含常用的拾取和选择命令，并且只要空格键仍然处于按下状态，它就保持打开状态，如图 4-4 所示。

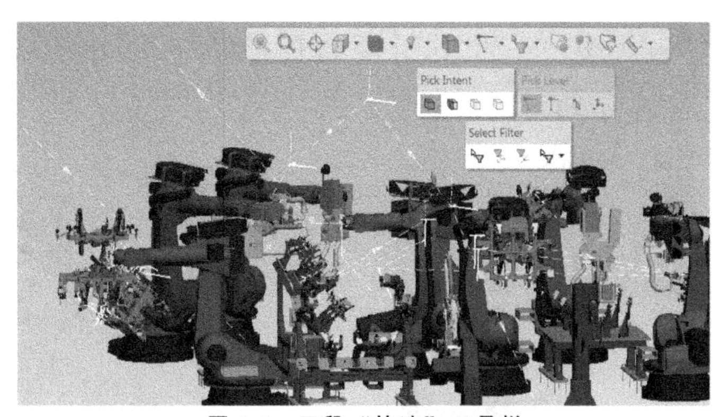

图 4-4　三段“快速”工具栏

三段“快速”工具栏可帮助降低鼠标移动的频率，并远离图形查看器到色带区域。

4.3　对象工具栏

当选择一个对象时，对象工具栏会显示。它包含与该对象相关的命令的图标。当在对象工具栏上移开鼠标指针时，对象工具栏会消失，直到重新选择对象，工具栏才会重新出现。图标内容是上下文的，根据选择的不同对象类型而不同，如图 4-5 所示。

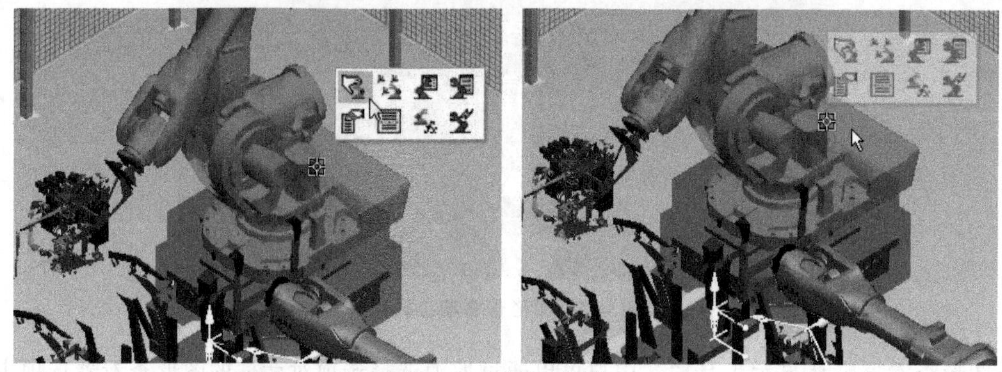

图 4-5 对象工具栏

对象工具栏默认显示。用户可以通过在选项对话框的图形查看器选项卡中取消选择选定对象的显示上下文工具栏复选框来隐藏它。

4.4 导航立方体

Tecnomatix 应用程序在图形查看器中显示 3D 导航立方体。用户可单击立方体的六个面（即前面、后面、右边、左边、顶部和底部）来改变视点。用户还可以通过单击每两个面的交点处以及每三个面的拐角处的斜边来更改视点，从而在选择特定视图时提供更多功能，导航立方体示意图如图 4-6~图 4-8 所示。

图 4-6 导航立方体示意图（1）

当视点完全位于一个面上时，导航立方体会在面的四个边缘上显示箭头。单击箭头可将立方体旋转到其另一侧的隐藏面上，如图 4-9 所示。

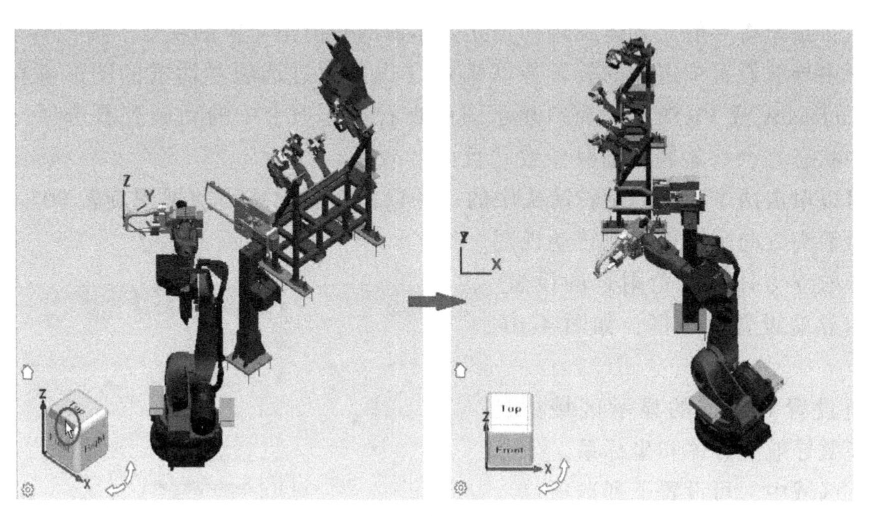

图 4-7　导航立方体示意图（2）

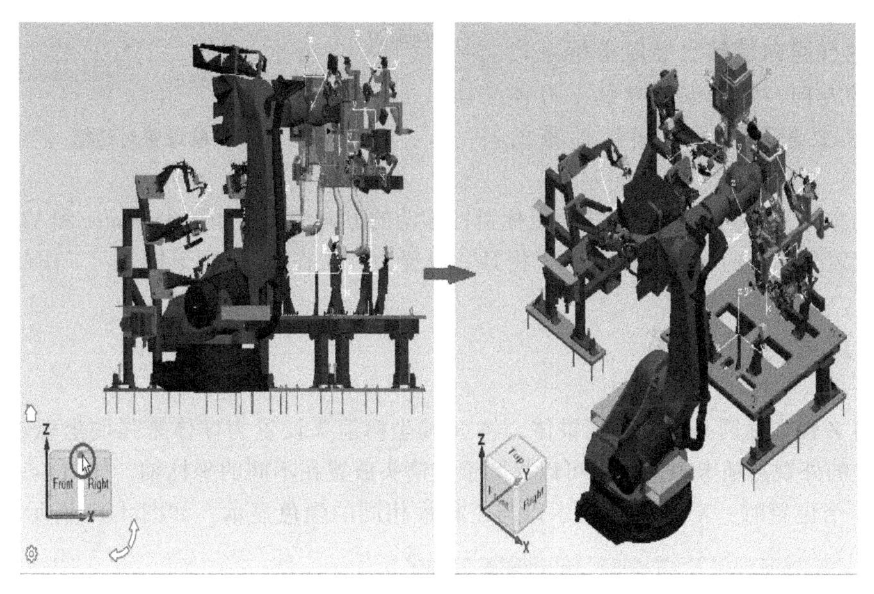

图 4-8　导航立方体示意图（3）

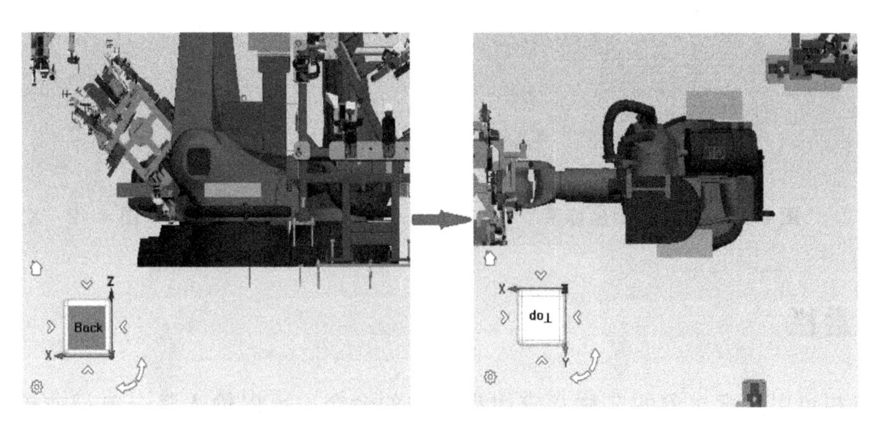

图 4-9　导航立方体改变视点

单击主页按钮将导航立方体旋转到与立方体顶部右前角对应的视点。模拟移动到新视点场景的外观由导航设置中选择的旋转方法确定（也可通过选项对话框的图形查看器选项卡访问）：Tecnomatix 或 Vis 方法。窗口显示图形查看器选项卡中的动画查看选项（默认情况下处于选中状态）会在旋转视图时导致“反向”效果。

用户可以单击两个弯曲的旋转箭头中的一个以箭头方向将当前视图旋转 90°。按住鼠标左键可以沿箭头方向平滑连续地转动视图。

单击导航立方体左下角附近的设置图标，弹出导航设置对话框，如图 4-10 所示。

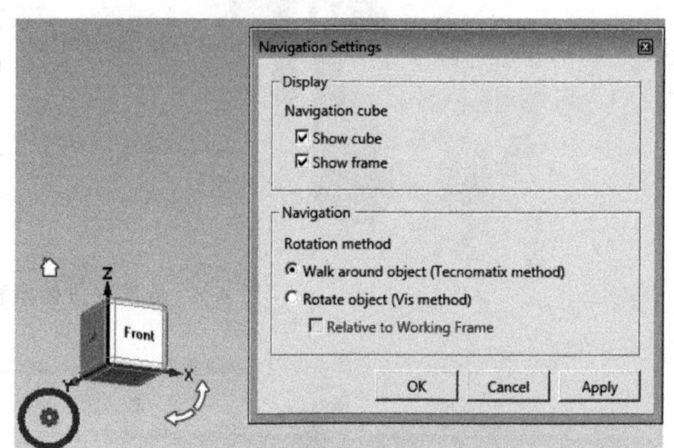

图 4-10　导航设置对话框

在导航设置对话框的显示区域中，可显示或隐藏导航立方体和坐标系。

在导航区域中，可设置下列选项：

绕过对象（Tecnomatix 方法）：所选中对象与其他 Tecnomatix 应用程序中的对象一样进行同向旋转，导航坐标系代表坐标系的方向，但是如果导航立方体隐藏，则该坐标系表示工作坐标系的方向。

旋转对象（Vis 方法）：对象按照鼠标指针移动的方向旋转，如 Teamcenter 和 Vis 产品。导航坐标系代表坐标系的方向。如果将“相对”设置为“工作框”，则该框表示工作框的方向。

4.5　位置显示坐标系

通过将 Z 轴坐标箭头设置为圆锥体，将 X 轴坐标箭头设置为球体来强调坐标轴方向。在选项对话框的外观选项卡中，用户可以将圆锥体箭头放置在不同的坐标轴，如图 4-11 所示。

选择单个位置时，XYZ 工具提示以与工作框相同的颜色显示，如图 4-12 所示。

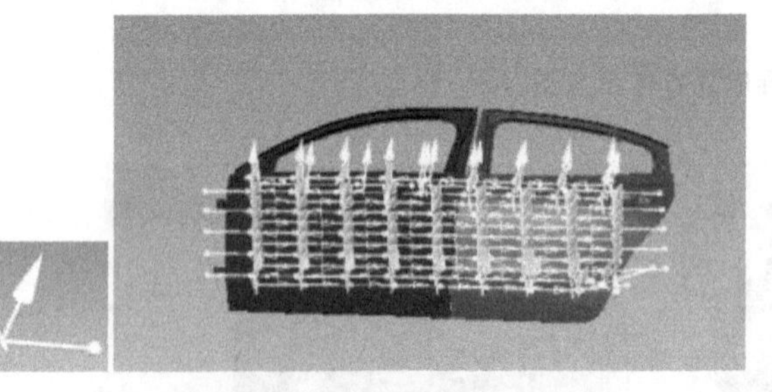

图 4-11　位置显示坐标系

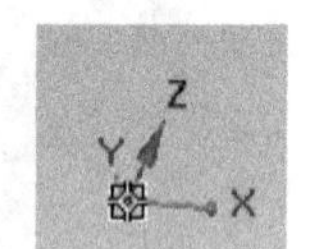

图 4-12　XYZ 工具

4.6　搜索栏

在搜索栏可以搜索对象的名称及应用程序中的命令，可以输入整个单词或单词的一部分，并且在输入时开始显示搜索结果。这允许搜索内容包含指定的一个或多个字符的所有对象或命令。搜索栏如图 4-13 所示。

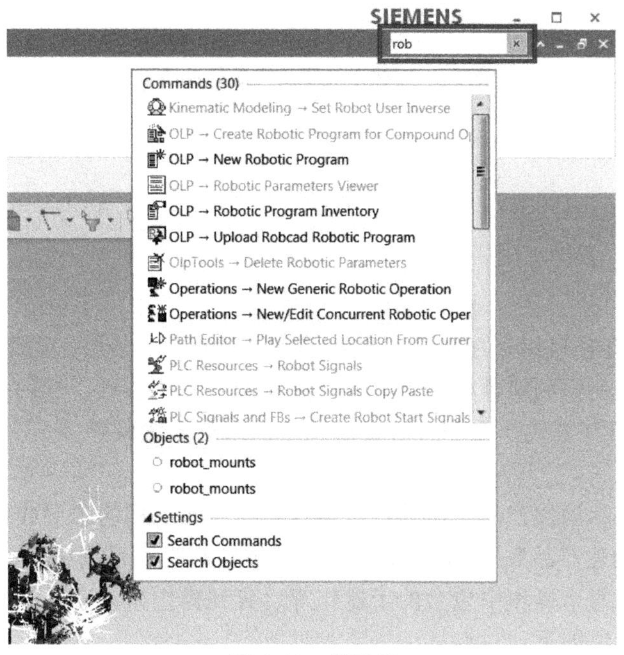

图 4-13　搜索栏

在搜索栏中输入内容，然后按 Enter 键或单击放大镜图标，搜索结果显示在下拉列表中，在图形查看器中突出显示，并在相关树中以粗体显示。单击下拉列表中的选项可打开该选项并关闭搜索栏。搜索结果的总数显示在下拉列表中命令和对象旁边的括号内。用户可以使用“设置”部分将搜索配置为仅包含对象或命令及全部。

如果搜索的对象隐藏在树中，则树会展开以显示它（该选项可在“常规”选项卡中设置）。可以通过将输入的文本字段留空并单击搜索图标来列出研究中的所有对象（以及所有命令）。

搜索栏允许用户根据功能区组名称进行搜索并执行组的子命令。

4.7　状态栏

状态栏显示在 Process Simulate 应用程序窗口的底部。状态栏配置菜单使可以自定义显示哪些信息以及隐藏哪些信息。配置状态栏：

用鼠标右击状态栏，出现状态栏配置菜单，如图 4-14 所示。

在该菜单中可选择想在状态栏中显示的信息，还可隐藏不想显示的信息，如图 4-15 所示。

当使用 Process Simulated Standalone 时，状态栏中仅提供了 Study Mode、Pick Level、Pick Intent 和 Pick Coordinates 选项。

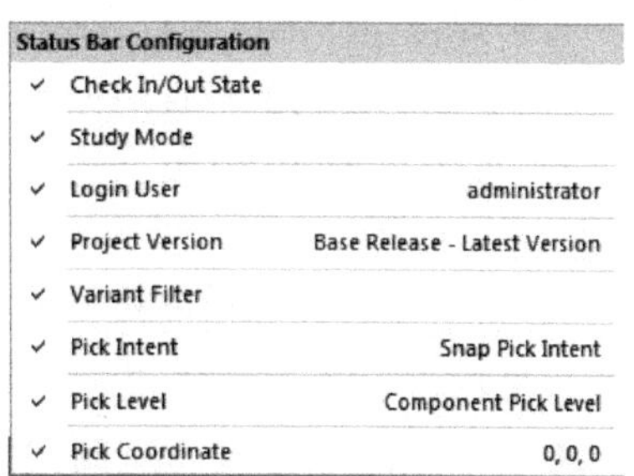

图 4-14　状态栏配置菜单

图 4-15 状态栏信息的显示及隐藏

应用程序消息始终显示。

4.8 对象树和操作树

1. 对象树

对象树包含与特定项目相关的注释、标签、零件和坐标系的结点。显示对象树的方法如下：

在导航树中双击所需的对象树结点，或使用鼠标右击该结点，然后从出现的快捷菜单中选择“打开”或“打开方式”命令，就会出现所选结点的对象树。

2. 操作树

操作数的层次表示构建产品所需的所有操作。此层次结构的顶层或根结点以其通用的术语定义计划，如“构建产品”。然后，层次结构向下分解为一系列第一级制造操作。层次结构的下一个层次包括每个操作中包含的子操作等，直到操作树完全展开并包含每个操作。

显示操作树的方法如下：

依次选择主页选项卡→查看器组→查看器选项，然后选择操作树即可。打开操作树可显示当前项目的数据。

操作树中的焊接平衡：

1）通过单击操作树中的焊接平衡指示切换图标可获得焊接平衡，可在线更新数据库的任何更改。

2）该焊接平衡选项包含用于平衡和分析焊接作业的子选项。

3）通过单击操作树中的焊接平衡指示切换图标，可以使用焊接平衡指示命令。

4）平衡视图模式选项将可用焊接时间与所用焊接时间进行比较，以优化焊接点分布。

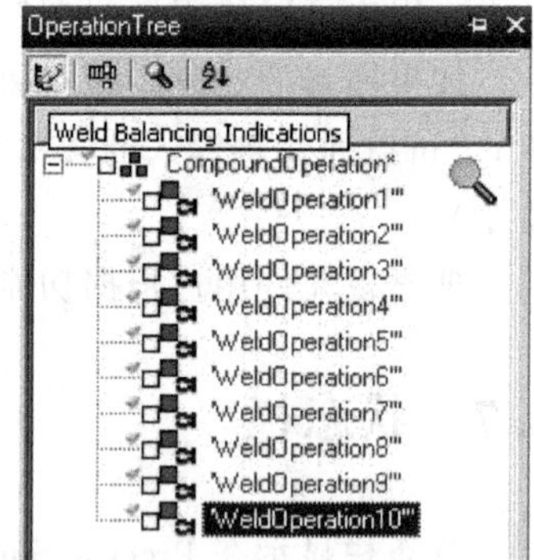

图 4-16 操作树

平衡焊点：

将操作加载到操作树中，然后单击焊接平衡指示切换图标。

选择焊接平衡，然后单击操作树中的焊接平衡指示切换图标。每个焊接操作都以颜色代码显示。

1）红色：使用的焊接时间大于可用时间。

2）绿色：使用的焊接时间少于可用时间。

3）没有阴影：使用的焊接时间等于可用时间，操作树如图 4-16 所示。

修改分配的焊接点的时间或位置，如图 4-17 所示。

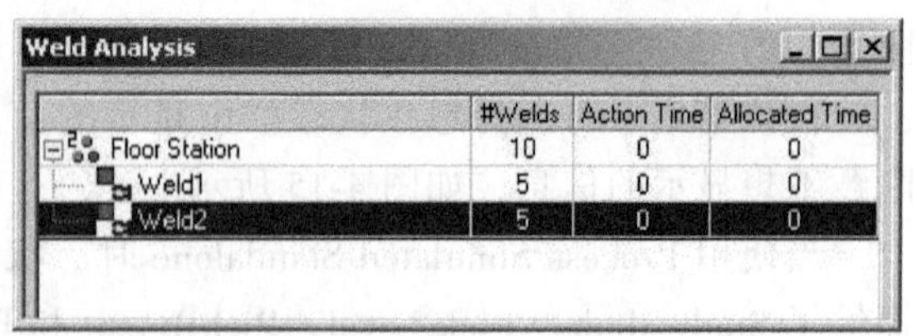

图 4-17 修改分配的焊接点的时间或位置

用户也可以激活焊接分析。

4.9　常用快捷键

表 4-1 列出了 Process Simulate 中可用的常用快捷键。注意不要为这些快捷键分配其他功能。

表 4-1　常用快捷键

快捷键	命令
Alt + P	放置操控器
Alt + Z	放大以适应
Alt + F4	关闭活动窗口
Ctrl + A	选择所有组件
Ctrl + C	复制
Ctrl + F	搜索
Ctrl + N	新建
Ctrl + O	打开
Ctrl + S	保存
Ctrl + V	粘贴
Ctrl + Z	撤销
Shift + S	设置当前操作
Delete	删除
F1	显示在线帮助
F3	暂停
F4	向后播放
F5	向前播放
F6	选项
F10	切换视图样式
F11	切换选取意图
F12	切换选取级别
Home	初始位置

第5章

Process Simulate的快捷工具条

5.1 测量

测量选项能够测量部件之间的距离，并显示测定的结果。另外，Dimensions 命令能够在图形查看器中创建尺寸。测量工具见表 5-1。

表 5-1 测量工具

图标	名称	描述
	最小距离	打开最小距离对话框,可以测量两个组件之间的最小距离
	点到点距离	打开点到点距离对话框,可以测量两个组件上指定点之间的距离
	线性距离	打开线性距离对话框,可以测量两个平行面或边之间的线性距离
	角度距离	打开角度距离对话框,可以测量两个相交面或边之间的角度
	曲线长度	打开曲线长度对话框,可以测量曲线的长度
	三点测角度	打开三点测角度对话框,通过指定中心点和其他两个点,可以测量两个矢量之间的角度
修改颜色	更改颜色	所有上述对话框中都包含更改颜色图标,可以轻松设置创建的测量线的颜色
	复制到剪贴板	将复制到剪切板的内容粘贴在其他应用程序

在选项对话框的外观选项卡中可更改测量文本的颜色及尺寸，如图 5-1 所示。

1. 角度测量

使用角度测量工具可以测量工程数据中相交平面/线条上的两个相交面或边之间的角度。对象本身可能不相交。该工具仅支持平面和线性边缘。执行角度测量的方法如下：

1）选择 GV 工具栏→测量组→角度测量选项，显示角度测量对话框，如图 5-2 所示。

2）在图形查看器中选择第一个对象。所选对象的名称显示在第一个对象字段中。

3）在图形查看器中选择第二个对象。所选对象的名称显示在第二个对象字段中。

4）创建尺寸。两个对象之间的角度自动计算并显示在角度字段中。

5）关闭角度测量对话框。

2. 用三点测量角度

三点角度工具能够测量由三个点创建的角度，其中三个点中的一个点被指定为中心点。

三个点可以在同一个对象上，也可以在不同的对象上，或者在任何位置。可以使用此工具来帮助规划工厂中工作站的布局。用三点测量一个角度的方法如上：

1）选择主页选项卡→选择组→组件选项。

2）选择 GV 工具栏→测量组→角度三点选项，显示三点角度对话框，如图 5-3 所示。

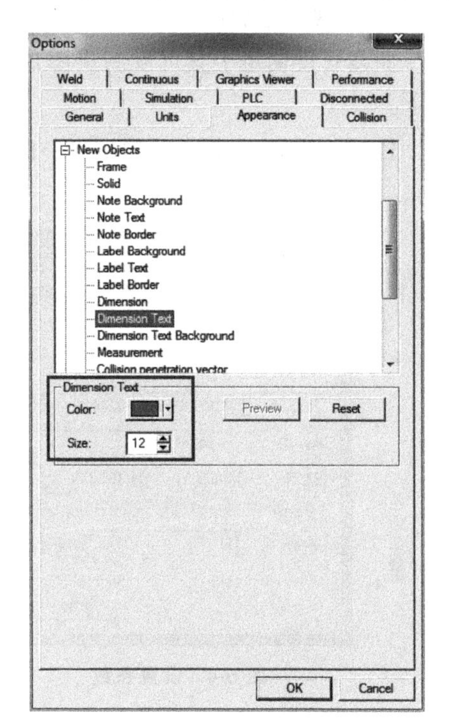

图 5-1　更改文本的颜色及尺寸

3）在图形查看器中单击要指定为中心点的点。点所在对象的名称显示在中心字段中，并且该点的确切坐标显示在下面。

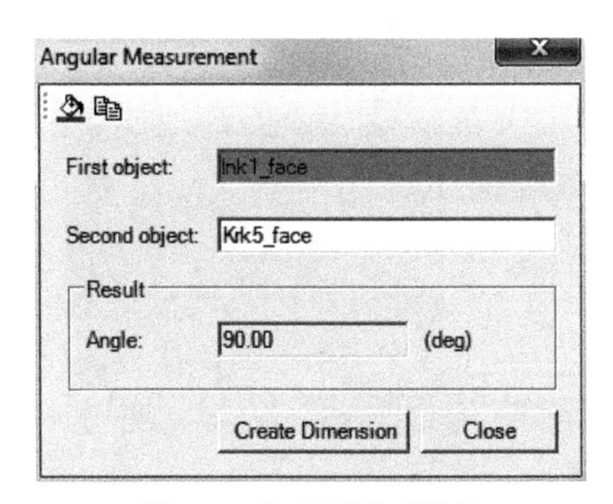

图 5-2　角度测量对话框

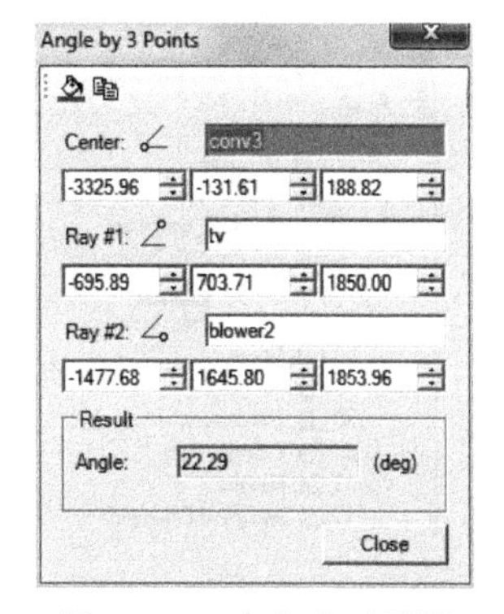

图 5-3　三点角度对话框

4）如果需要，通过按向上和向下箭头调整 X、Y 和 Z 坐标来微调点的位置。

5）在图形查看器中单击要指定为中心点第一行的第二个点。点所在对象的名称将显示在 Ray #1 字段中，并且该点的确切坐标显示在下面。在中心点和第二点之间绘制一条线。

6）如果需要，通过按向上和向下箭头调整 X，Y 和 Z 坐标来微调第二点的位置。

7）在图形查看器中单击要指定为中心点第二行的第三个点。点所在对象的名称显示在 Ray#2 字段中，并且该点的确切坐标显示在下面。在中心点和第三点之间绘制一条线。

8）如果需要，通过按向上和向下箭头调整 X、Y 和 Z 坐标来微调第三点的位置。第一行和第二行之间的角度自动计算并显示在对话框的底部，如图 5-4 所示。

9）关闭三点角度对话框。

3. 曲线长度测量

曲线长度测量工具可以测量图形查看器中显示的曲线长度。执行曲线长度测量的方法如下：

1）选择 GV 工具栏→测量组→曲线长度尺寸选项，显示曲线长度对话框，如图 5-5 所示。

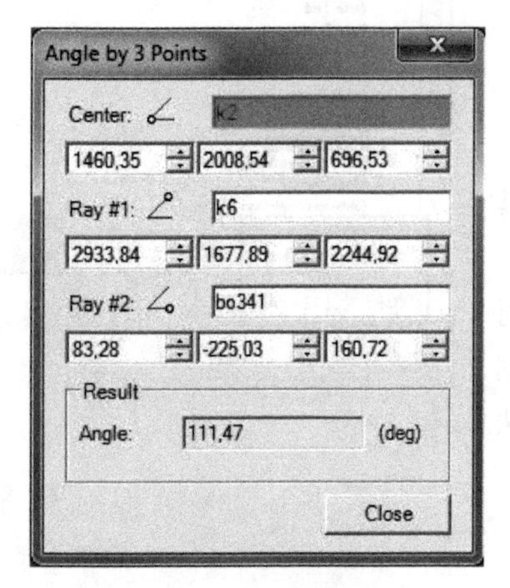

图 5-4 设置参数

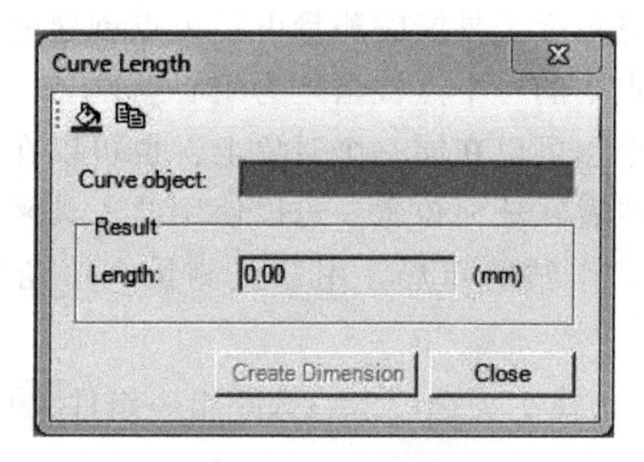

图 5-5 曲线长度对话框

2）在图形查看器或对象树中选择曲线对象。所选对象的名称显示在曲线对象字段中，自动计算其长度，并显示在长度字段和图形查看器中，如图 5-6 所示。

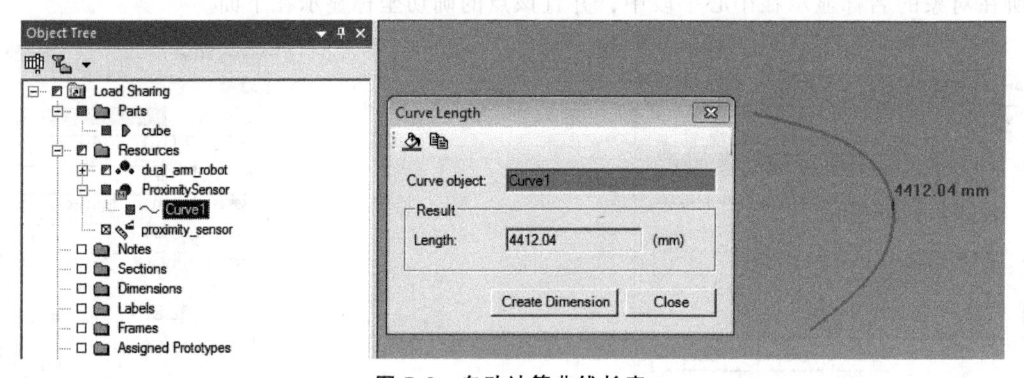

图 5-6 自动计算曲线长度

用户也可以在启动命令之前预先选择曲线。

3）如果希望将显示的度量值转换为对象树中的尺寸对象，可在曲线长度对话框中单击创建尺寸按钮，如图 5-7 所示。

4）用户也可以在图形查看器中选择要在其中显示的颜色。如果已将度量转换为尺寸对象，则不起作用。单击按钮可将测量结果复制到剪贴板。选择另一条曲线可进行另一次测量。

5）关闭曲线长度对话框。

4. 测量线性距离

线性距离工具可以测量工程数据中两个平行面或平行边的正交距离。该工具仅支持平面

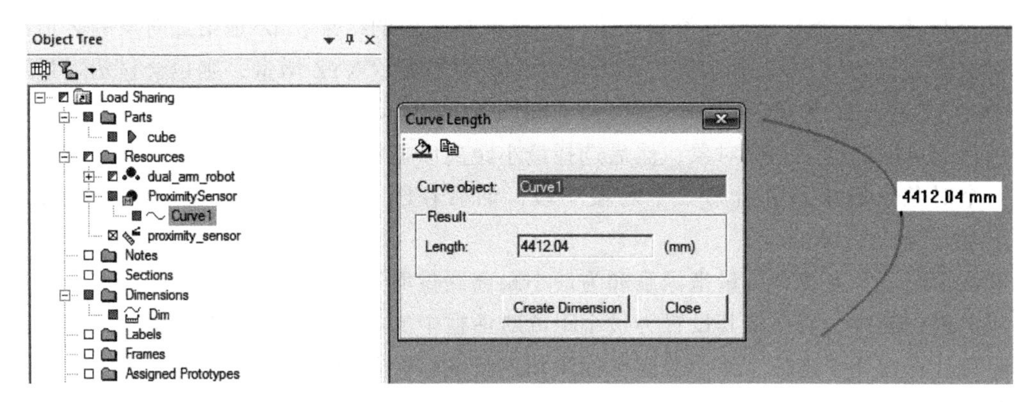

图 5-7　创建尺寸

和线性边缘。测量直线距离的方法如下：

1）选择 GV 工具栏→测量组→线性距离选项，显示线性距离对话框，如图 5-8 所示。

2）在图形查看器中选择第一个对象。所选对象的名称显示在第一个对象字段中。

3）在图形查看器中选择第二个对象。所选对象的名称显示在第二个对象字段中。

4）创建尺寸。两个对象之间的确切距离将自动计算并显示在距离字段中。

5）关闭线性距离对话框。

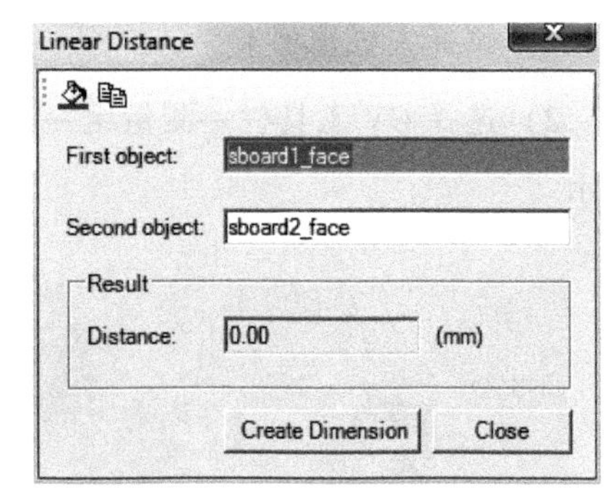

图 5-8　线性距离对话框

5. 测量最小距离

最小距离工具可以测量图形查看器中两个组件之间的最小（或最短）距离。当在新建剖面查看器中工作时，可以使用最小距离选项。可以在所有拾取级别中的对象之间测量最小距离，包括组件、实体、面或边缘。

测量最小距离的方法如下：

1）选择 GV 工具栏→测量组→最小距离选项，显示最小距离对话框，如图 5-9 所示。

2）选择图形查看器或对象树中的第一个对象。所选对象的名称显示在第一个对象字段中，对象的坐标显示在下方。

3）在图形查看器或对象树中选择第二个对象。所选对象的名称显示在第二个对象字段中，对象的坐标显示在下面。

4）创建尺寸。

连接两个对象的距离线出现在图形查看器中。两个物体之间的精确距离将自动计算并显示在距离字段中，矢量距离显示在下方。对话框的 Result 区域显示矢量距离（dX 表示第二个对象的 X 值减去第一个对象的 X 值

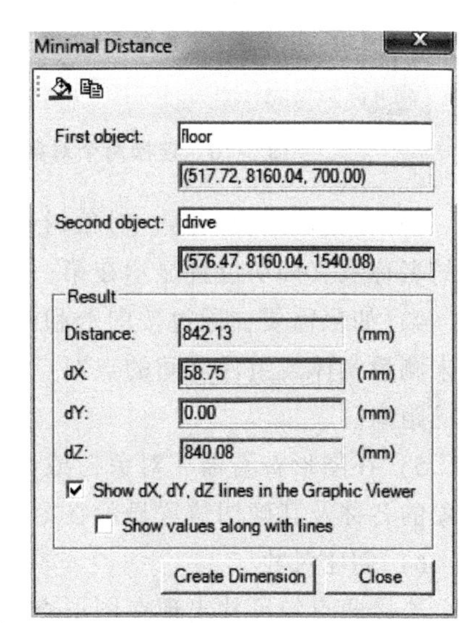

图 5-9　最小距离对话框

的结果，dY 是第二个对象的 Y 值减去第一个对象的 Y 值的结果，dZ 是第二对象的 Z 值减去第一对象的 Z 值的结果）。如果在图形查看器中选中了显示 XYZ 增量，则也会显示增量距离线（dX 为红色，dY 为绿色和 dZ 为黄色），如图 5-10 所示。

用户也可以选择第一个对象，然后选择最小距离以显示最小距离对话框。所选对象显示在第一个对象字段中。单击第二个对象字段，然后在图形查看器或对象树中选择第二个对象。

默认情况下，系统不测量坐标系和为最小距离测量而选择的两个对象之间的点。要从坐标系或点进行测量，需要将其设置为最小距离对话框中的第一个或第二个对象。除非专门为最小距离计算选择了这些实体，否则坐标系和点将从组件几何体中排除。

5）关闭最小距离对话框。

6. 测量点对点距离

点对点距离工具可以测量工程数据中两个对象上选定点之间的精确距离。这些点可以位于同一个对象上，也可以位于不同的对象上或任何位置。测量点对点距离的方法如下：

1）选择主页选项卡→选择组→组件选项。

2）选择 GV 工具栏→测量组→点对点距离选项，显示点对点距离对话框，如图 5-11 所示。

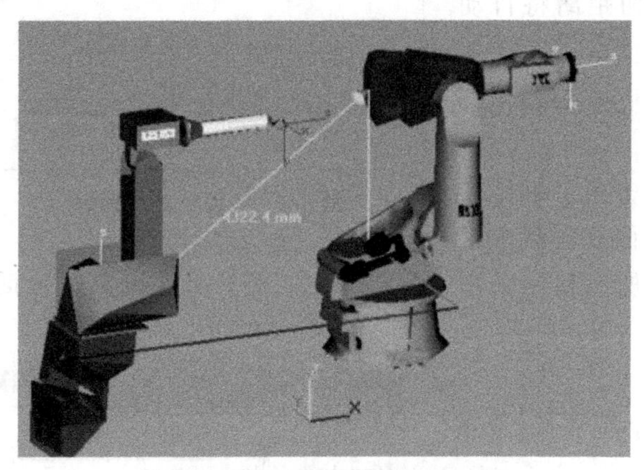

图 5-10　连接两个对象的距离

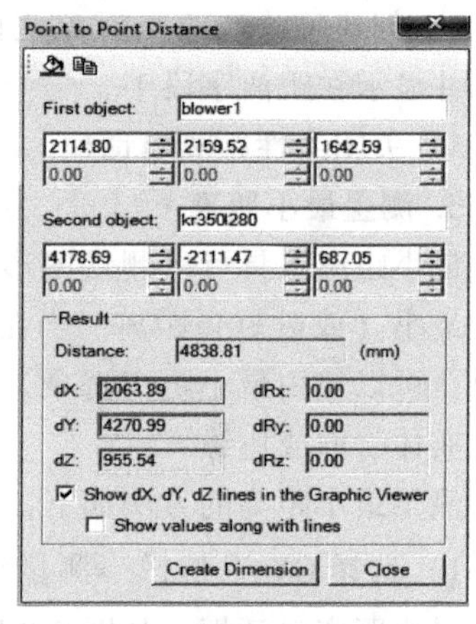

图 5-11　点对点距离对话框

3）单击图形查看器、对象树或逻辑集合树查看器中第一个对象上的一个点。点所在对象的名称及其确切位置显示在第一个对象字段中。

4）如果需要，通过按向上和向下箭头来调整 X、Y 和 Z 坐标，从而微调点的位置。如果未测量实体或组件之间的点对点距离，那么建议在要求的位置创建一个坐标系以测量点到点的距离。

5）在图形查看器、对象树或逻辑集合树查看器中单击第二个对象上的一个点。点所在对象的名称及其确切位置显示在第二个对象字段中。

6）创建尺寸。

连接两点的尺寸出现在图形查看器中。两点之间的精确距离将自动计算并显示在距离字段中，矢量距离显示在下方。对话框的 Result 区域显示矢量距离（dX 是第二个对象的 X 值减去第一个对象的 X 值的结果，dY 是第二个对象的 Y 值减去第一个对象的 Y 值的结果，dZ 是第二对象的 Z 值减去第一对象的 Z 值的结果）。Result 区域还显示每个 X、Y、和 Z 轴的旋转增量差。如果在图形查看器中选中了显示 XYZ 增量，还会显示增量距离线（dX 为红色，dY 为绿色，dZ 为黄色）。如图 5-12 所示。

7）关闭点对点距离对话框。

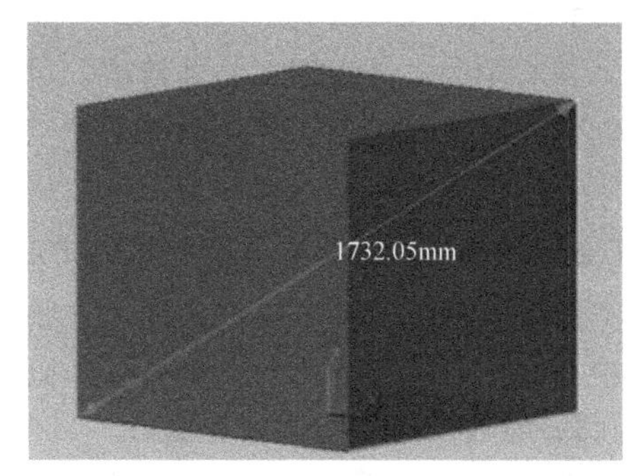

图 5-12　点到点尺寸

5.2　视图及视点

在视图选项的角度图形查看器中，可以从一系列特定角度中选择不同视点来观察物体，以提高检测的准确性。选择视点的方法如下：

1）选择 GV 工具栏→视图组选项。

2）选择一个视点，从选定的角度显示其内容。不同的视点见表 5-2。

表 5-2　不同的视点

图标	名称	描述
	垂直视点	将视点方向调整为与选取面垂直
	后视点	将眼睛位置的方位角更改为 90°，将高度更改为 0°。该视图沿 Y 轴正方向看向原点。要从键盘获得相同的效果，请按<Home>键，然后按向左或向右箭头六次
	俯视点	将眼睛位置的高度更改为 90°并旋转视图，使 X 轴为水平，Y 轴为垂直。该视图沿 Z 轴负方向看向原点。要从键盘获得相同的效果，请按<Home>键和向上箭头三次
	仰视点	将眼睛位置的高度更改为 90°并旋转视图，使 X 轴为水平，Y 轴为垂直。该视图沿 Z 轴正方向观察原点。要从键盘获得相同的效果，请按<Home>键，然后按向下箭头三次
	前视点	将眼睛位置的方位角改为 270°，将高度改为 0°。该视图沿 Y 轴负方向看向原点。要通过键盘获得相同的效果，请按<Home>键
	右视点	将眼睛位置的方位角和高度都改为 0°。该视图沿 X 轴负方向看向原点。要从键盘获得相同的效果，请按<Home>键，然后按右箭头三次
	左视点	将眼睛位置的方位角改为 180°，将高度改为 0°。该视图沿 X 轴正方向看向原点。要从键盘获得相同的效果，请按<Home>键，然后按左箭头三次
	Q1 视点	将眼睛置于八分圆，+ X + Y + Z 八分圆，高度为 30°，方位角为 30°。要从键盘获得相同的效果，请按<Home>键，按向上箭头一次，按向右箭头四次
	Q2 视点	将眼睛置于八分圆，+ X + Y + Z 八分圆，高度为 30°，方位角为 120°。要从键盘获得相同的效果，请按<Home>键，按向上箭头一次，按向左箭头五次
	Q3 视点	将眼睛置于八分圆，+ X + Y + Z 八分圆，高度为 30°，方位角为 210°。要从键盘获得相同的效果，请按<Home>键，按向上箭头一次，按向左箭头两次
	Q4 视点	将眼睛置于八分圆，+ X + Y + Z 八分圆，高度为 30°，方位角为 300°。要从键盘获得相同的效果，请按<Home>键，按向上箭头一次，按向右箭头一次。默认视图在八分 4（Q4）的眼睛位置

1. 查看中心

查看中心是该视图中心的选项，可以选择任何一点的图形浏览器为视图中心。视图中心是物体旋转的枢轴点。默认情况下，空间的原点构成视图中心。

在图形查看器中选择一个点，然后选择查看选项卡→方向组→查看中心选项，可以单击按钮将视图放置在图形查看器的中心。例如，如果视图中心是默认视图并且对象位于远离空间原点的位置，则尝试通过更改眼睛位置来查看对象的不同侧面。如果在对象上设置视图中心，则对象在显示器上旋转时，眼睛位置的变化会使对象位置发生变化。

2. 缩放以适应图形查看窗口

缩放以适应图形查看窗口选项可调整图像中的图形浏览器，以便显示所有可见对象。此选项可方便地反转由缩放和平移引起的较大变化，并可确定图形查看器是否包含远离所需内容的虚假对象。空白对象被忽略。

3. 缩放到选区

缩放到选区选项会调整图形查看器中的图像，以便以特写方式显示选定的对象。

4. 着色模式

着色模式选项将图形查看器中的所有对象显示为实体对象。

可以通过选择 GV 工具栏→样式组→阴影模式选项来更改图形查看器中所有对象的显示方式。图形查看器中的所有对象都有阴影以显示为实心，随后显示的空白对象也会以阴影模式显示，如图 5-13 所示。

按<F10>键可在阴影和实体上的要素线、要素线和线框显示之间切换。

5. 按类型显示

按类型显示选项可以选择要在图形查看器的当前视图中显示的加载对象的类型。显示和隐藏对象的方法如下：

1）选择 GV 工具栏→可见性组→按类型显示选项，打开类型显示列表，如图 5-14 所示。

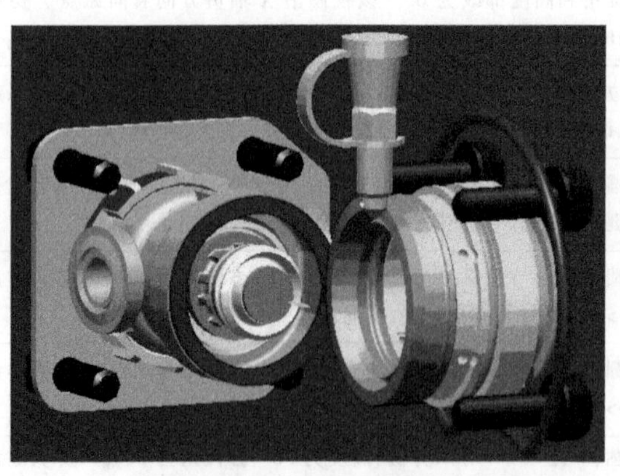

图 5-13　着色模式

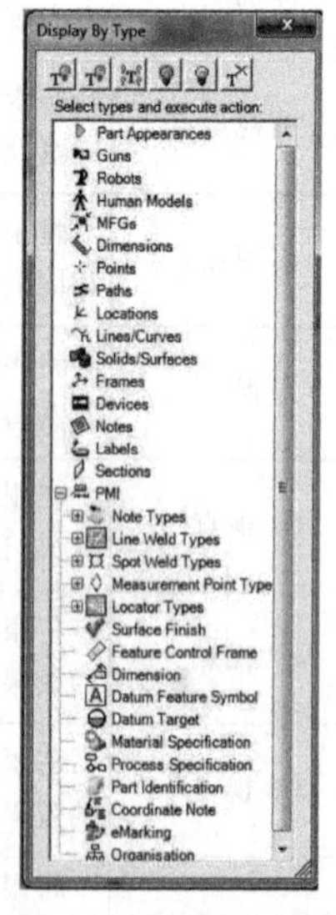

图 5-14　类型显示列表

2）从类型显示列表中选择要显示的类型，类型显示列表中的部分内容见表 5-3。

表 5-3　类型显示列表中的部分内容

图标	名称	描述
	显示所选类型	选择一个或多个类型，然后单击此图标以显示所选类型（包括之前已空白的类型）
	隐藏所选类型	选择一种或多种类型，然后单击此图标以隐藏所选类型
	仅显示选定的类型	单击此图标可显示所选类型（包括之前已空白的类型）并隐藏所有其他类型
	全部显示	单击此图标可显示所有类型（包括之前已空白的类型）
	全部隐藏	单击此图标可隐藏所有类型
	删除所选类型	单击此图标可删除所选类型（包括之前已空白的类型）

在图形查看器中显示所有对象时，树中的相关结点由纯蓝色图标表示它们的显示状态。

6. 显示

通过选择 GV 工具栏→可视性组→全部显示选项，可以在图形查看器中显示工程数据中的所有对象。

“仅显示”选项仅在图形查看器中显示所选对象，并隐藏工程数据中的所有其他对象。可以通过按住<Ctrl>键的同时单击所需的对象（在图形查看器或对象树中）来选择多个对象。

在图形查看器中显示特定对象的方法是：在图形查看器或对象树中选择对象，然后选择 GV 工具栏→可见性组→仅显示选项。可以根据需要重新显示单个对象，或使工程数据中的所有对象都是空白的。

可以使用显示选项返回空白的对象或操作的可见状态，方法是在对象树或操作树中选择对象，然后选择 GV 工具栏→可视性组→显示选项即可。消隐的对象或操作显示在图形查看器中，并出现在对象树或操作树中，其名称的左侧有一个空心正方形。在图形查看器中显示对象或操作时，它会以实心正方形出现在对象树或操作树中。

实线上的要素线选项显示图形查看器中所有对象的黑色要素线，如图 5-15 所示。

按 F10 键可在阴影和实体上的要素线、特征线和线框显示之间切换。

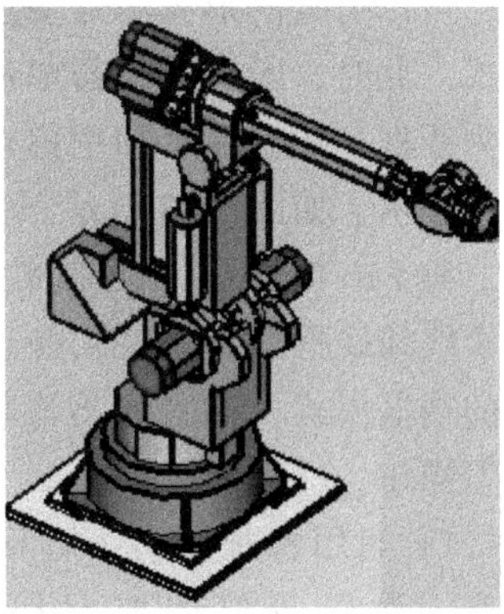

图 5-15　显示要素线

7. 特征线

用户可以通过按<F10>键来显示特征线。特征线对于创建专注于装配过程的文档工作流非常有用，如图 5-16 所示。

按 F10 键可在阴影、实体上的特征线、特征线和线框显示之间切换。

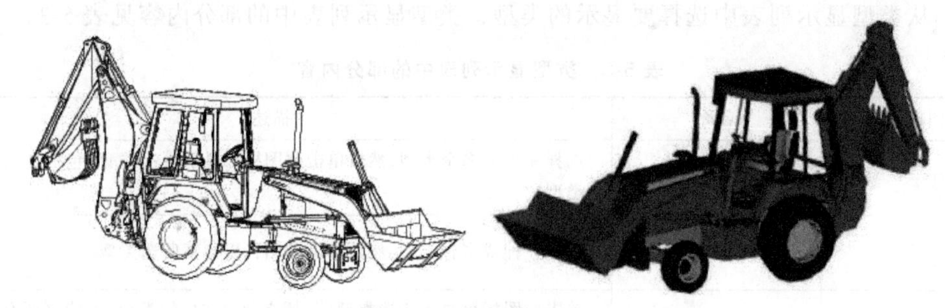

图 5-16　特征线（1）

如果圆柱形物体不清晰可见，那么可以尝试减小特征线之间的最小角度或增加厚度。有关如何配置特征线的信息，可参阅选项对话框中的图形查看器选项卡。特征线举例如图 5-17 所示。

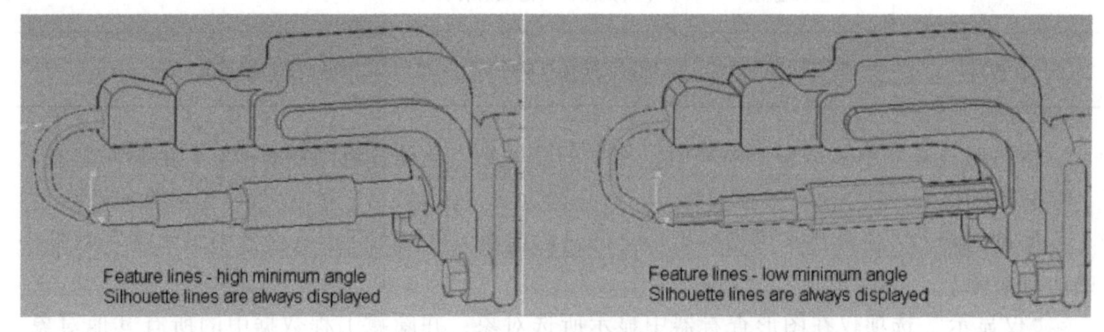

图 5-17　特征线（2）

8. 线框模式

线框模式选项将图形查看器中的所有对象显示为线框对象。

选择 VF 工具栏→样式组→线框模式选项，可以更改图形查看器中所有对象的显示方式。此时，图形查看器中的所有对象都显示为线框，随后显示的空白对象也会以线框模式显示，如图 5-18 所示。

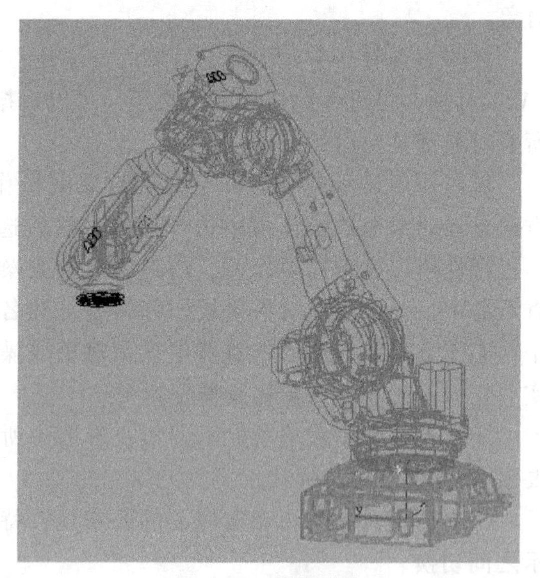

图 5-18　线框模式

按 F10 键可在阴影和实体上的要素线、要素线和线框显示之间切换。如果图形查看器的线框模式中的对象不清晰可见，可尝试以下操作。

1）启用特征线，为特征线设置较低的角度，设置较厚的要素线宽，如图 5-19 所示。

有关如何配置这些参数的信息，可参阅选项对话框中的图形查看器选项卡。

2）空白选项可在图形查看器中隐藏选定的对象或操作（包括任何附加的注释）。隐藏的对象不会从数据库或对象树中删除，并且可以随时重新显示。

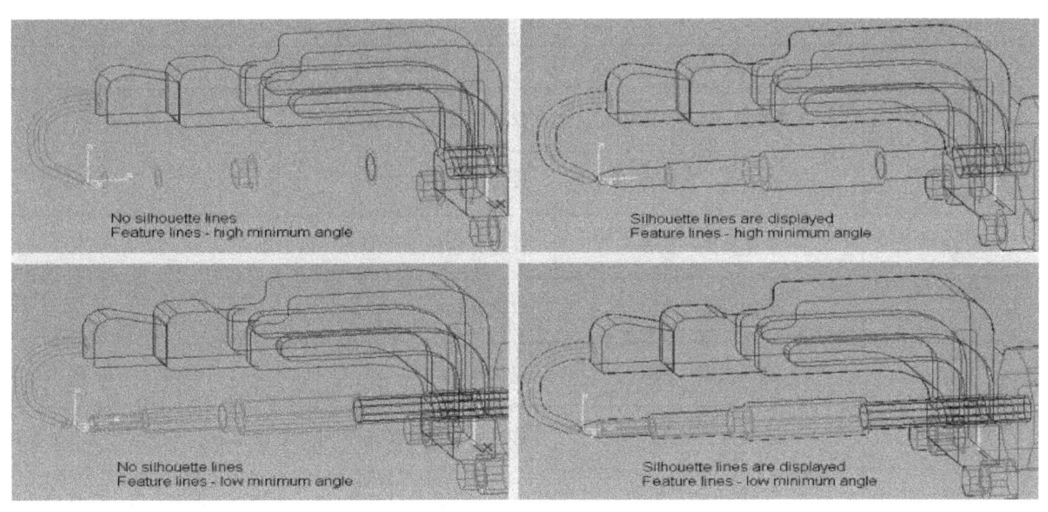

图 5-19　启用剪影线

3）可以在图形查看器、对象树或操作树中选择对象或操作，然后选择 GV 工具栏→可见性组→空白选项，以便将其删除。此时，所选对象或操作隐藏在图形查看器中，并出现在对象树或操作树中，其名称左侧有一个空心正方形。

4）也可以通过单击项目名称左侧的正方形来隐藏和显示对象及操作，以在空白和显示之间切换。

5.3 选择类型

选择类型选项是一种编辑工具，可以按对象类型过滤图形查看器中显示的实体。可以通过从选择选项中选择子选项，或使用选择工具栏中的按钮来应用过滤器。根据需要，可以选择多个过滤器。过滤器见表 5-4。

表 5-4　过滤器

图标	过滤器类型	描述
	选择与过滤器开/关	启用过滤选项
	选择全部	选择图形查看器中与所选过滤器相关的所有对象
	选择类型—零件	仅选择零件
	选择类型—实体/曲面	仅选择实体或曲面
	选择类型—资源	仅选择资源
	选择类型—坐标系	仅选择坐标系
	选择类型—位置	仅选择全局位置

（续）

图标	过滤器类型	描述
	选择类型—直线/曲线"	仅选择直线或曲线
	选择类型—制造特征	仅选择制造特征
	选择类型—注释	仅选择注释
	选择类型—路径	仅选择路径
	选择类型—PMI	仅选择 PMI
	选择类型—全部	选择所有过滤器，这意味着在图形查看器中选择所有的实体
	选择类型—无	取消选择所有过滤器，表示未选择图形查看器中的任何实体

5.3.1 按类型选择实体

1）选择 GV 工具栏→选择组→选择过滤器选项。

2）选择所需的一个或多个过滤器，如选择类型为 Mfg 的过滤器。

可以根据需要操作选定的对象。例如，可以清空选定的对象，或仅显示选定的对象。要选择图形查看器中的所有对象，需要选择全选过滤器。

单击以下 Pick Intent 图标之一，以在单击对象时确定对象上的精确点。

捕捉：选择一个顶点、一个边的中心点或一个面的中心点，取其最接近实际点的点。这是默认的 Pick Intent。使用最小距离命令测量图形查看器中两个对象之间的距离时，此选项非常有用。

自身：这是唯一取决于挑选等级（Pick Level）设置的 Pick Intent。如果挑选等级设置为组件，那么始终选择组件自己的点，而不管物件被拾取的位置。如果挑选等级设置为实体，则选择当前挑选实体的点。

在边缘：选择边缘上与单击的实际点最接近的点。

在哪里挑选：选择实际单击的点。

5.3.2 挑选等级

选择挑选等级（组件或实体）时，各选项介绍如下：

组件：选择任何部件时都将选择整个组件。

- 整个组件：只能选择整个对象。
- 工程数据：可以独立选择每个对象（包括坐标系、横截面、注释标记、尺寸等）。

实体：只有实体（即整个组件的一部分）被选中，以下是可以选择的内容：

- 非运动组件：对于非运动组件，只能选择整个对象。
- 运动链接：在运动组件上，每个链接都可以独立选择。

工程数据：可以独立选择每个对象（包括坐标系、横截面、注释标记、尺寸等）。

表面：仅选择表面。

边缘：仅选择边缘。

5.4 移动

5.4.1 放置操纵器

放置操纵器工具能够沿 X、Y 或 Z 轴移动对象，并旋转 Rx、Ry 或 Rz 轴上的对象。

1）选择 GV 工具栏→拾取等级组→组件选项。

2）如果选择一个实体，则放置操纵器将在实体的组件上打开。如果某个组件处于建模模式，则放置操纵器将在该实体上打开。

按住<Ctrl>键并在对象树中选择所需的对象，或者在处于选择模式的图形查看器中围绕所需对象拖动，都可以选择多个对象。

3）选择 GV 工具栏→放置操纵器，将显示放置操纵器对话框，并在选定对象的中心出现一个带弧形的操纵器坐标系，如图 5-20 所示。

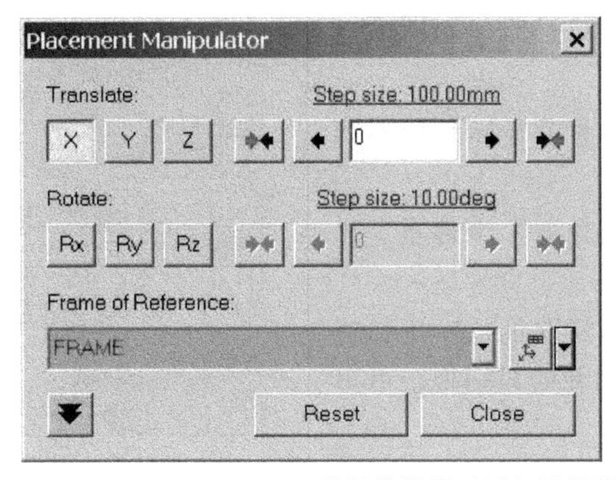

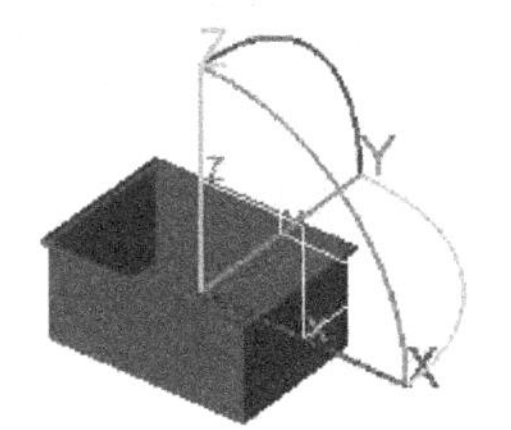

Manipulator frarme

图 5-20 放置操纵器对话框及操纵器坐标系

4）沿 X、Y 或 Z 轴移动所选对象：

在移动区域中，单击 X、Y 或 Z 按钮，然后单击按钮将该对象向前移动一步，或单击按钮将对象沿所选轴向后移动一步。

在移动区域中，单击 X、Y 或 Z 按钮，然后单击前的按钮向前移动对象，直至碰撞，或者单击后的按钮向后移动对象，直至沿选定轴碰撞。在图形查看器中，选择操纵器坐标系的 X 轴、Y 轴或 Z 轴，并按住鼠标左键将对象拖动到所选轴的所需位置。

可以使用平面手柄将对象沿 X、Y 和 Z 轴拖动到其所需的位置。如果不想使用平面手柄，可在选项对话框的图形查看器选项卡中取消选择此选项。

5）沿 Rx、Ry 或 Rz 轴旋转所选对象：

在旋转区域中，单击 Rx、Ry 或 Rz 按钮，然后单击按钮，沿所选轴顺时针旋转对象一步，或者单击按钮，沿所选轴逆时针旋转对象一步。

在旋转区域中，单击 Rx、Ry 或 Rz 按钮，然后单击前的按钮以顺时针旋转对象，直到它碰撞，或者单击后的按钮以逆时针旋转对象，直到它沿着所选轴碰撞。物体之间的碰撞取决于“碰撞”选项卡中定义的相关内容，可定义为物体之间的接触或穿透状态。

在图形查看器中，选择操纵器坐标系的 X、Y 或 Z 弧，并按住鼠标左键将对象拖动到所选轴的所需位置。

可以通过单击步长超链接并在显示的步长对话框中指定新的步长来更改步长。

6）从移动或旋转对象的参考坐标系下拉列表中选择一个坐标系。

几何坐标系：位于物体几何中心的参考坐标系。选择多个对象时，几何坐标系位于包围所有对象的边界框的几何中心。

工作坐标系：工程数据中所有对象的参考坐标系。创建新数据时创建工作坐标系。

可以通过单击后的按钮并指定坐标系的位置，从而创建一个临时替代参考坐标系。

如果选择三个坐标系中的任何一个，则该坐标系将在下一个会话中保留。如果选择的坐标系不在列表中，则该坐标系不会保留，并且会打开对话框，显示下一个会话的默认自定义坐标系。

7）要测量相对于不同坐标系的对象的位置，可通过单击展开，放置操纵器对话框被扩展，如图 5-21 所示。

在图 5-21 中可指定所选对象的参考坐标系的确切位置。

8）从位置相对于下拉列表中选择一个坐标系。显示的测量结果与所选坐标系相关。

9）如果需要，可选择对齐网格复选框，以步长指定对象的移动或测量。如果想折叠展开的对话框，可单击按钮折叠。

10）单击重置按钮将对象返回到打开放置操纵器对话框时所处的位置，或单击关闭按钮关闭放置操纵器对话框。

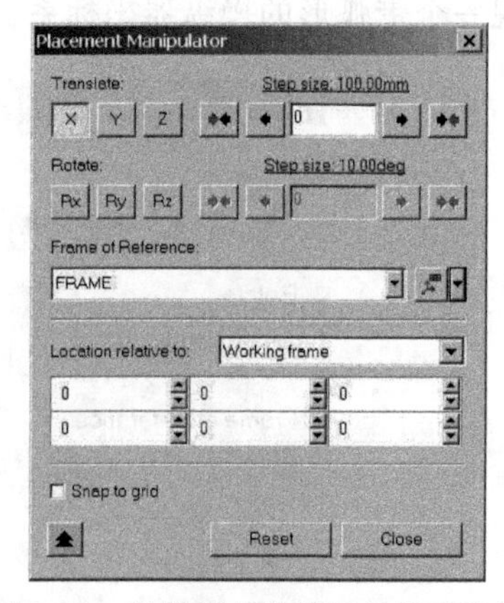

图 5-21　扩展后的放置操纵器对话框

5.4.2　重新定位

重新定位工具可以将对象重定位到确切的位置。

重定位选项仅在选择对象时启用。

重新定位对象的方法如下：

1）选择 GV 工具栏→拾取等级组→组件选项。

2）如果选择一个实体，则在该实体的组件上打开重新定位。如果某个组件处于建模模式，则将在该实体本身打开重新定位。

按住<Ctrl>键的同时在对象树中选择所需的对象，或者在处于选择模式的图形查看器中围绕所需对象拖动，都可以选择多个对象。

3）选择 GV 工具栏→重新定位选项，显示重新定位对话框，如图 5-22 所示。

所选对象的名称显示在对象字段中。

4）选定的参考坐标系显示在图形查看器中的对象上。

自身坐标系是默认的参考坐标系，当重新定位对话框打开时，它将显示在所选对象上。如果选择三个坐标系中的任何一个，它将在下一个会话中保留。如果选择的坐标系不在列表中，则该坐标系不会保留，并且会打开对话框，显示下一个会话的默认自定义坐标系。

5）目标坐标系在图形查看器中以连接参考坐标系和目标坐标系的线显示。

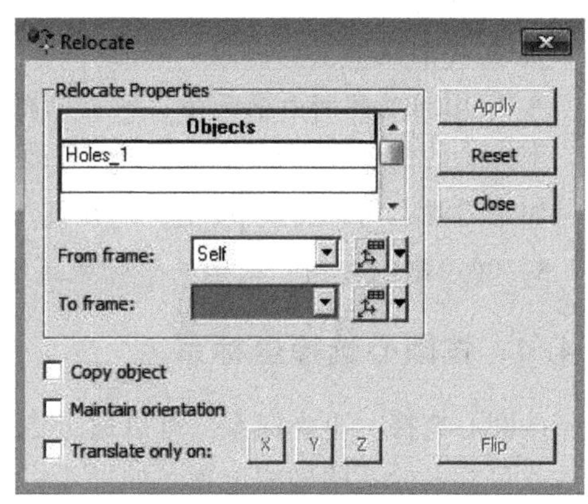

图 5-22　重新定位对话框

6）根据需要选择下列其中一个复选框以进一步处理重定位操作。

选择复制对象以重新定位对象的副本，并将选定的对象保留在其原始位置。

7）单击应用按钮，所选对象按指定方式移动，以便所选参考坐标系与目标坐标系匹配。

8）也可以继续进行以下操作：

单击重置按钮，将重新定位的对象返回到其原始位置。单击翻转按钮，可翻转重新定位的对象并翻转其 Z 轴方向。单击关闭按钮关闭重新定位对话框。

5.4.3　选择两点之间的坐标系

选择两点之间的坐标系，可以通过指定两个特定点之间的距离来指定重定位工具的参考坐标系或目标坐标系的确切位置。在两点之间的中间位置重新定位组件，这非常有用。要在两点之间选择一个坐标系，可执行以下操作：

1）单击下拉箭头的右侧创建坐标系。显示弹出式菜单，如图 5-23 所示。

2）选择两点之间的坐标系。“Frome” 字段中的按钮显示为，并显示两点之间的坐标系对话框，如图 5-24 所示。

Frame by 6 values
Frame by circle center
Frame by 3 points
Frame Between 2 Points

图 5-23　弹出式菜单

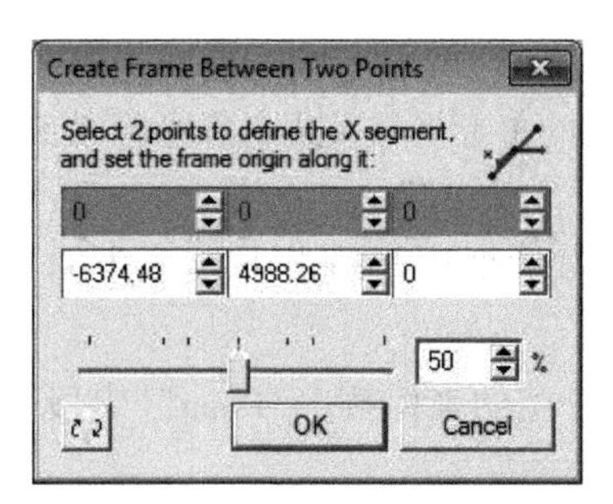

图 5-24　两点之间的坐标系对话框

3）通过在图形查看器中选择两个点，或通过在两点之间的坐标系对话框中指定两个点的坐标来定义一个线段。

4）用以下方法之一定义坐标系创建的两个指定点之间的距离：

- 拖动滑块。
- 在文本框中手动输入一个值。
- 使用向上和向下箭头指定所需的距离。

坐标系的位置在图形查看器中动态地反映出来。

如果需要，可单击按钮，以在其 Z 轴上沿相反方向翻转坐标系。

5）单击确定按钮。指定的坐标系是用于重定位操作的所选参考坐标系或目标坐标系。

5.4.4 按圆心选择坐标系

按圆心选择一个坐标系，可以通过指定圆周上的任意三个点来为重定位工具指定参考坐标系或目标坐标系的确切位置。如果要将圆形部件（如圆锥形）重新定位到圆柱形的顶部，那么这非常有用。

按圆心选择一个坐标系的方法如下：

1）在移居对话框中，单击下拉箭头的右侧创建坐标系。显示图 5-23 所示的弹出式菜单。

2）按圆心选择坐标系。“From”字段中的按钮显示为，并显示圆心中心对话框，如图 5-25 所示。

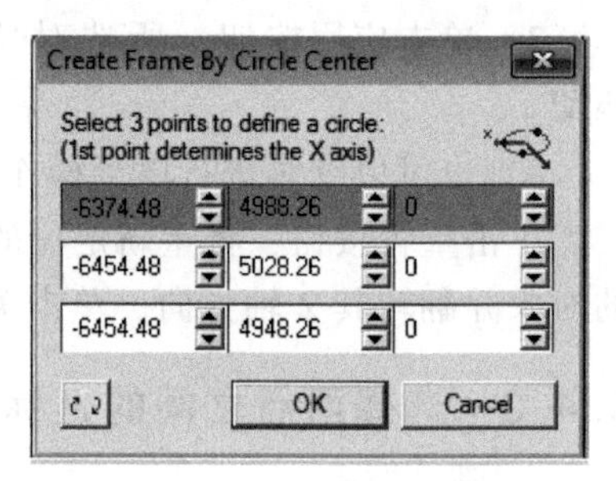

图 5-25 圆心中心对话框

3）在圆的圆周上指定三个点，方法是在图形查看器中选择点，或通过圆心中心对话框指定圆心中每个点的 X、Y 和 Z 轴位置。圆的中心点是自动定义的。坐标系的位置在图形查看器中动态地反映出来。坐标系的方向将使得 Z 轴垂直于由三点定义的平面，并且坐标系的 X 轴将在第一点的方向上。

如果需要，可单击按钮，以在其 Z 轴上沿相反方向翻转坐标系。

4）单击确定按钮。指定的坐标系是用于重定位操作的所选参考坐标系或目标坐标系。

5.4.5 通过六个值选择坐标系

通过六个值选择一个坐标系，可以通过指定 X、Y 和 Z 轴以及旋转的 X、Y 和 Z 轴来指定重新定位工具的参考坐标系或目标坐标系的确切位置。要按六个值选择一个坐标系，可执行以下操作：

1）在移居对话框中，单击下拉箭头的右侧创建坐标系，显示图 5-23 所示的弹出式菜单。

2）选择六个值的坐标系。“From”字段中的按钮显示为，并显示六点坐标对话框，如图 5-26 所示。

3）在 X、Y、Z、Rx、Ry 和 Rz 字段中指定坐标系的位置和方向。坐标系的位置在对象树中动态地反映出来。如果需要，可单击按钮，以在其 Z 轴上沿相反方向翻转坐标系。

4）单击确定按钮。指定的坐标系是用于重定位操作的所选参考坐标系或目标坐标系。

5.4.6 通过三点选择坐标系

通过三点选择一个坐标系，可以通过指定任意三点来指定重新定位工具的参考坐标系或目标坐标系的确切位置。如果想要在平面上重新定位组件，那么这非常有用。要通过三点选择一个坐标系，可执行以下操作：

1）在移居对话框中，单击下拉箭头的右侧创建坐标系，显示弹出式菜单。

2）选择三点坐标系。“From”字段中的按钮显示为，并显示三点坐标系对话框，如图5-27所示。

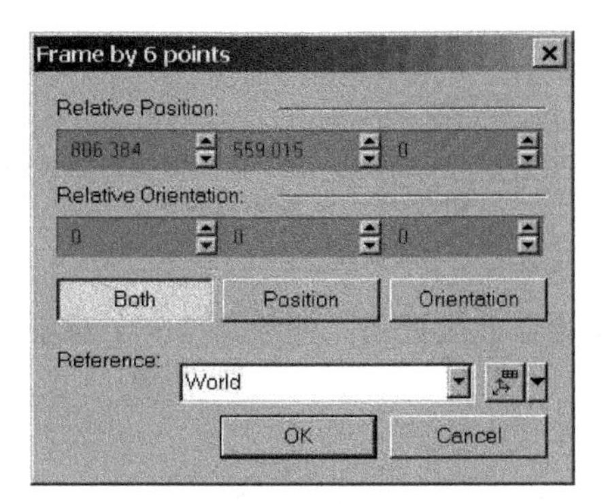

图5-26 六点坐标对话框

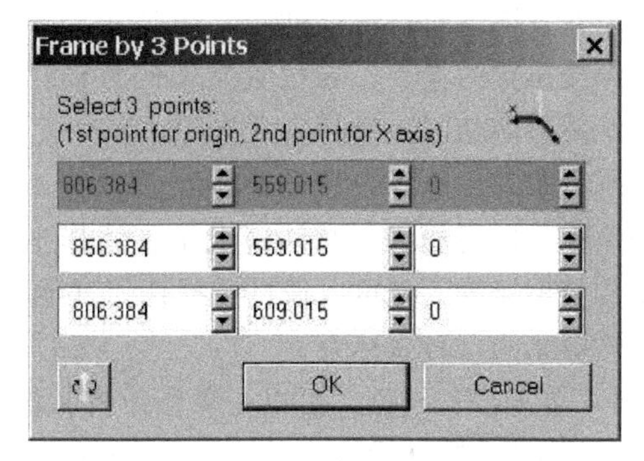

图5-27 三点坐标系对话框

3）通过在图形查看器中选择三个点来定义一个平面，或者在三点坐标系对话框中为三个点指定X、Y和Z坐标。第一个点确定坐标系的原点，第二个点确定X轴位置，第三个点确定Z轴位置。坐标系的位置在图形查看器中动态地反映出来。

如果需要，可单击按钮，以在其Z轴上沿相反方向翻转坐标系。

4）单击确定按钮。指定的坐标系是用于重定位操作的所选参考坐标系或目标坐标系。

5.4.7 位置操纵器

位置操纵器选项是一个路径编辑工具，可用于调整通孔、焊缝和接缝的位置。当希望一起调整多个位置时，即使它们的类型不同，该选项也很有用。如果选择单个位置，则系统将以单一位置模式启动位置操纵器。如果选择两个或多个位置，则系统将以多位置模式启动位置操纵器。

在线仿真中，只使用多位置模式（即使选择了单个位置）。在仿真中禁用以下位置锁定：

- 根据选项限制位置操作。
- 操纵到最大允许的限制。
- 对位置的操作—重置绝对位置。
- 对位置的操作—对齐到允许的最大值。
- 在图形中显示位置限制。

5.4.8 操纵单个位置

1）在图形查看器或操作树中选择一个位置，并选择 GV 工具栏→位置操纵器选项，出现位置操纵对话框，如图 5-28 所示。

2）使用按钮在当前操作中的位置之间导航。

3）将参考坐标系设置为以下之一：

每个位置都相对于自己的自身坐标系：可操纵位置，这是默认设置。

每个位置都相对于其原始投影：该位置相对于其原始投影进行操纵。此选项仅适用于焊缝位置和焊接位置的操作，在位置操作的方向已被修改且希望移动相同距离时非常有用。

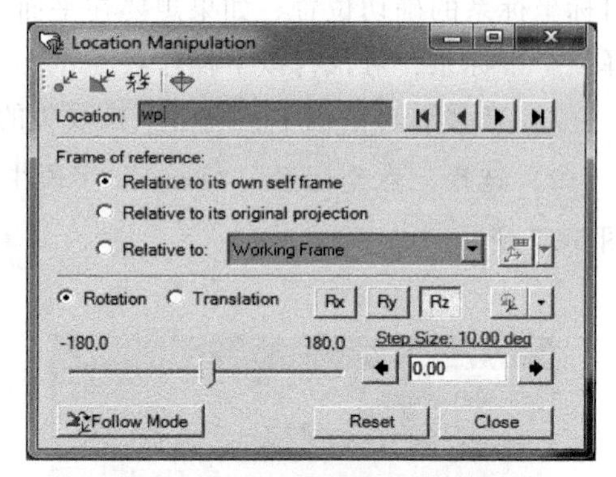

图 5-28 位置操纵对话框

所有相对于以下位置的位置：该位置相对于单个坐标系进行操纵。默认情况下，工作坐标系用作参考坐标系，但可以通过选择任何其他坐标系来覆盖此坐标系。如果选择一个对象，则使用该对象的自身坐标系。

4）单击步长链接，可以在操作位置时设置步长。

5）旋转为默认设置。单击 Rx、Ry 或 Rz 按钮，可以选择围绕其执行旋转的轴。也可以通过单击选择轴按钮来选择垂直、运动或第三轴为旋转轴，如图 5-29 所示。

对于接缝位置，可选择普通、运动或第三轴作为旋转轴，如图 5-30 所示。

6）移动滑块，设置数值，或单击箭头以执行所选位置的旋转。

7）如果想移动位置，可选择 Translation 单选按钮。

8）单击 X、Y 或 Z 来选择移动位置的方向。

如果在执行翻译时单击选择轴按钮，则只有正常选项可用，如图 5-31 所示。

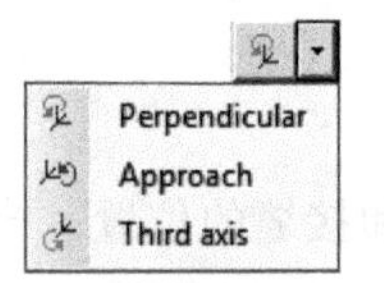

图 5-29 选择旋转轴（1）

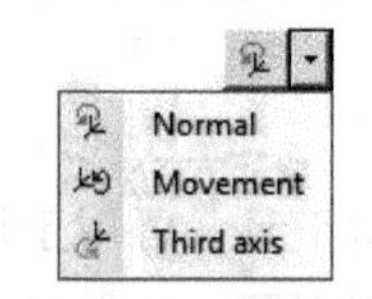

图 5-30 选择旋转轴（2）

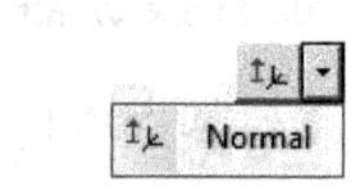

图 5-31 选择旋转轴（3）

9）移动滑块，设置数值，或单击箭头移动选定的位置，如图 5-32 所示。

10）还可以在位置上执行以下操作：

重置绝对位置：将选定位置的绝对位置重置为其投影时的旋转值和平移值。

捕捉到允许的最大值：如果位置已超过其最大值，则将超出的值设置为其允许的最大值。

翻转位置：可以在接近轴周围 180°的位置翻转焊接位置。接近轴在选项对话框的焊接选项卡中定义。也可以翻转实体上的焊接位置并指定翻转中包含的零件。

11）如果希望图形查看器显示代表该位置的允许偏差限制的圆锥形图标，则需要在图

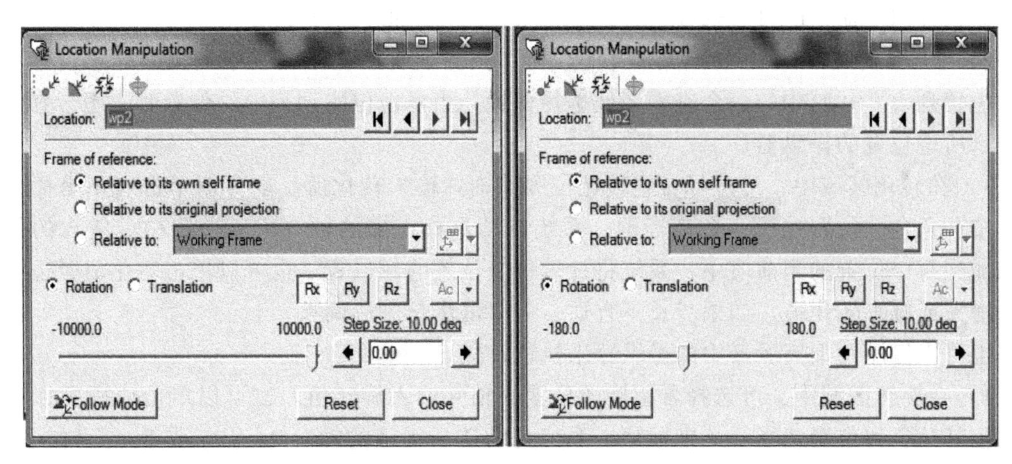

图 5-32　将滑块移动到其范围的末端时会重置到滑杆的中间位置

形查看器中单击按钮来显示位置限制，如图 5-33 所示。

12）如果对所做的更改不满意，可在关闭位置操纵对话框之前单击重置按钮，将所有选定地点恢复到原始状态。

13）单击跟随模式按钮，可将操纵器放置在选定的位置。这改变了操纵器的姿势并增加了对位置的进一步限制。该位置的移动受到操纵器移动的限制。如果操纵器无法到达该位置，则会创建一个重影枪并将其放置在该位置，而没有其他限制。

5.4.9　操纵多个位置

1）选择两个或多个位置，然后选择操作选项卡→编辑路径组→位置操纵器选项，出现多个位置操纵对话框，如图 5-34 所示。

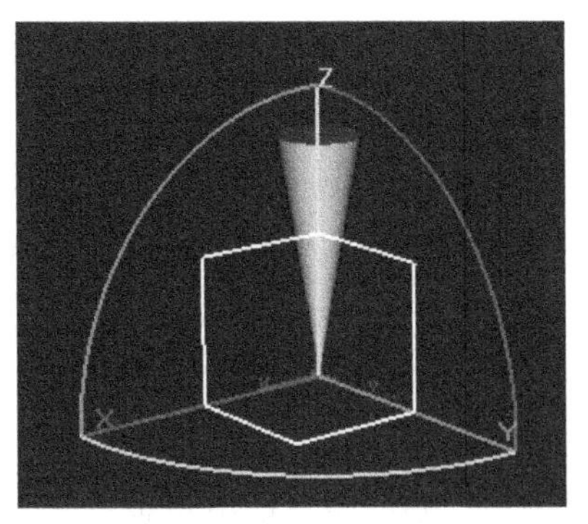

图 5-33　查看位置限制

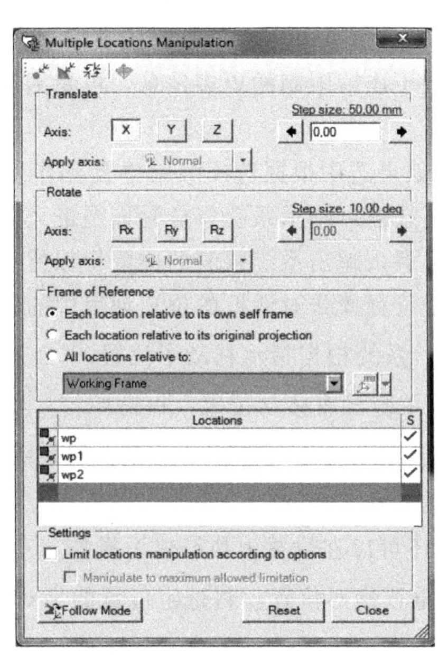

图 5-34　多个位置操纵对话框

如果在启动命令时没有选择位置，则位置操纵对话框也会出现。

2）如果在启动命令之前预先选择了位置，则它们将在位置列表中列出。如果没有，可单击位置列表并从其中的一个查看者处选择位置。当单击位置列表中的位置时，图形查看器将显示所选位置的操纵器。

3）在转化区域中，可选择希望转化位置的轴并输入转化值。也可以单击应用坐标轴按钮，按其角色和位置选择一个坐标轴。系统自动选择正确的轴（X、Y或Z）。输入的值将被添加到每个位置的当前值中，系统将计算每个位置的新位置。也可以单击转化值旁边的箭头来增大或减小转化值。如果步长不合适，可单击步长进行调整。

也可以使用图形查看器中的操纵器来执行转化。

4）在旋转区域中，可选择希望旋转位置的轴并输入旋转值。也可以单击应用坐标轴按钮，按其角色和位置选择一个坐标轴。系统自动选择正确的轴（Rx、Ry或Rz）。输入的值将被添加到每个位置的当前值中，系统将计算每个位置的新位置。也可以单击旋转值旁边的箭头来增大或减小该值。如果步长不合适，可单击步长进行调整。

也可以使用图形查看器中的操纵器来执行旋转。

5）将参考坐标系设置为以下之一：

每个位置都相对于自己的自身坐标系：每个位置都相对于其自己的坐标系进行操纵，这是默认设置。

每个位置都相对于其原始投影：所有接缝位置和焊接位置操作都是相对于其原始投影进行操纵的。当位置操作的方向已被修改并且希望移动相同的距离时，此选项非常有用。所有没有投影位置的操作都会被操纵，每个操作都相对于其自身的坐标系。

所有相对于以下位置的位置：所有选定的位置都相对于单个坐标系进行操纵。默认情况下，工作坐标系用作参考坐标系，但可以通过选择任何其他坐标系来覆盖此坐标系。如果选择一个对象，则使用该对象的自身坐标系。

6）默认情况下，检查根据选项限制位置操作。有关焊接点的更多信息，可参阅焊接选项卡；关于连续限制的更多信息，可参阅连续选项卡。焊接选项卡和连续选项卡均在选项对话框中。

7）如果选中根据选项限制位置操作复选框，则需要选择操纵到最大允许限制复选框。选中此复选框可指示系统将位置移至最大允许位置，且不会超出系统限制。如果复选框被取消选择，那么超出系统限制的位置将保留在其原始位置。

多个位置操作对话框的位置列表中的状态列显示每个位置的状态。状态有以下几种：

✔：系统根据指示移动了位置。

✖：系统没有移动位置，保持原位。这只在检查根据选项限制位置操作时才会发生。

✔✖：系统已尽可能移动位置，但系统限制会阻止完全执行指令。这只能在检查达到最大允许限制时才会发生。

8）还可以在位置上执行以下操作：

重置绝对位置：将选定位置的绝对位置重置为其投影时的旋转值和平移值。

捕捉到允许的最大值：如果位置已超过其最大值，则将超出的值设置为其允许的最大值。

翻转位置：可以在接近轴周围 180°的位置翻转焊接位置。接近轴在选项对话框的焊接选项卡中定义。也可以翻转实体上的焊接位置并指定翻转中包含的零件。

9）如果希望图形查看器显示代表该位置的允许偏差限制的圆锥形图标，则需要在图形查看器中单击按钮来显示位置限制。

10）如果对所做的更改不满意，可在关闭多个位置操纵对话框之前单击重置按钮，将所有选定地点恢复到原始状态。

11）单击关闭按钮可关闭对话框。

12）单击跟随模式按钮，可将操纵器放置在选定的位置。这改变了操纵器的姿势并增加了对位置的进一步限制。该位置的移动受到操纵器移动的限制。如果操纵器无法到达该位置，则会创建一个重影枪并将其放置在该位置，而没有其他限制。

当所选位置在操纵器可到达的范围内时，重影枪消失，操纵器跳到选定位置。

第6章

Process Simulate的模型编辑

6.1 设置建模范围

设置建模范围命令能够激活建模范围。这会加载所选组件的 . cojt 文件，然后打开以进行建模（如果未锁定），并将其设置为活动组件。设置建模范围支持多种组件选择。在这种情况下，最后选择的组件成为活动组件。当建模范围中有多个组件时，可以使用“更改范围”下拉列表设置活动组件。

6.1.1 建模组件

为了建模组件，例如，添加实体或修改组件中的实体，必须激活建模范围。选择一个组件并选择建模选项卡→范围组→设置建模范围选项，可以激活建模范围，并根据需要修改选定的组件。设置建模范围仅适用于组件。

表示某个对象当前正在建模中，对象树如图 6-1 所示。

如果对建模会话的结果感到满意，那么可使用结束建模命令。

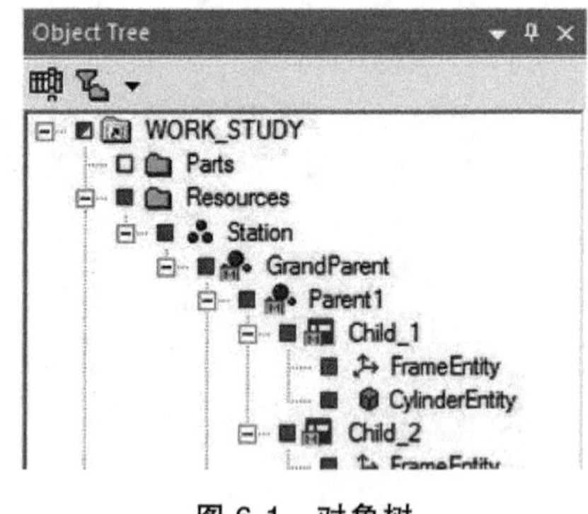

图 6-1　对象树

如果不在建模范围内，那么建模选项卡中的许多选项都被禁用。

建模范围保持激活状态，直到运行结束建模命令。

无法打开 . co 文件进行建模（可打开 . cojt 文件进行建模）。

JT 文件中有两种类型的几何：XTBRep 和 JT-Brep。Process Simulate 提供对 XTBRep 的全面支持，但是它仅为 JTBrep 提供有限 Process Simulate 的支持。可以在 Process Simulate 中打开 JTBrep 组件进行建模，并且可以执行运动建模。无法对现有的 JTBrep 几何体执行几何建模，但是可以创建新的几何体并对其进行建模。只有 XTBRep 格式的 JT 文件支持在精确几何体上投射焊接点。

如果插入使用第三方程序创建的组件（使用“插入组件”），则可以使用“设置建模范围”命令查看存储在 JT 文件的 PMI 部分中的坐标系。

更改组件的名称需要建模。加载组件的建模工作流程如下：

选择组件并选择“Set Modeling Scope”命令。根据需要修改组件，使用相关的建模命令。使用“End Modeling”命令保存修改的组件。系统将该组件保存在系统根目录下。使用“End Modeling”时，系统会更新链接到该组件的所有实例。

6.1.2 结束建模

“End Modeling”命令使可以将本地组件复制到文件系统中的库或其他位置，使其成为链接组件。在对象树中，复制的组件会显示一个挂锁图标。

从文件中插入组件并打开后，可以执行建模。可以使用“End Modeling”命令将修改的或新创建的组件复制到库中。组件被复制到最初插入的位置。

“End Modeling”对话框可以保留尚未定义为“United”的参考实体，否则，参考将被删除，如图 6-2 所示。

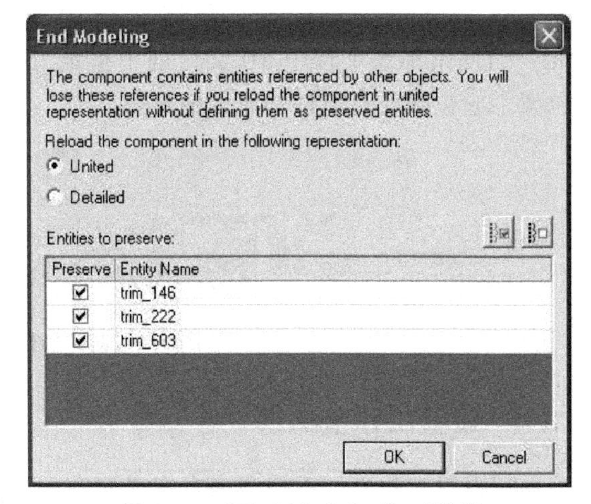

图 6-2 “End Modeling”对话框

可以选择多个组件来运行“End Modeling”命令。如果至少有一个组件打开，则该命令运行并结束这些组件的建模。如果创建了大量新组件，那么可以节省很多工作。

结束对单个新组件的建模时，Process Simulate 会提示输入名称和位置（必须嵌套在系统根目录下）以存储新组件。

结束对多个新组件的建模时，Process Simulate 会提示输入新组件的位置（必须嵌套在系统根目录下），并根据以下格式对它们进行命名：<组件名称> _ <枚举器>. cojt 。

当使用“Set Modeling Scope”（设置建模范围）更新组件时，系统还会更新链接到该组件的所有实例。在关闭 Process Simulate 之前，不必结束建模会话。如果在打开建模项目时关闭 Process Simulate，则在下次打开 Process Simulate 时，它们将保持此状态。

如果不希望通过修改来更新原始组件，而是希望创建替代方案，那么需要完成建模步骤，并且不要运行“End Modeling”命令。

如果插入使用第三方程序创建的组件（使用“插入组件”），则可以使用设置建模范围命令查看存储 JT 文件的 PMI 部分中的坐标系。执行“End Modeling”命令，以与最初使用 Process Simulate 创建组件相同的方式存储坐标系信息。

6.1.3 将组件另存为

默认情况下，在结束建模时，编辑原型零件或资源的单个实例会将更改传播到该原型的所有实例。但是，如果希望修改单个实例而不影响其他实例，则可以运行“Save Component As”（保存组件）命令。此时，系统会创建一个新的原型并加载它的一个新实例，但是只能对可以建模的组件使用此命令，例如，由 . cojt 文件表示的组件。它不适用于超级组件或由

. co 文件表示的组件。

要将组件另存为，可执行以下操作：

1）选择要修改的组件。

2）选择建模选项卡→范围组→将组件另存为，出现元器件另存为对话框，如图 6-3 所示。

3）可以使用默认的文件名和路径，也可以修改它们，然后单击“Save”按钮。此时，新实例保存在对象树中，如图 6-4 所示。

将建模范围设置为新创建的实例。在此实例中，新实例 Flange_ 1 存储在新的 Flange_ 1. cojt 原型文件中 3D 文件列中指定的位置。它包含所有组件的原始信息。

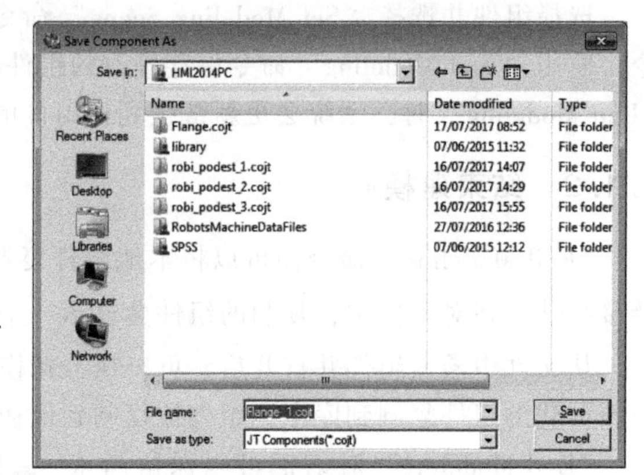

图 6-3　元器件另存为对话框

Name	3D File
CompoundResource1	
Flange	C:\TxSysRoot\HMI2014PC\Flange.cojt
Flange_1	C:\TxSysRoot\HMI2014PC\Flange_1.cojt
box1	

图 6-4　新实例保存在对象树中

6.1.4　设置工作坐标系

使用设置工作坐标系命令来自定义研究的参考工作坐标系。研究中的所有坐标值都是相对于工作坐标系显示的。默认情况下，每个研究的工作坐标系都等同于全局坐标系。改变研究的工作坐标系会影响参考坐标、位置和旋转的命令、查看器。例如，为放置命令和操纵器输入的坐标值参考工作坐标系。配置工作坐标系可以简化过程中坐标的显示。例如，对于车轮装配过程，可以将车轮的中心定义为工作坐标系，包含在装配中的所有零件和资源的坐标都显示在车轮中心的相对位置。

自定义研究的工作坐标系不会改变数据库中对象的位置。工作坐标系只是一个工作工具，用于显示与定制参考坐标系相关的位置。如果工作坐标系与全局坐标系不同，那么要沿着工作坐标系的 X 轴移动一个对象，需要执行以下操作：

在研究中将对象移动到所需的方向（图形）。计算运动相对于全局坐标系的投影。使用与全局坐标系相关的对象移动的计算投影来更新数据库。将多个研究与“Merge Studies”（边缘学习）命令合并，将工作坐标系重新设置为新合并研究中的全局坐标系位置。在一项创建研究副本的研究中执行合并研究命令，可以保留新合并研究中的工作坐标系位置。将每项研究的工作坐标系定义与其他研究数据一起保存。

为研究配置工作坐标系，可执行以下操作：

1）选择建模选项卡→范围组→设置工作框选项出现设置工作坐标系对话框，如图 6-5 所示。

2）执行以下操作之一：

选择重置为原点单选按钮，可以将工作坐标系重置为全局坐标系。也可以单击参考坐标系按钮右侧的下拉箭头，并使用其中一种标准坐标系指定位置。也可以在图形查看器中单击工作坐标系所需的位置。

3）单击“OK”按钮。工作坐标系根据的输入进行配置，关闭“Set Working Frame”（设置工作坐标系）对话框。

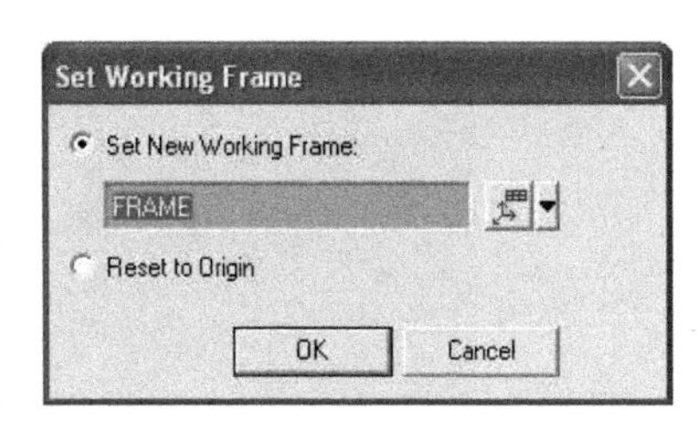

图 6-5　设置工作坐标系对话框

6.1.5　设置自身坐标系

设置自身坐标系命令可以移动组件的自身坐标系。例如，如果建模了枪，并希望使用其新的几何形状来创建枪的族，且枪的长度各不相同，则可以延长枪的长度并重新定义枪的自身坐标系以与其 TCP 对齐。这有助于将枪放置在期望的位置。

要设置自身坐标系，可执行以下操作：

1）选择一个组件并打开它进行建模（参考设置建模范围）。

如果在选项对话框的图形查看器选项卡中设置了显示自身坐标系，则所选组件将与其自身坐标系一起显示，如图 6-6 所示。

2）选择建模选项卡→范围组→设置自身坐标系选项，会出现设置自身坐标系对话框，如图 6-7 所示。

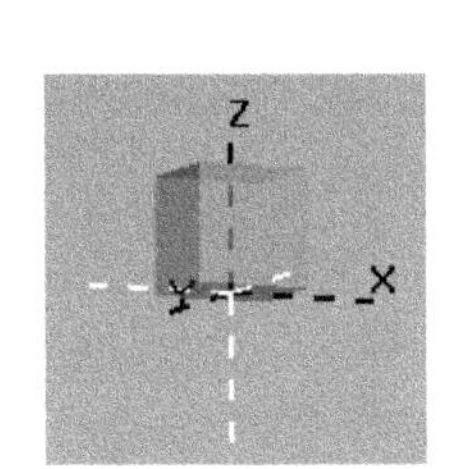

图 6-6　显示自身坐标系

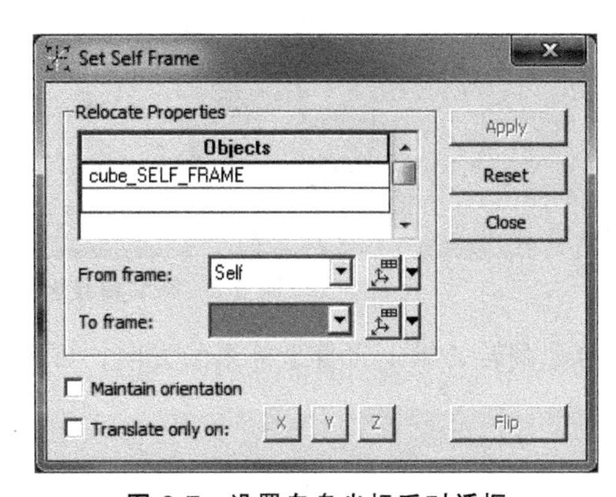

图 6-7　设置自身坐标系对话框

在该对话框的对象列表中列出了该组件的名称。

3）“To frame”选项被自动激活。在图形查看器或对象树中为自身坐标系选取目标坐标系，或按创建坐标系选项中的说明单击按钮，创建一个新坐标系。在当前自身坐标系和所需位置之间的图形查看器中出现黄线，如图 6-8 所示。

4）执行以下任何可选操作：

默认情况下，自身坐标系的来源是自身。如果有必要，可设置为几何坐标系或工作坐标系。设置保持方向以确保自身坐标系在目标位置保持其方向。如果不设置此选项，则自身坐标系将采用目标坐标系的方向。将自身坐标系的平移限制为单个轴。选择 X、Y 或 Z，以使自身坐标系仅匹配目标的 X、Y 或 Z 轴位置。

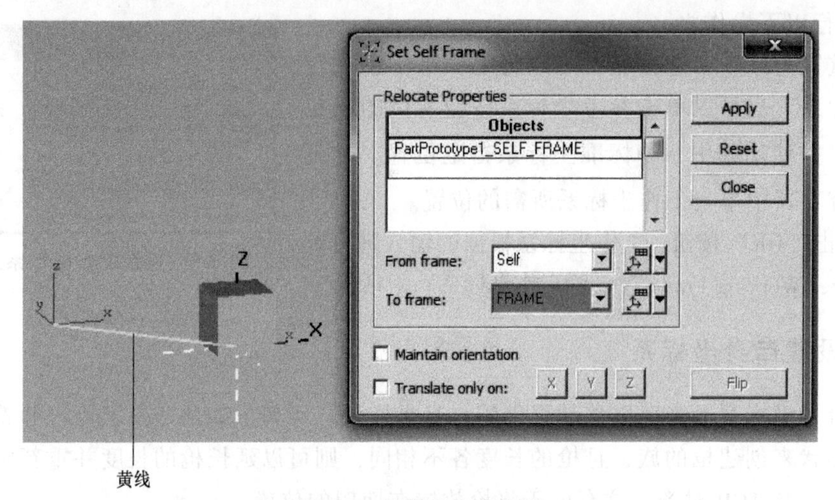

图 6-8　设置自身坐标系

5）单击“Apply”按钮，将自身坐标系移动到目标位置，如图 6-9 所示。

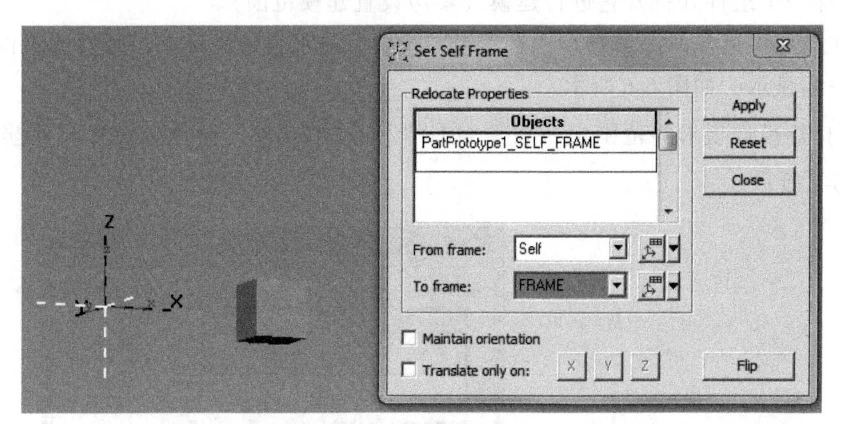

图 6-9　移动自身坐标系

6）如果希望翻转 Z 轴上自身坐标系的方向，可单击“Flip”按钮，如图 6-10 所示。

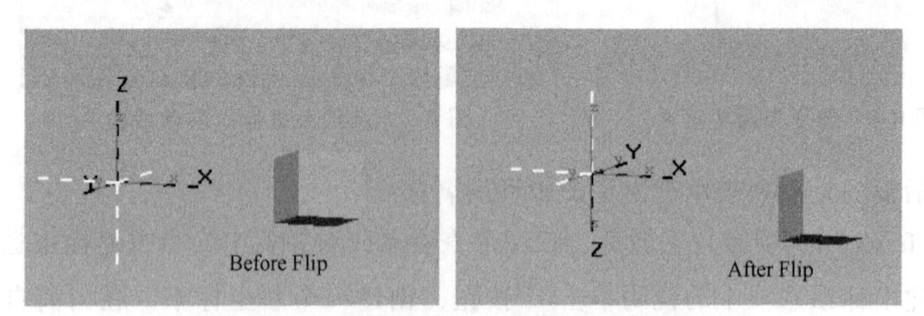

图 6-10　翻转 Z 轴上自身坐标系的方向

7）单击“Close”按钮，退出设置自身坐标系对话框。

6.1.6　重新加载组件

从库中加载组件到研究并建模其 3D 几何体后，使用“Reload Component”（重新加载组件）命令可以恢复到组件几何体与建模更改之前的状态。重新加载组件可删除对尚未定义为“已保存”的实体的任何引用。该命令不会重置所做的其他类型的修改，如重命名组件、将其分配给操作、添加属性等。只要尚未使用“End Modeling”命令来终止建模会话并保存，就可以使用重新装入组件命令将修改后的组件返回到库。

要重新加载组件，可执行以下操作：

1）选择组件并选择建模选项卡→范围组→重新加载组件选项，显示图6-11所示的提示框。

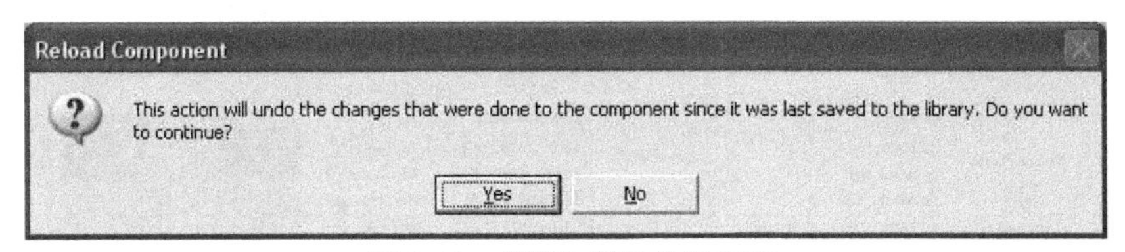

图6-11 重新加载组件提示框

2）单击“Yes”按钮，可以删除在当前建模会话中进行的三维几何更改。重新加载组件还会删除所有对未定义为“保留”的实体的引用，其他修改（名称、操作分配、位置、属性等）不会重置。

6.2 组件

6.2.1 插入组件

可以在另一台机器上插入使用Process Simulate建模的组件，并将扩展名为.cojt的文件保存到工作单元中。无法修改预定义的组件。使用.co扩展名保存的文件可以读入Process Simulate，但无法建模。但是，可以使用升级CO原型到版本命令来执行此操作，在使用第三方程序创建的文件中插入组件。为了查看这些组件的坐标系，可打开它们进行建模。

在独立模式下运行时：

- 可以从ZIP文件、PSZ文件或其他来源插入组件。
- 可以插入在其他研究中重复使用的设备。

如果试图插入未定义原型的组件，或者从不同的研究中插入“Eguipmen Prototype”（“装备类型”组件），则系统会出现如下提示：

组件类型不是定义。使用定义组件类型命令来定义类型。

在为设备添加新资源之后，必须对新资源执行结束建模，然后才能对设备执行结束建模。插入的对象是组件原型的新实例。额外插入同一个组件会导致同一个原型的多个实例。该组件根据.COJT文件夹中的元数据文件CompoundData.xml进行定义。CompoundData.xml是在打开/关闭建模组件时创建的。EquipmentPrototype在12.1.1之前的版本中建模时不存在此文件。如果将没有CompoundData.xml的EquipmentPrototype插入研究中，则只加载运动特性，如图6-12所示。

图6-12 只加载运动特性

此时没有加载几何图形或组件。该组件必须在其原始研究中建模，以便可以从项目中提取组装结构并将其写入 COJTCompoundData. xml。它不能在目的地研究中更新。

要插入组件，可执行以下操作：

1）选择建模选项卡→组件组→插入组件选项，出现插入元件对话框，如图 6-13 所示。

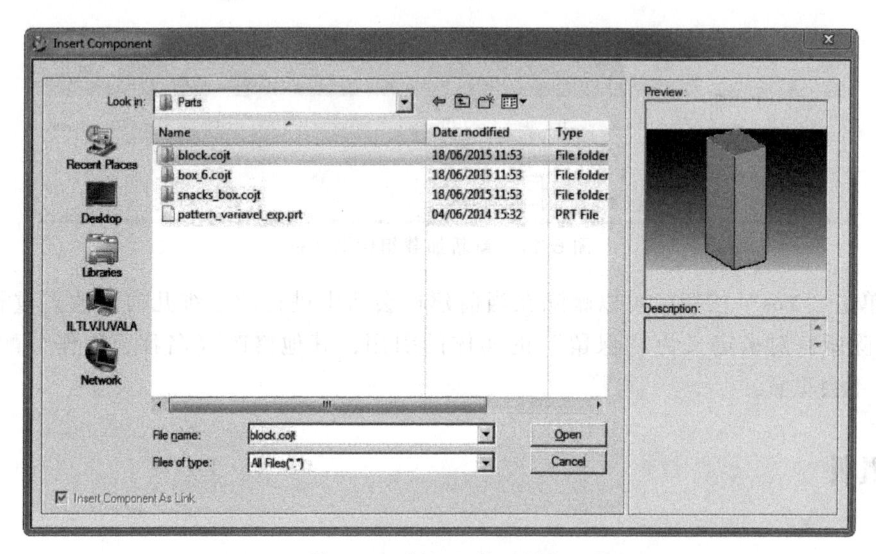

图 6-13　插入元件对话框

如果运行了创建库预览命令，则可进行所选组件的二维预览。

2）浏览到希望插入的组件，然后单击“Open”按钮，组件会被加载到当前的工作单元中，其名称出现在对象树中，其内容出现在图形查看器中，组件被插入世界坐标系。Process Simulate 不支持包含 . jt 文件的 . cojt 组件的建模。

6. 2. 2　定义组件类型

在独立模式下运行时，定义组件类型命令可以定义组件的原型。要定义组件类型，可执行以下操作：

1）选择建模选项卡→组件组→定义组件类型选项，系统会提示选择一个文件夹来搜索组件。

2）选择一个文件夹并单击“OK”按钮，出现定义组件类型对话框，如图 6-14 所示。

不要选择对象文件夹本身（ . co 或 . cojt 文件），而是选择其父文件夹。

3）也可以选中已分配类型的隐藏结点，以显示缺少类型定义的结点。

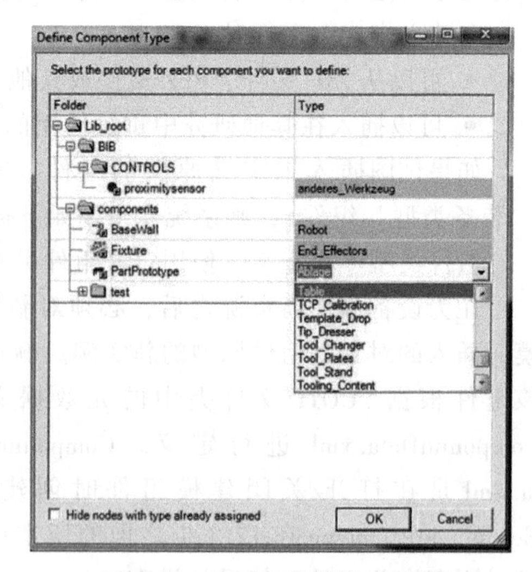

图 6-14　定义组件类型对话框

4）单击类型单元格以查找缺少类型定义的结点，然后选择适当的定义。

如果选择组件目录，则会自动选择目录中的所有组件并为其分配相同的类型（已有分配的组件保留当前设置）。

5）单击“OK”按钮，Process Simulate 创建分配。

如果遗漏了任何未分配的组件，系统会提示完成所有分配或继续操作。

6.2.3　3D 点云表示

点云是代表 3D 系统的一组数据点，通常由 3D 扫描仪创建。点云中的点表示扫描的三维物体的外表面。点云需要特殊的点云许可证。

使用 3D 扫描仪，可以扫描复杂的对象（如制造工厂），创建扫描对象的 3D 模型，并将结果存储为点云文件。可以将 POD 格式的点云导入 Process Simulate（如果有必要，先将其转换为 POD 格式），并像其他任何对象一样，将其显示在图形查看器和对象树中。插入点云如图 6-15 所示。

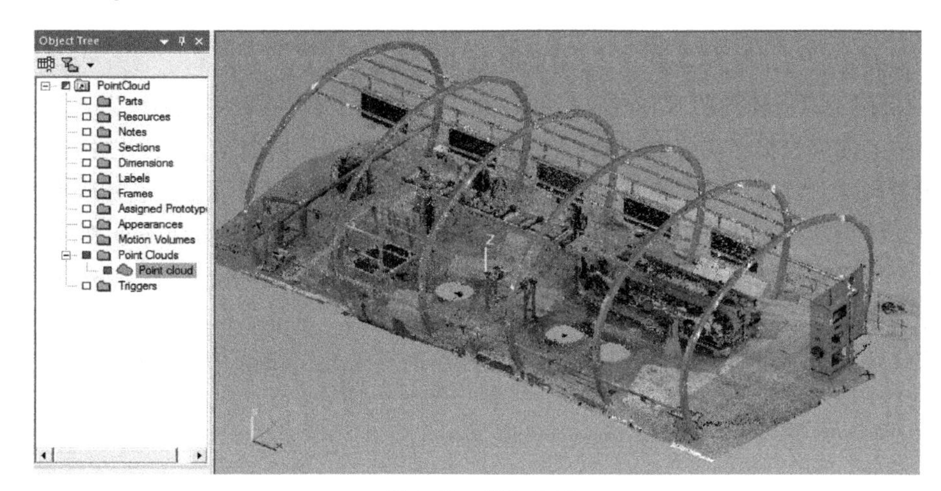

图 6-15　插入点云

点云是单个对象。可以将点云分为多个层以增加灵活性。例如，可能希望将每个工作站都移至单独的图层。点云文件通常包含非常大量的数据。但是，由于智能内存管理算法，点云文件加载时仍然可以在 Process Simulate 中继续工作。这将监视内存消耗，并根据用户设置的角度加载点云数据。

可以使用点云上的所有剖面工具。

必须配置点云的系统根目录。有关更多信息，可参阅常规选项卡的点云选项中的点云选项。

要实现着色效果，可以修改外观选项卡的点云选项中的点云着色设置。可以增大点的大小（在外观选项卡中），这有助于提高点云的可见性。在虚拟机或在 Citrix 环境中工作时不支持点云集成。

可以在点云/点云图层和其他对象之间执行碰撞检查，如图 6-16 所示。

执行碰撞检查时有以下一些限制：

- 对于点云/点云图层，不能检查碰撞对。
- “碰撞显示”中所有显示的对象选项不会显示点云/点云图层的干涉。

图 6-16　碰撞检查

- “碰撞显示”不显示点云/点云图层的碰撞轮廓。
- 如果用于碰撞检测的所有对象都是点云/点云图层，则快速碰撞被停用。

扫描技术能够根据当前存在的数据计划制造工作站布局，同时考虑工厂结构、现有资源等，并规避风险。例如，如果计划新车型的制造工艺，则可以使用代表当前制造工厂的确切布局的点云作为新生产线的基础，并进行必要的修改，而不是提供可能不准确或过时的计划。此外，可以定期更新扫描，并将数据保存在 Process Simulate 中，这在使用工厂的 CAD 设计时非常困难。

在许多情况下，生产车间会不断变化。创建新的点云并更新研究是一个简单的过程。

6.2.4　插入点云

插入点云的步骤如下：

1）选择建模选项卡→组件组→点云→插入点云 选项，出现浏览点云文件对话框，如图 6-17 所示。

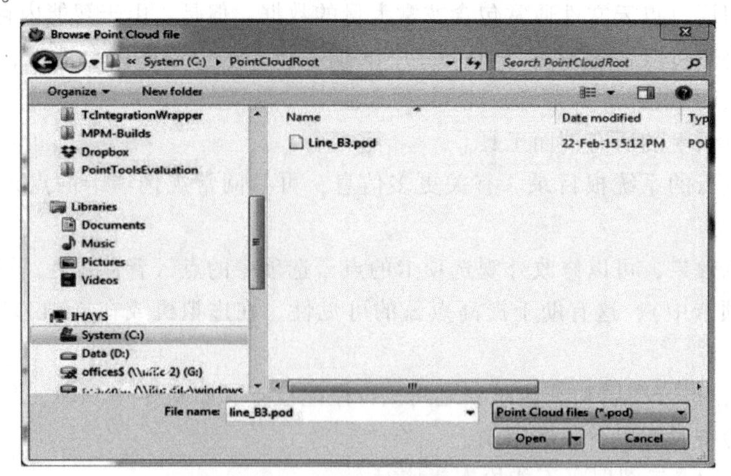

图 6-17　浏览点云文件对话框

2）选择一个或多个希望打开的点云文件（.pod），然后单击“Open”按钮，点云开始加载并显示在对象树中，如图 6-18 所示。

6.2.5　重新定位点云

可以使用 Placement Manipulato（位置移动操作器）或 Relocate（重新定位）命令重新定位（平移）并旋转点云。从对象树中选择一个或多个点云（不在图形查看器中）并选择放置操纵器，如图 6-19 所示。

可以将多个点云一起转换为零件和资源。快速布局不能用于重新定位点云，因为无法在图形查看器中选择点云。变换点云将其所有图层重新定位在一起，点云图层无法单独进行转换。

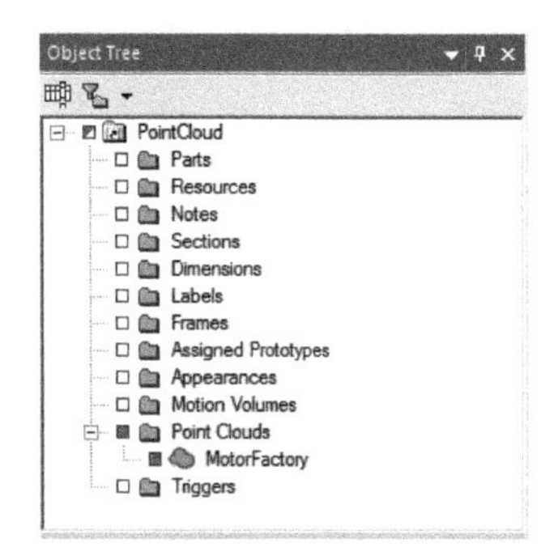

图 6-18　点云显示在对象树中

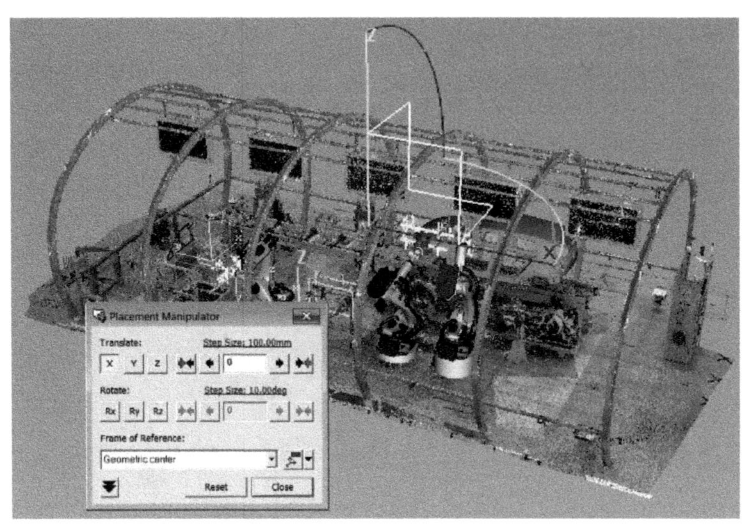

图 6-19　重新定位点云

6.2.6　管理点云图层

要管理点云图层，可执行以下操作：

1）选择建模选项卡→组件组→点云→编辑点云选项，点云在对象树中被更新，并且笔图标被添加到点云图标上，以指示一次只能编辑一个点云，如图 6-20 所示。

2）选择建模选项卡→组件组→点云→创建点云层选项，一个新图层就嵌套在对象树中的活动点云下。用户可以根据需要编辑图层的名称。

3）根据需要创建更多图层（最多六层），如图 6-21 所示。

4）将点云分为几层：

① 选择工具选项卡→点云组→选择矩形选项，鼠标指针变为符号。

② 将鼠标指针拖到希望与特定图层关联的区域上方。释放鼠标左键，所选云点将以橙色显示，如图 6-22 所示。

任何点只能与一个点云图层相关联。如果希望进行多重选择，可在按<Ctrl>键的同时将鼠标指针拖动到点云的其他区域上。如果对所选择的点不满意，可单击清除选择图标或将鼠标指针拖到其他区域。

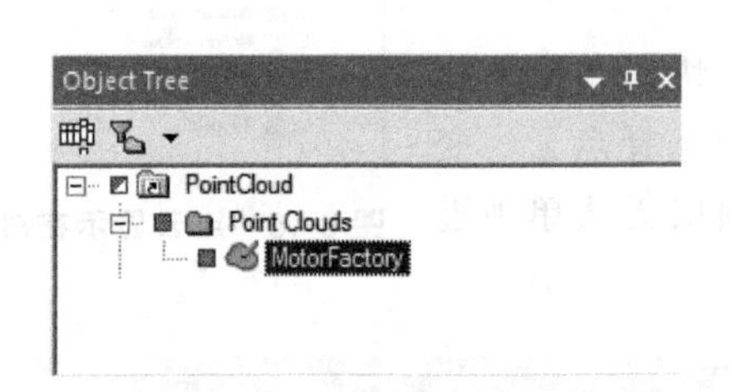

图 6-20　编辑点云

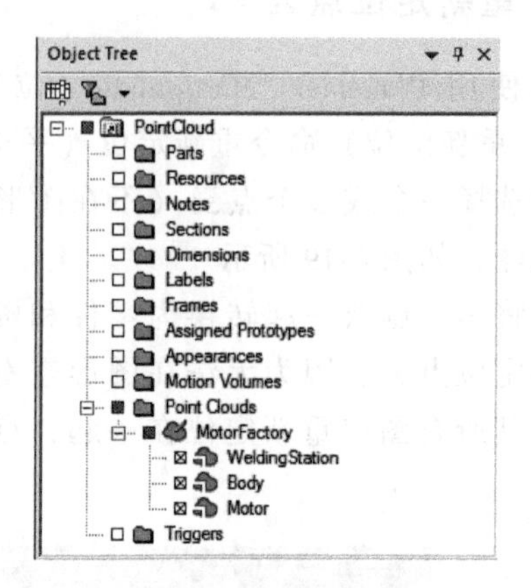

图 6-21　创建更多图层

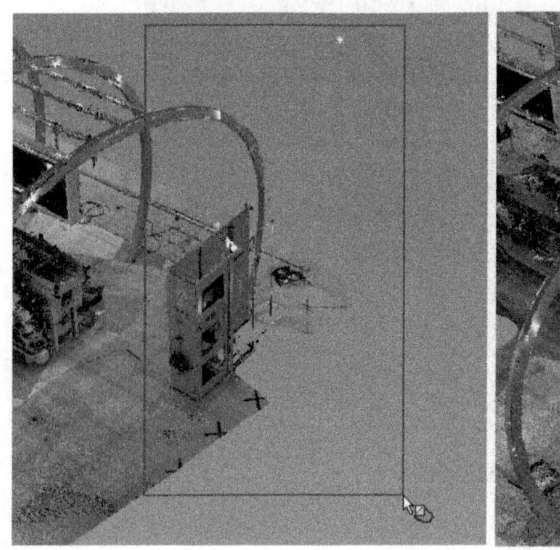

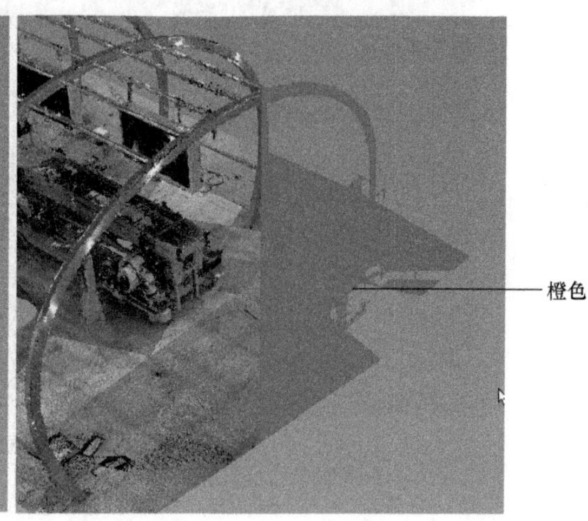

图 6-22　所选云点颜色改变

③ 在对象树中选择所需的点云图层，然后单击将所选点移动到图层按钮，相关图层的显示/隐藏状态从未定义（X）变为阴影框显示，如图 6-23 所示。

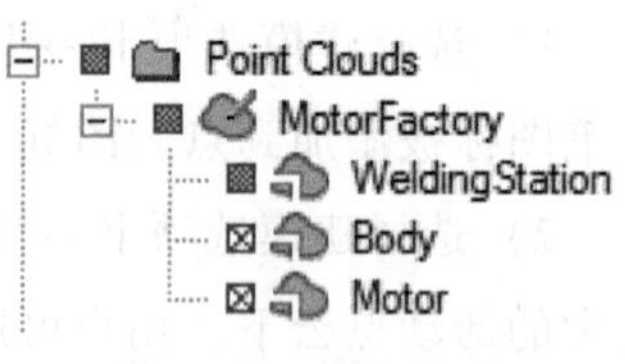

图 6-23　图层显示

④ 为所有图层选择云点。

5）单击按钮退出编辑模式。

6）根据需要设置点云图层的显示/隐藏状态。如图 6-24 所示。

用户还可以在编辑模式下隐藏和显示点云图层。

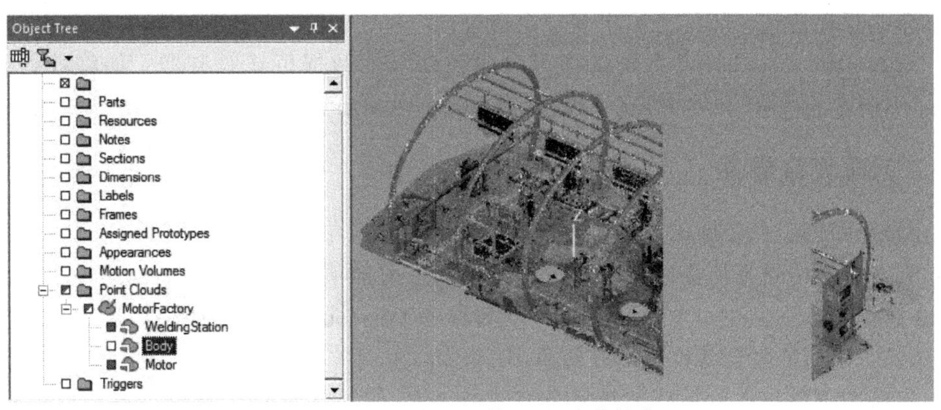

图 6-24　设置图层的显示/隐藏状态

6. 2. 7　创建零件和资源

使用创建零件/资源选项能够创建零件和资源，包括表 6-1 所列的工具。

表 6-1　创建零件/资源所使用的工具

图标	名称	描述
	创建新零件	单击该按钮可以添加新零件原型
	创建复合零件	单击该按钮可以创建新的复合零件
	创建新资源	单击该按钮可以添加新的资源原型
	创建复合资源	单击该按钮可以创建新的复合资源

如果正在以独立模式运行创建零件/资源工具，那么可将更新数据更改延迟至 eMServer 步骤，直至再次连接至 eMServer。如果在创建新零件或创建新资源之前预先选择了零件/资源，则只能创建相关类型的对象，并自动嵌套在预选文件夹下。在这种情况下，不可用选项处于非活动状态。但是，如果启动这些命令时没有选择，则可以在 Parts 或 Resources 文件夹的根目录下分别创建零件和资源。

6. 2. 8　创建新的零件

要创建一个新的零件，可执行以下操作：

1）选择建模选项卡→组件组→创建新零件选项，将显示一个包含可以选择的所有原型类的对话框，如图 6-25 所示。

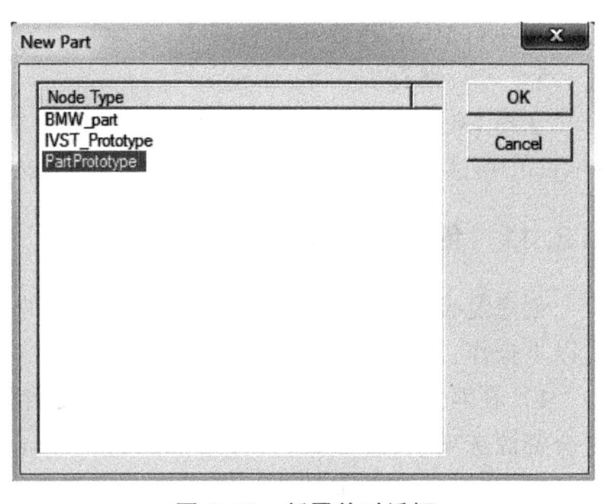

图 6-25　新零件对话框

除非使用自定义，否则仅存在单个零件类型，并且不显示对话框。默认情况下，新零件嵌套在零件文件夹的根目录下。但是，如果在启动命令之前选择了复合零件，则新零件嵌套在所选结点下。

2）根据需要对零件进行建模。

3）选择结点并选择结束建模。

4）单击保存按钮，零件旁边出现锁定图标。

5）选择 eMServer 选择性更新选项可以使用新零件数据更新服务器，如将数据更改为 eMServer 中所述的内容。该部分在 Process Designer 中显示为原型。

6.2.9　创建复合零件

要在研究中创建一个新的复合零件，可执行以下操作：

1）在对象树中选择所需的父结点，然后选择建模选项卡→组件组→创建一个复合零件选项，在选定结点下创建一个新结点，默认名称为 CompoundPart1。如果在启动命令之前没有做出选择，则新的复合零件嵌套在零件下。

2）将所需零件拖放或粘贴到新复合零件中。

3）选择 eMServer 选择性更新选项以使用新零件数据更新 eMServer，如将数据更改为 eMServer 中所述的内容。不能将资源拖放或粘贴到复合零件部分。

6.2.10　创建新资源

要创建新资源，可执行以下操作：

1）选择建模选项卡→组件组→创建新资源选项，将显示一个新资源对话框，其中包含可以选择的所有原型类，如图 6-26 所示。

2）选择要添加的原型类，然后单击“OK”按钮。新结点以对象树的默认名称解锁显示。默认情况下，新资源嵌套在资源文件夹的根目录下。但是，如果在启动命令之前选择了复合资源，则新资源将嵌套在所选结点下。

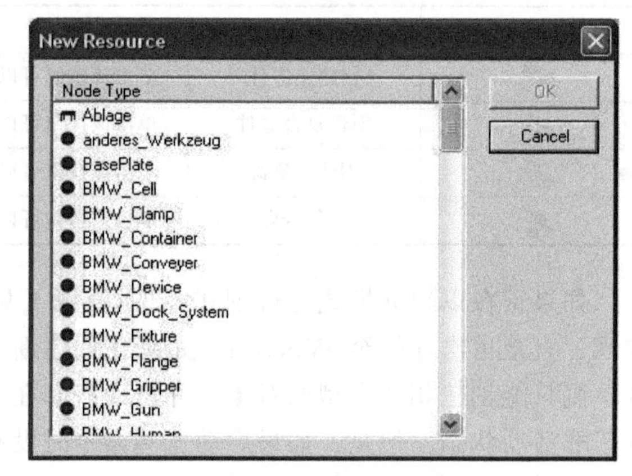

图 6-26　新资源对话框

3）根据需要对资源进行建模。

4）选择结点并选择结束建模。

5）进行保存。

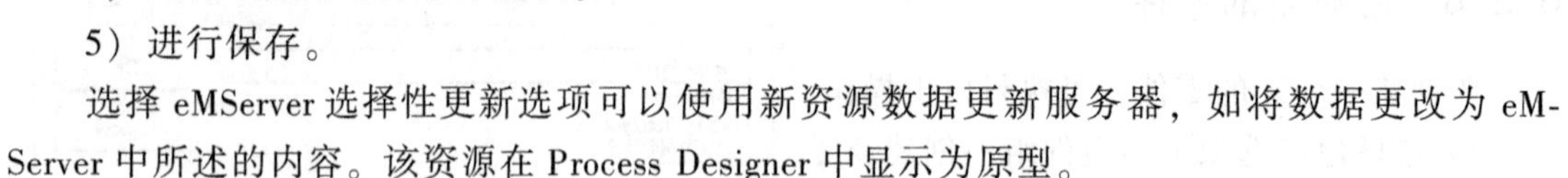

选择 eMServer 选择性更新选项可以使用新资源数据更新服务器，如将数据更改为 eMServer 中所述的内容。该资源在 Process Designer 中显示为原型。

6.2.11　创建复合资源

创建复合资源命令能够在研究中创建新的复合资源。在研究中创建新的复合资源，可执行以下操作：

1）在对象树中选择所需的父结点（复合操作），然后选择建模选项卡→组件组→创建复合资源选项，使用默认名称 CompoundResource1 在选定结点下创建新结点。

2）将所需资源拖放或粘贴到新复合资源中。

3）选择 eMServer 选择性更新选项，可以使用新的资源数据更新 eMServer，如将数据更改为 eMServer 中所述的内容。不能将零件拖放或粘贴到新的复合资源。

6.3 布局

6.3.1 快速放置

使用快速放置工具只能沿线性 X 轴和 Y 轴移动对象或组。要使用快速放置，可执行以下操作：

1）选择 GV 工具栏选项卡→拾取等级组→组件选项。

2）选择建模选项卡→布局组选项，图形查看器中的鼠标指针变为图标。

3）根据需要选择并拖动对象或组到图形查看器中的新位置。

当在图形查看器中拖动对象时，对象的 X、Y 和 Z 坐标将显示在图标的下方。Z 坐标始终为零。

4）当完成使用快速放置工具时，可单击选择按钮，将鼠标指针返回到其默认箭头状态。

使用快速放置工具移动对象，有时会扭曲它们的实际位置，因为它们不会沿着 Z 轴移动。为了在图形查看器中保持正确的视角，建议将视点更改为顶端。仅当父组件处于建模模式时，快速布局才会对实体起作用。

6.3.2 恢复位置

恢复位置工具可以将对象或组恢复到相对于其父项的原始位置。对象的原始位置是对象在第一次加载时相对于其父对象的位置。该命令对零件和资源进行操作。

恢复对象不会将其子对象恢复到相对于恢复对象的原始位置。任何子对象都会与恢复的对象一起移动，并将相对位置保存到其新位置中的恢复对象。如果要将子对象恢复到与恢复对象相关的原始位置，则必须专门恢复子对象。恢复对象也不会将其父对象恢复到其原始位置。除非恢复父对象，否则恢复对象的父对象将保留在其当前位置。

恢复位置选项仅在选择对象时启用。

要检查某个对象是否位于其原始位置，可尝试恢复该对象。如果对象移动，那么就不在其原始位置。要取消尝试，可在执行任何其他操作之前单击撤销按钮。

要恢复位置，可执行以下操作：

1）在图形查看器中选择一个或多个对象，或在逻辑集合树查看器中选择一个组。

2）选择建模组→布局组→恢复位置选项，当单元格第一次加载时，选定的对象将返回到相对于其父对象的原始位置。恢复位置工具见表 6-2。

表 6-2 恢复位置工具

图标	名称	描述
对齐 X	对齐 X	沿 X 轴正方向对齐所选对象
对齐 Y	对齐 Y	沿 Y 轴正方向对齐所选对象

（续）

图标	名称	描述
对齐 Z	对齐 Z	沿 Z 轴正方向对齐所选对象
对齐 -X	对齐负 X	沿 X 轴负方向对齐所选对象
对齐 -Y	对齐负 Y	沿 Y 轴负方向对齐所选对象
对齐 -Z	对齐负 Z	沿 Z 轴负方向对齐所选对象
分布 X	分布 X	沿 X 轴等距分布选定的对象
分布 Y	分布 Y	沿 Y 轴等距分布选定的对象
分布 Z	分布 Z	沿 Z 轴等距分布选定的对象

6.3.3 对齐和分配对象

可以水平或垂直对齐对象，也可以沿着选定的轴均匀分配对象。对齐工具包括具有对齐按钮和分配选项的弹出式工具栏。

6.3.4 对齐 XYZ

可以通过选择对象并单击所需的对齐选项来沿轴对齐对象。对齐对象取决于最后一个选定对象的轴位置。对齐对象时，应确保组件处于主页选项卡中的选择级别状态。表 6-3 所列为对齐 XYZ 数据表，图 6-27 说明发出 AlignX 命令后三个对象的原始位置及其对齐位置。

表 6-3 对齐 XYZ 数据表

对象名称	原始位置	对齐位置
Box 1	XYZ =(2,5,10)	XYZ =(7,5,10)
Box 2	XYZ =(3,2,5)	XYZ =(7,3,25)
Box 3	XYZ =(7,1,2)	XYZ =(7,1,2)

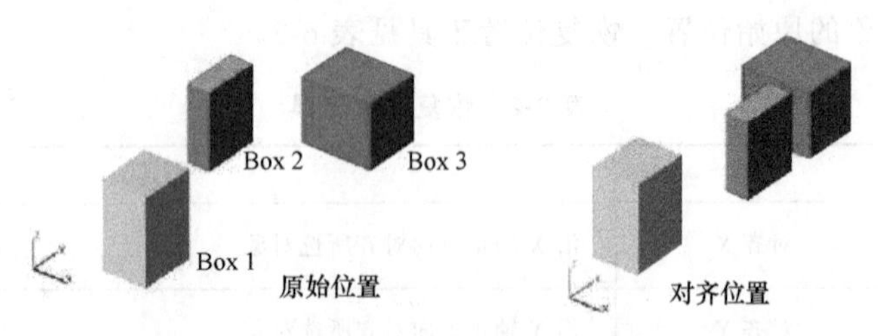

图 6-27 对齐 XYZ

6.3.5 分配 XYZ

可以通过选择对象并单击所需的分配选项来沿轴分配对象。分配对象由每个选定对象的位置值决定。如果希望分配对象，则会添加所选轴的最高值和最低值，然后除以要分配的对象的数量，以确定对象沿轴放置的位置。要分配对象，应确保组件处于主页选项卡中的选择级别状态。表 6-4 所列为分配 XYZ 数据表。图 6-28 说明发出 DistributeY 命令后三个对象及其分布位置的原始线性位置。

表 6-4 分配 XYZ 数据表

对象名称	原始位置	分配位置
Box 1	XYZ =(2,5,10)	XYZ =(2,5,10)
Box 2	XYZ =(3,2,5)	XYZ =(3,3,25)
Box 3	XYZ =(7,1,2)	XYZ =(7,1,2)

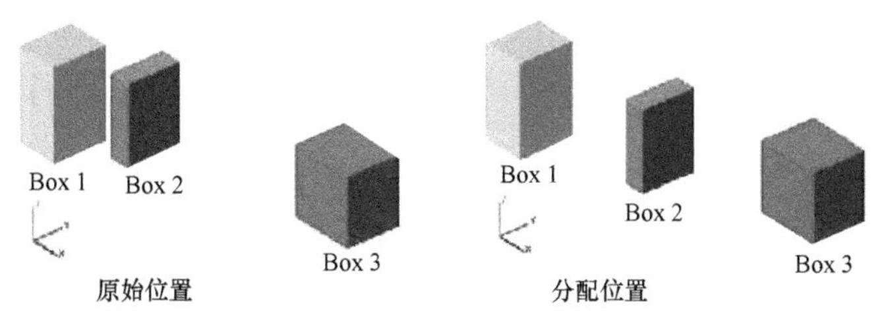

图 6-28 分配 XYZ

6.3.6 复制对象

复制对象命令使可以复制选定对象的实例。要复制对象，可执行以下操作：

1）在图形查看器或对象树中选择一个对象。

2）选择建模选项卡→布局组→重复对象选项，显示复制对话框，如图 6-29 所示。

3）在复制对话框的复制区域中，指定实例的数量，并指定希望使用向上和向下箭头复制实例的轴。在 X 数字选项、Y 数字选项和 Z 数字选项中，输入每个轴所需的实例数。在 X 间距选项、Y 间距选项和 Z 间距选项中，根据需要输入沿每个轴的重复实例之间的距离。可以使用所选对象的长度与重复实例之间所需空间的距离来计算 X 间距选项、Y 间距选项和 Z 间距选项中所需的间距。

4）在预览区域中可选择预览重复实例的模式。预览：将选定对象显示为透明边界框，并将图形查看器中的重复实例显示为实体。线框：将所选对象显示为透明边界框，并将图形查看器中的重复实例显示为线框。

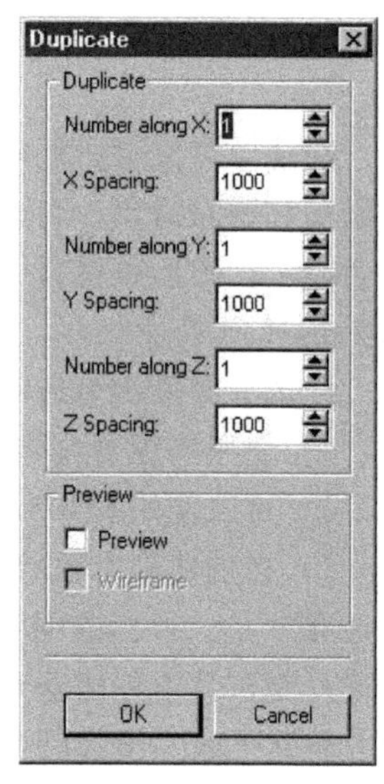

图 6-29 复制对话框

5）单击确定按钮，所选对象的重复实例显示在图形查看器中和对象树中。重复的实例在原始选定对象的名称后面显示为_#锁定组件。

6.3.7 镜像对象

镜像对象命令可以创建组件的镜像副本。

该命令要求定义一个组件或复合目标（Process Simulate Standalone 不支持复合目标）作为创建新建模实体的目标范围。如果将组件定义为范围，则 Process Simulate 会创建新实体，但不会创建新组件。可以镜像源对象本身，在这种情况下，不需要目标作用域。所有的几何实体都可以被镜像，如确切的固体和表面 Tesselations（近似实体）曲线，包括弧线和多段线。如果来源是运动学装置，则系统镜像装置的所有运动元素。镜像对象命令可维护所有对象属性。镜像对象的名称与源对象的名称相同（如果目标中没有同名的对象）。该命令忽略图层和 PMI。要镜像对象，可执行以下操作：

1）在图形查看器或对象树中选择要镜像的源对象。

2）选择建模选项卡→布局组→镜像对象选项，显示镜像对象对话框，如图 6-30 所示。

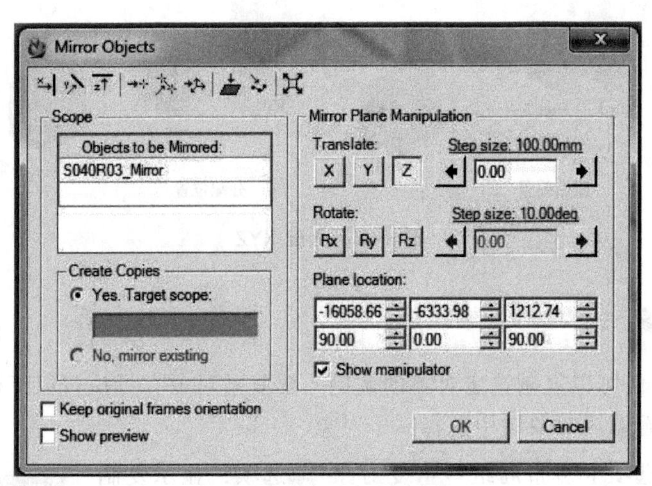

图 6-30　镜像对象对话框

在镜像对象对话框中，选择的对象列在要镜像的对象列表中。在对话框打开时，可以随时添加和删除对象。当选中显示预览复选框时，只要对话框处于打开状态，镜像对象的预览就会显示在图形查看器中。这会使镜像对象对话框和图形查看器的执行速度变慢。镜像对象如图 6-31 所示。

镜像平面显示为透明浅蓝色矩形。预览也是透明的，并不在对象树中表示。

3）使用操纵器（选中显示操纵器时显示）来调整镜像平面的位置。

4）可以使用表 6-5 所列的工具来进一步调整镜像平面的位置。

5）在创建副本区域中，可以选择是创建镜像副本还是将现有对象更改为镜像副本。可以选择“是，目标范围”单选按钮，表示 Process Simulate 创建新的镜像对象，并在对象树中选择要在其下创建新对象的范围。选择“否，镜像存在”单选按钮，表示对现有对象建模并将其更改为镜像副本。

如果选择了单个源组件，则目标范围可能是组件或多源组件。

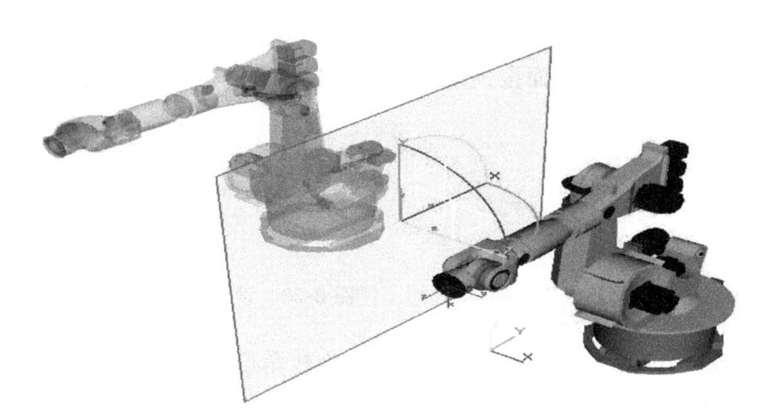

图 6-31 镜像对象

表 6-5 镜像工具

图标	名称	描述
	与 X 对齐	将镜像平面与工作坐标系的 YZ 平面对齐
	与 Y 对齐	将镜像平面与工作坐标系的 XZ 平面对齐
	与 Z 对齐	将镜像平面与工作坐标系的 XY 平面对齐
	与点对齐	将镜像平面与选定点对齐
	与两点之间的线对齐	将镜像平面对齐在图形查看器中选取的两个点的中心
	与原点对齐	将镜像平面与选定的坐标系对齐。该镜像平面穿过所述坐标系的基部，垂直于 Z 轴
	与曲面对齐	将镜像平面法线与选定曲面对齐，使其与拾取位置处的平面原点对齐
	与边对齐	将镜像平面与在 2D 对象上拾取的点垂直对齐。方向是任意设定的
	调整镜面尺寸	调整镜像平面的大小

如果为目标对象选择了组件或设备，那么 Process Simulate 将为每个源对象创建新的原型（Process Simulate Standalone 不支持此功能）。

如果选择了多个源实体，则目标范围必须是一个组件。

如果选择了多个源组件，则目标范围必须是多目标（Process Simulate Standalone 不支持复合目标）。

镜像对象必须属于目标对象允许的对象类型。例如，可能不会创建嵌套在零件下的资源。如果发生这种情况，Process Simulate 会出现警告：目标范围类型与镜像对象类型碰撞。Process Simulate 能够镜像完整的设备根目录。

如果选择设备既是源范围又是目标范围，则仅镜像所选结点的实体，而不是其嵌套实体的实体。如果还希望镜像嵌套实体，则必须逐个结点执行此操作。

6）在镜像平面操纵器区域，可以按照递增的步骤平移或旋转平面。

① 选择一个平移或旋转轴，如图 6-32 所示。

② 单击▶或◀按钮，将平面按预设距离或角度移动，如图 6-33 所示。

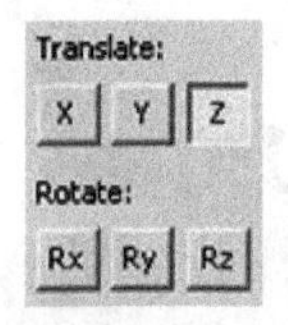

图 6-32 选择平移或旋转轴

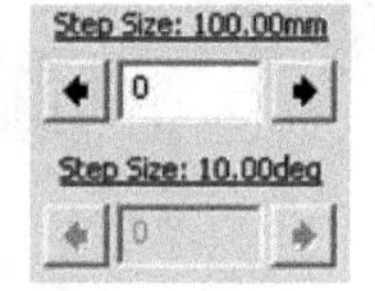

图 6-33 设置平面移动的距离和角度

每次单击▶或◀按钮，都会沿着轴的方向或旋转角度移动镜像平面。该选项中的数字是平面从其原点移开的距离，可以在六个自由度上平移和旋转镜像平面。

7）将鼠标指针放在步长超链接上，即可修改步长。当其形状变为手形时，单击可打开步长对话框，如图 6-34 所示。

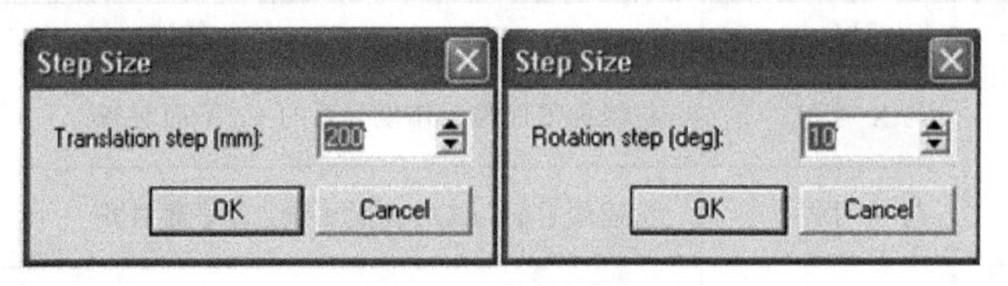

图 6-34 步长对话框

用户可根据需要修改平移步长（以毫米为单位）或旋转步长（以度为单位）。

8）显示管理镜平面的位置，如图 6-35 所示。

可以通过单击此区域中的任何箭头来手动修改此选项。

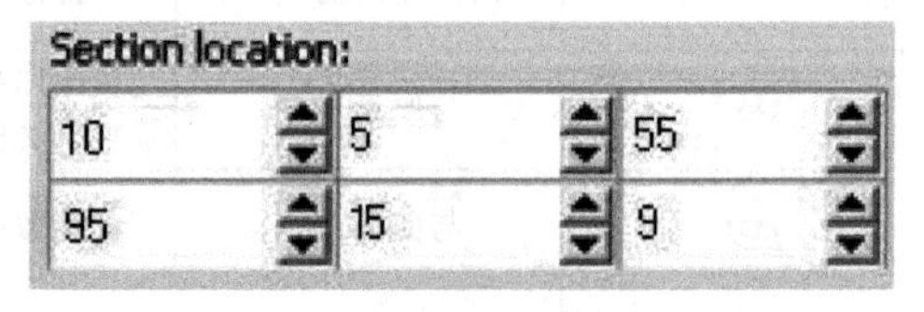

图 6-35 管理镜平面的位置

9）选择保留原始坐标系方向复选框，可以使镜像对象坐标系保留与原始对象坐标系相同的相对方向（对象）。

注意：与可以使用此选项控制的组件框不同，此选项不能控制自身坐标系的行为，它是硬编码的。如果目标作用域为空（无几何体/坐标系），则“镜像”自身坐标系的位置为在保持方向的同时相对于源自身坐标系移动。如果目标范围中有几何体/坐标系，那么新镜像对象的自身坐标系会相对平移并旋转。

可以将目标范围定义为复合性质。Process Simulate 在保持方向的同时将新的自身坐标系位置相对于源自身坐标系移动。这与源组件的自身坐标系方向相同，其位置基于源自身坐标系位置和镜像平面。对于 Process Simulate Standalone，目标范围是一个已经包含几何体/坐标系的现有组件。

10）单击确定按钮。Process Simulate 根据对话框设置创建镜像对象。

6.3.8 创建坐标系选项

坐标系标记工作单元中的组件、人体模型和机器人之间未来交互的位置。

创建坐标系能够设计和规划工作区的布局。例如，如果当前正在对将要用于未来漫步操作的组件进行建模，并且还知道该操作的计划交互以及它们将在工作单元中发生的位置，则可以进行创建并在适当的时间插入交互。

创建坐标系选项具有弹出式工具栏。坐标系功能见表 6-6。

表 6-6　坐标系功能

图标	名称	描述
	六值定坐标系	通过指定 X、Y 和 Z 轴以及旋转 X、Y 和 Z 轴来创建坐标系
	三点定坐标系	通过指定任意三点来创建坐标系
	圆心定坐标系	通过指定圆周上的任意三个点来创建坐标系
	两点定坐标系	通过指定两个特定点之间的距离来创建坐标系

6.3.9　用六个值创建坐标系

通过六个值创建一个坐标系，可以通过指定 X、Y 和 Z 以及旋转的 X、Y 和 Z 轴来指定参考坐标系或目标坐标系的确切位置。要按六个值创建一个坐标系，可执行以下操作：

1）选择建模选项卡→布局组→坐标系六个值选项，显示用六个值创建坐标系对话框，如图 6-36 所示。

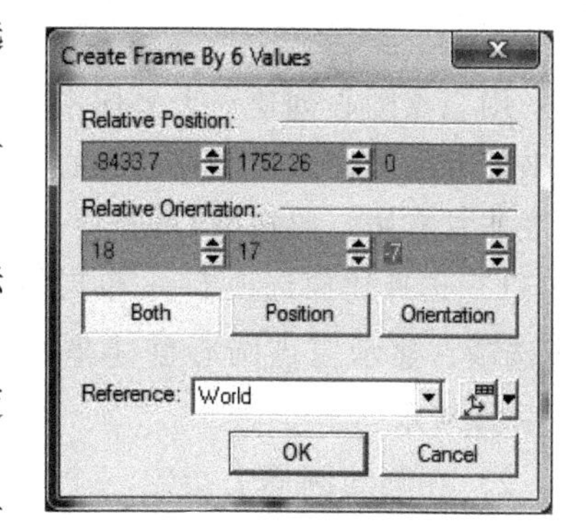

图 6-36　用六个值创建坐标系对话框

2）如果希望仅按位置或方向指定坐标系的方位，可单击位置或方向按钮。

3）通过单击图形查看器中的位置来指定所需的坐标系位置。X、Y 和 Z 坐标显示在相对位置区域中。

也可以通过在相对位置区域中输入坐标值来指定位置。

4）如果需要，可单击相对位置区域中的向上和向下箭头微调坐标系的位置，以调整 X、Y 和 Z 坐标。

5）单击相对方向区域中的向上和向下箭头可设置所需的坐标系方向，以调整 Rx-、Ry-和 Rz-坐标。

用六个值创建坐标系对话框是动态的。这意味着所选坐标的位置会立即反映在图形查看器中。

6）当希望相对于单元格中的其他坐标系创建坐标系时，可从参考下拉列表中选择参考坐标系。可以单击参考坐标系按钮旁边的下拉按钮，并使用四种可用方法之一指定坐标系的位置来创建一个临时替代参考坐标系。

7）单击确定按钮关闭用六个值创建坐标系对话框。新坐标系显示在图形查看器和对象树中，默认名称为 fr#。

6.3.10 通过三点创建坐标系

通过三点创建一个坐标系，可以通过指定任意三点来指定参考坐标系或目标坐标系的确切位置。如果想在平面上创建一个坐标系，该方法很有用。要通过三点创建一个坐标系，可执行以下操作：

1）选择建模选项卡→布局组→坐标系三点选项，显示三点坐标系对话框，如图 6-37 所示。

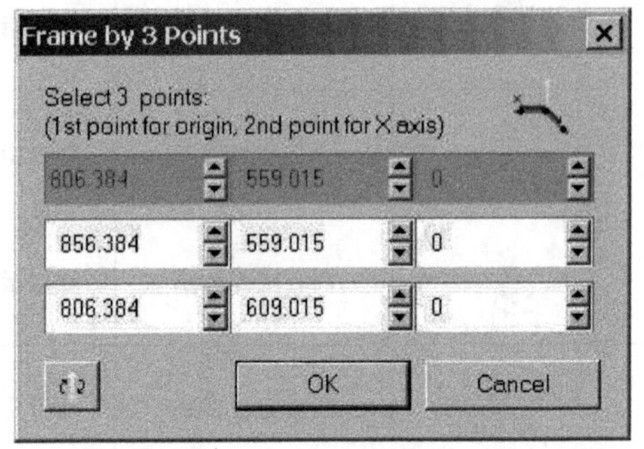

图 6-37 三点坐标系对话框

2）通过在图形查看器中选择三个点来定义一个平面，或者通过在三点坐标系对话框中为三个点指定 X、Y 和 Z 坐标。第一个点确定坐标系的原点，第二个点确定 X 轴位置，第三个点确定 Z 轴位置。坐标系的位置在图形查看器中动态地反映出来。

如果需要，单击按钮，可以在其 Z 轴上沿相反方向翻转坐标系。

3）单击确定按钮，关闭三点坐标系对话框。新坐标系显示在图形查看器和对象树中，默认名称为 fr#。

6.3.11 通过三点圆心创建坐标系

用三点圆心创建一个坐标系，可以通过指定圆周上的任意三个点来指定参考坐标系或目标坐标系的确切位置。圆的中心是自动计算的。如果希望在圆柱形顶部创建坐标系，那么该方法非常有用。要按圆心创建一个坐标系，可执行以下操作：

1）选择建模选项卡→ 布局组→按圆心居中选项，显示三点圆心创建坐标系对话框，如图 6-38 所示。

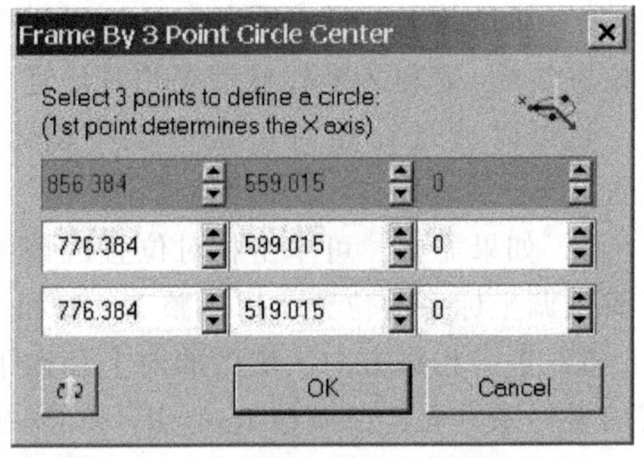

图 6-38 三点圆心创建坐标系对话框

2）在圆的圆周上指定三个点，通过选择图形查看器中的点或通过指定每个点的 X、Y 和 Z 轴位置创建坐标系。圆的中心点是自动定义的。坐标系的位置在图形查看器中动态地反映出来。坐标系的方向将使得 Z 轴垂直于由三点定义的平面，并且坐标系的 X 轴将在第一点的方向上。

如果需要，单击按钮，可以在其 Z 轴上沿相反方向翻转坐标系。

3）单击确定按钮关闭三点圆心创建坐标系对话框。新坐标系显示在图形查看器和对象树中，默认名称为 fr#。

6.3.12 在两点之间创建一个坐标系

在两点之间创建一个坐标系能够通过指定两个特定点之间的距离来指定参考坐标系或目标坐标系的确切位置。如果希望在两点之间创建一个坐标系，那么该方法非常有用。要在两点之间创建一个坐标系，可执行以下操作：

1）选择建模选项卡→布局组→两点之间的坐标系选项，显示两点之间创建坐标系对话框，如图 6-39 所示。

2）通过在图形查看器中选择两个点，或通过在两点之间创建坐标系对话框中指定两个点的坐标来定义一个线段。

3）用以下方法之一定义两个指定点之间的距离：

- 拖动滑块。
- 在文本框中手动输入一个值。
- 使用向上和向下箭头指定所需的距离。

坐标系的位置在图形查看器中动态地反映出来。

如果需要，单击按钮，可以在其 Z 轴上沿相反方向翻转坐标系。

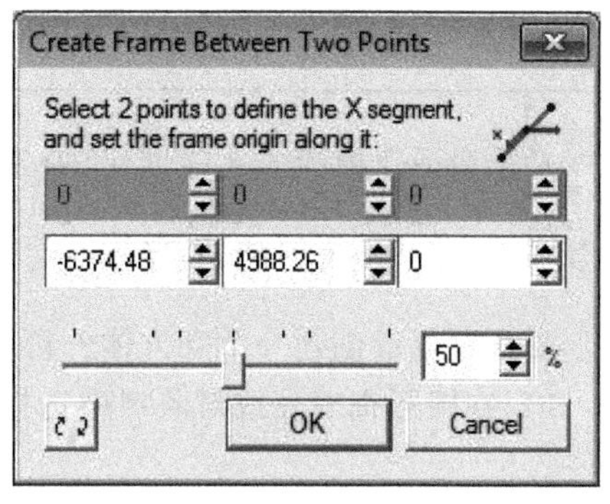

图 6-39　两点之间创建坐标系对话框

4）单击确定按钮关闭两点之间创建坐标系对话框。新坐标系显示在图形查看器和对象树中，默认名称为 fr#。

6.3.13　3D 固体创建选项

使用创建固体命令可以在组件中创建三维物体。实体创建表和实体操作表见表 6-7 和表 6-8。

表 6-7　实体创建

图标	名称	描述
	创建方体	可以创建方体对象
	创建圆柱体	可以创建圆柱体对象
	创建圆锥体	可以创建圆锥体对象
	创建球体	可以创建球体对象
	创建圆环体	可以创建圆环体物体

表 6-8　实体操作

图标	名称	描述
	拉伸	该选项可以将平面(曲线或曲面)对象展开为 3D 对象。2D 对象的点必须在同一平面中
	旋转	该选项可以围绕选定的轴旋转以创建对象
	缩放	该选项使可以更改所有尺寸的 3D 对象的大小
	两点间缩放对象	该选项可以使用边界框修改所选对象的尺寸
	求和	该选项可以联合两个 3D 对象来创建新对象

（续）

图标	名称	描述
	求差	该选项可以从另一个 3D 对象中减去一个 3D 对象的体积
	相交	该选项可以提取已连接的 3D 对象的相交段

必须激活建模模式才能创建 3D 对象。

6.3.14 按测量创建立方体

要通过测量创建一个立方体，可执行以下操作：

1）在图形查看器或对象树中选择一个组件，并确保处于建模模式，也可以创建一个新组件。

2）选择建模选项卡→实体组→创建一个立方体选项，显示创建立方体对话框，如图 6-40 所示。

3）在名称文本框中，输入要创建的立方体名称。默认情况下，立方体被命名为 box#。

4）在尺寸区域中，使用向上和向下箭头修改相关文本框中立方体的长度、宽度和高度。

5）要指定立方体的位置，单击按钮。此时，创建立方体对话框已展开，如图 6-41 所示。

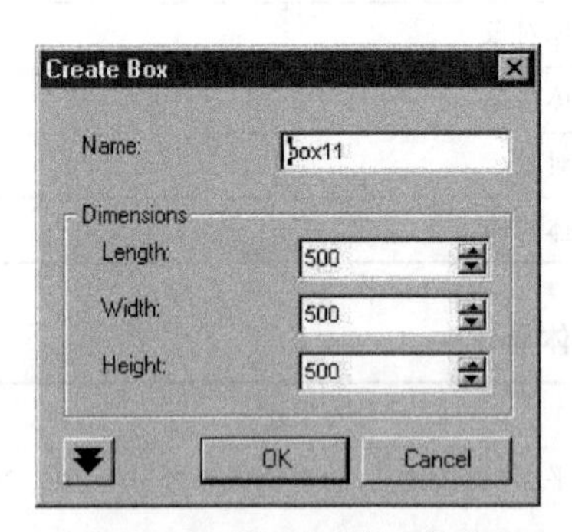

图 6-40　创建立方体对话框

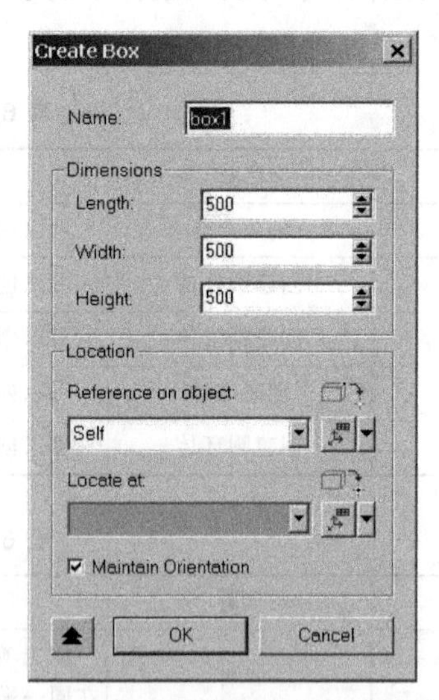

图 6-41　展开后的创建立方体对话框

6）在位置区域指定一个位置。从参考对象下拉列表中选择立方体的参考对象。选定的坐标系可在定位立方体时作为参考。

可以单击参考坐标系按钮旁边的下拉按钮，并使用四种可用方法之一指定坐标系的位置来创建一个临时替代参考坐标系。可以从 Locate at（定位）下拉列表中选择目标坐标系，为该立方体选择目标坐标系。选定的参考立方体位于选定的目标坐标系上，立方体移动到选定的位置。

如果从定位下拉列表中选择了目标坐标系，可以单击参考坐标系按钮旁边的下拉按钮，并使用四种可用方法之一指定坐标系的位置来创建临时替代坐标系。如果在图形查看器中选择了目标坐标系，则可以通过单击参考坐标系按钮旁边的下拉按钮，并使用四种可用方法之一指定坐标系的新位置来修改其位置。

选择保持方向复选框，可以将立方体移动从参考坐标系到目标坐标系的直线距离，而不更改其方向。如果不选择此复选框，则该对象将采用目标坐标系的方向。

7）单击确定按钮。该立方体创建，并显示在图形查看器和选定组件下的对象树中。图6-42所示为一个3D盒子。

可通过在拾取级别下拉列表中选择实体，并使用放置操纵器或快速放置工具来移动和操作该立方体。

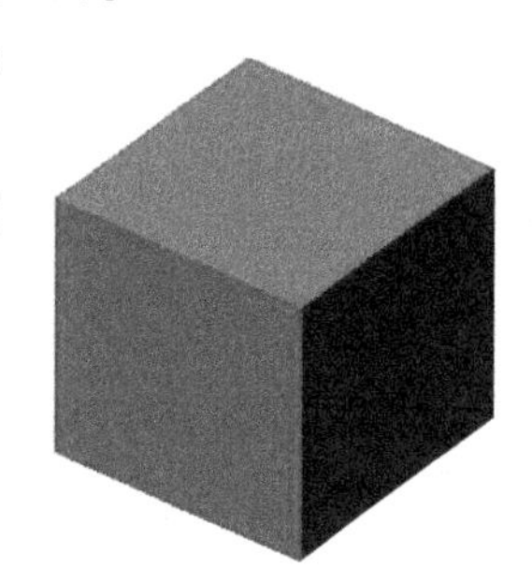

图6-42　3D盒子

6.3.15　通过选择点创建立方体

要通过选择点来创建一个立方体，可执行以下操作：

1）在图形查看器或对象树中选择一个组件，并确保处于建模模式，或者创建一个新组件。

2）选择建模选项卡→实体组→创建一个点到点的立方体选项，此时在世界立方体中显示一个立方体，鼠标指针变为，并显示通过选择点创建立方体对话框如图6-43所示。

3）在名称文本框中输入想要创建的立方体的名称。默认情况下，立方体被命名为box#。

4）在图形查看器中单击第一个点的位置（第一个角点），所选点的坐标显示在第一个字段中，并且立方体移动到所选点的位置。

5）在图形查看器中单击第二个点的位置（第二个角点）。所选点的坐标显示在第二个字段中，并且该立方体位于两个选定点之间。3D模型如图6-44所示。

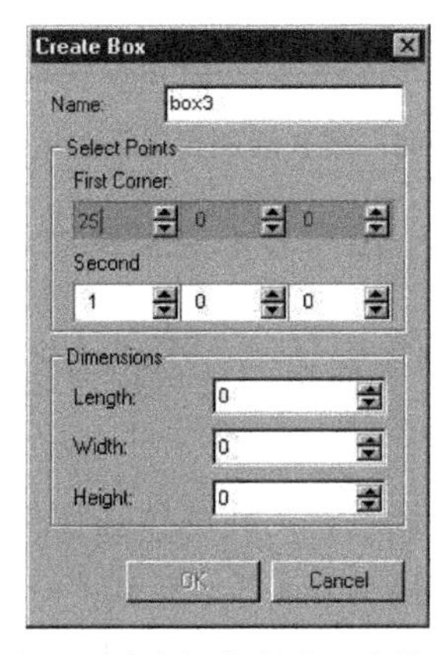

图6-43　通过选择点创建立方体对话框

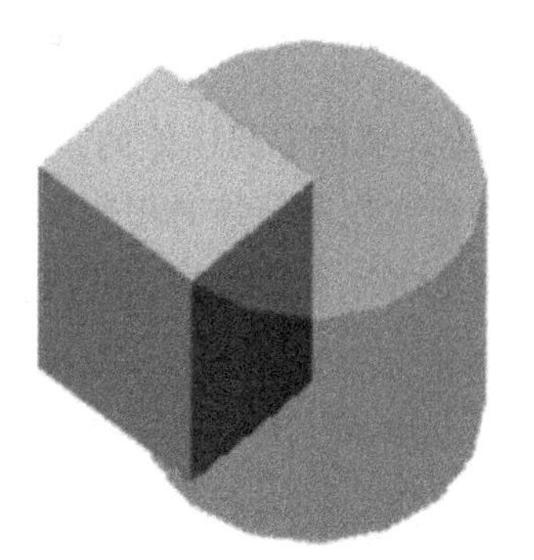

图6-44　3D模型

可以通过修改第一个字段和第二个字段中的坐标来修改立方体的位置。

6）在尺寸区域中，可以根据需要修改相关选项中立方体的长度、宽度和高度。

7）单击确定按钮。该立方体被创建并显示在所选组件下的对象树中。

通过在拾取级别下拉列表中选择实体，并使用放置操纵器或快速放置工具来移动和操作该立方体。

6.3.16 通过测量创建圆柱体

要通过测量创建一个圆柱体，可执行以下操作：

1）在图形查看器或对象树中选择一个组件，并确保处于建模模式，或者创建一个新组件。

2）选择建模选项卡→实体组→创建圆柱体选项，世界坐标系中显示一个圆柱体，并显示创建圆柱体对话框，如图 6-45 所示。

3）在名称文本框中输入想要创建的圆柱体的名称。默认情况下，圆柱体被命名为柱面#。

4）在尺寸区域中，使用向上和向下箭头修改相关选项中圆柱体的半径和高度。

5）要指定圆柱体的位置，可单击按钮，展开后的创建圆柱体对话框如图 6-46 所示。

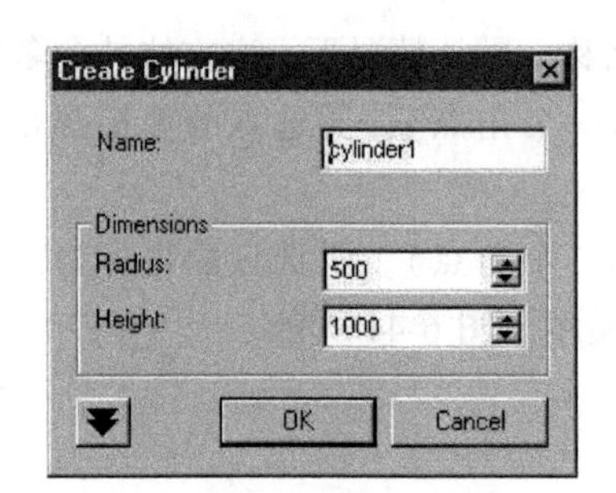

图 6-45 创建圆柱体对话框

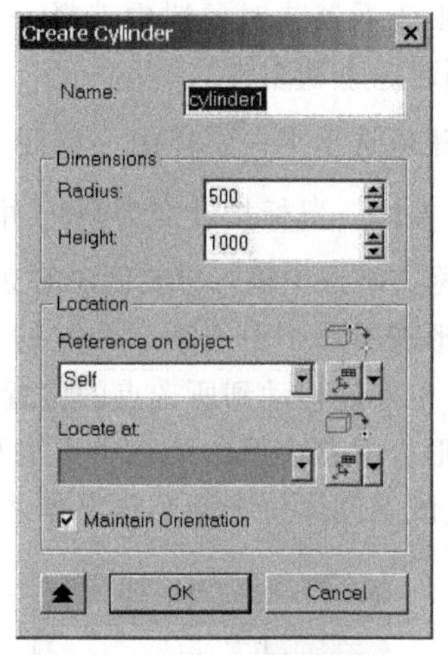

图 6-46 展开后的创建圆柱体对话框

6）在位置区域指定圆柱体的位置。从参考对象下拉列表中选择圆柱体的参考坐标系。选定的坐标系在定位圆柱体时用作参考。

可以单击参考坐标系按钮旁边的下拉按钮，并使用四种可用方法之一指定坐标系的位置来创建一个临时替代参考坐标系。

通过从 Locate at（定位）下拉列表中选择目标坐标系，为圆柱体选择目标坐标系。气缸移动到选定的位置，选定的参考坐标系位于选定的目标坐标系上。

如果从定位下拉列表中选择了目标坐标系，那么可以单击参考坐标系按钮旁边的下拉按钮，并使用四种可用方法之一指定坐标系的位置来创建临时替代坐标系。如果在图形查看器中选择了目标坐标系，则可以通过单击参考坐标系按钮旁边的下拉按钮，并使用四种可用方法之一指定坐标系的新位置来修改其位置。

选择保持方向复选框，可以将气缸移动从参考坐标系到目标坐标系的直线距离，而不更改其方向。如果不选择此复选框，则该对象将采用目标坐标系的方向。

7）单击确定按钮，圆柱体创建，并显示在图形查看器和选定组件的对象树中。图 6-47 为 3D 圆柱体。

通过在拾取级别下拉列表中选择实体，并使用放置操纵器或快速放置工具来移动和操作圆柱体。

图 6-47　3D 圆柱体

6.3.17　通过选择点创建圆柱体

要通过选择点来创建圆柱体，可执行以下操作：

1）在图形查看器或对象树中选择一个组件，并确保处于建模模式，或者创建一个新组件。

2）选择建模选项卡→实体组→创建圆柱体点到点选项，圆柱体显示在世界坐标系中，鼠标指针变为，并显示创建圆柱体对话框，如图 6-48 所示。

3）在名称文本框中输入希望创建的圆柱体的名称。默认情况下，圆柱体被命名为柱面#。

4）在图形查看器中单击气缸底座中心的位置（原点），所选点的坐标显示在原点字段中，圆柱体移动到选定点的位置。

5）在图形查看器中单击圆柱顶部中心的位置（结束），所选点的坐标显示在结束字段中，圆柱体位于两个选定点之间。图 6-49 所示为圆柱模型。

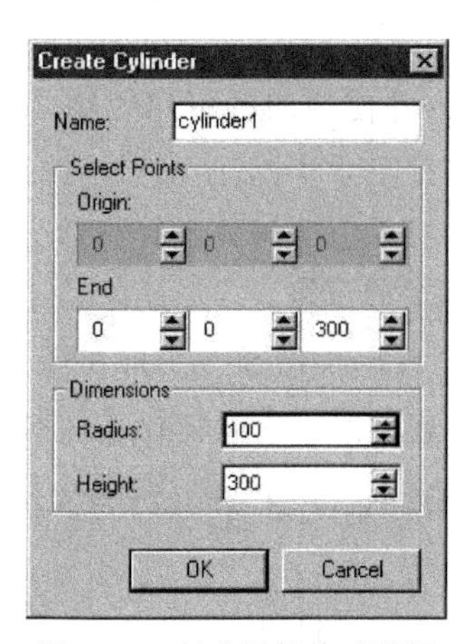

图 6-48　创建圆柱体对话框

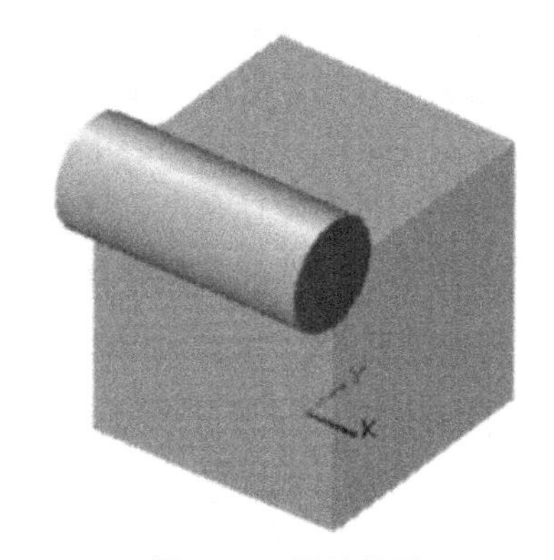

图 6-49　圆柱模型

可以通过修改原始和结束字段中的坐标来修改圆柱体的位置。

6）在尺寸区域中，根据需要修改相关字段中圆柱体的半径和高度。

7）单击确定按钮，圆柱体被创建并显示在所选组件的对象树中。

可以通过在拾取级别下拉列表中选择实体，并使用放置操纵器或快速放置工具来移动和操作圆柱体。

6.3.18　按测量创建球体尺寸

要通过测量创建一个球体，可执行以下操作：

1）在图形查看器或对象树中选择一个组件，并确保处于建模模式，或者创建一个新组件。

2）选择建模选项卡→实体组→创建球体选项，球体显示在世界坐标系中，并显示创建球体对话框，如图 6-50 所示。

3）在名称文本框中输入希望创建的球体的名称。默认情况下，球体被命名为球体#。

4）在尺寸区域中，使用向上和向下箭头修改相关字段中球体的半径。

5）要指定球体的位置，可单击按钮，展开创建球体对话框，如图 6-51 所示。

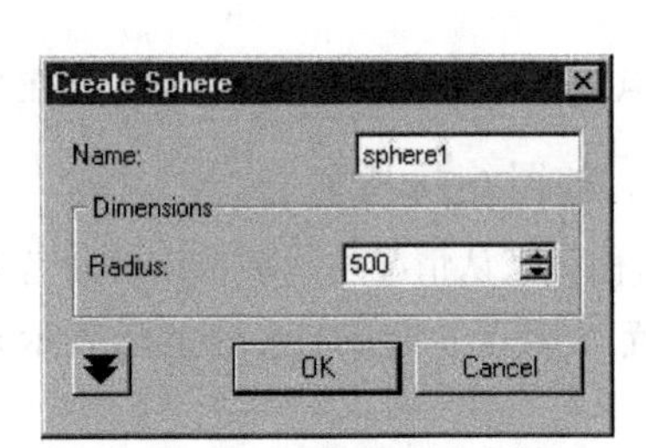

图 6-50　创建球体对话框

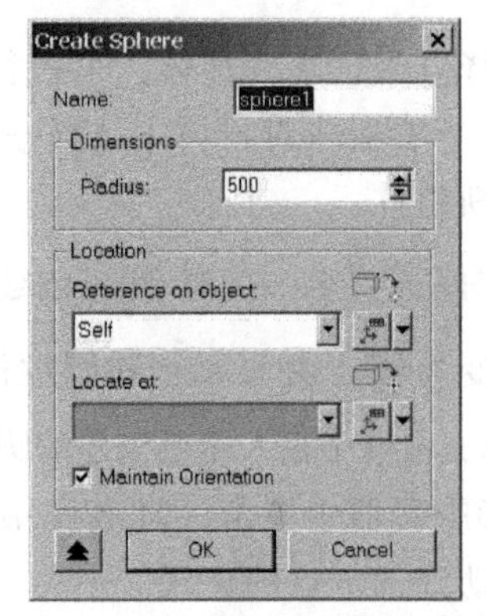

图 6-51　展开后的创建球体对话框

6）在位置区域指定球体的位置。从参考对象下拉列表中选择球体的参考坐标系。选定的坐标系在定位球体时用作参考。

可以单击参考坐标系按钮旁边的下拉按钮，并使用四种可用方法之一指定坐标系的位置来创建一个临时替代参考坐标系。

通过从 Locate at（定位）下拉列表中选择目标坐标系，为球体选择目标坐标系。选定的参考坐标系位于选定的目标坐标系上，球体移动到选定的位置。

如果从定位下拉列表中选择了目标坐标系，那么可以单击参考坐标系按钮旁边的下拉按钮，并使用四种可用方法之一指定坐标系的位置来创建临时替代坐标系。如果在图形查看器中选择了目标坐标系，则可以通过单击参考坐标系按钮旁边的下拉按钮，并使用四种可用方法之一指定坐标系的新位置来修改其位置。

选择维护方向复选框，可以将球体移动从参考坐标系到目标坐标系的直线距离，而不更改其方向。如果不选择此复选框，则该对象将采用目标坐标系的方向。

7）单击确定按钮，球体被创建并显示在图形查看器和选定组件的对象树中。图 6-52 所示为一个 3D 球体。

图 6-52　3D 球体

可以通过在拾取级别下拉列表中选择实体，并使用放置操纵器或快速放置工具来移动和操纵球体。

6.3.19　通过选择点来创建球体

要通过选择点来创建球体，可执行以下操作：

1）在图形查看器或对象树中选择一个组件，并确保处于建模模式，或者创建一个新组件。

2）选择建模选项卡→实体组→创建一个点到点的球体选项，球体显示在世界坐标系中，鼠标指针变为，并显示创建球体对话框，如图 6-53 所示。

3）在名称文本框中输入希望创建的球体的名称。默认情况下，球体被命名为球体#。

4）在图形查看器中单击球体中心的位置（原点字段），所选点的坐标显示在原点字段中，球体移动到所选点的位置。

5）在图形查看器中单击球体半径的位置（半径字段），所选点的坐标显示在半径字段中，球体位于两个选定点之间。球体模型如图 6-54 所示。

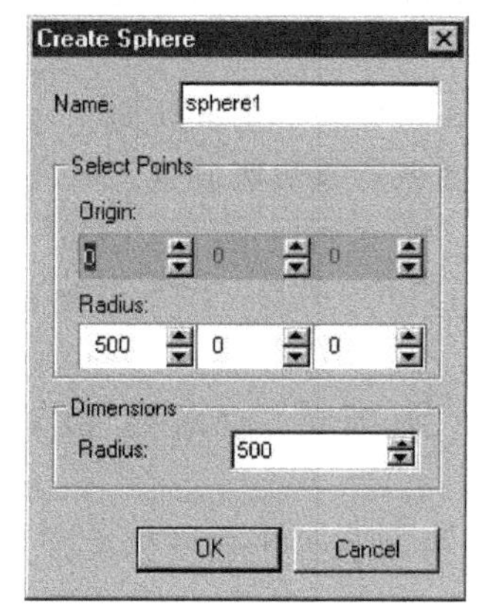

图 6-53　创建球体对话框

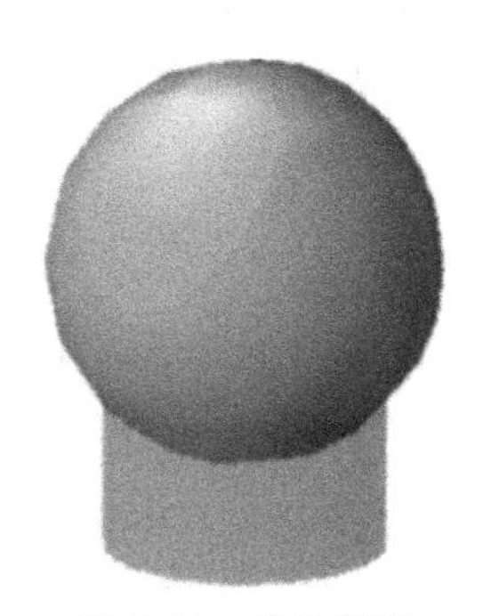

图 6-54　球体模型

可以通过修改原点字段和半径字段中的坐标来修改球体的位置。

6）如果需要，在尺寸区域中修改相关字段中球体的半径。

7）单击确定按钮，该球体被创建并显示在所选组件的对象树中。

可以通过在拾取级别下拉列表中选择实体，并使用放置操纵器或快速放置工具来移动和操作球体。

6.3.20　合并

合并操作能够合并两个 3D 对象以创建一个新对象。一旦物体结合在一起，就会在它们之间创建一个虚拟链接，并且合并为统一对象。要合并 3D 对象，可执行以下操作：

1）在图形查看器或对象树中选择一个组件，并确保处于建模模式，并且该实体处于挑选级别状态。

2）将希望合并的对象放置在图形查看器中的所需位置。

3）选择建模选项卡→固体组→合并选项，显示合并对话框，如图 6-55 所示。

4）在新名称文本框中输入希望创建的合并对象的名称。默认情况下，使用布尔操作创建的所有对象都被命名为 bool#。

5）以下列方式之一选择希望合并的对象：

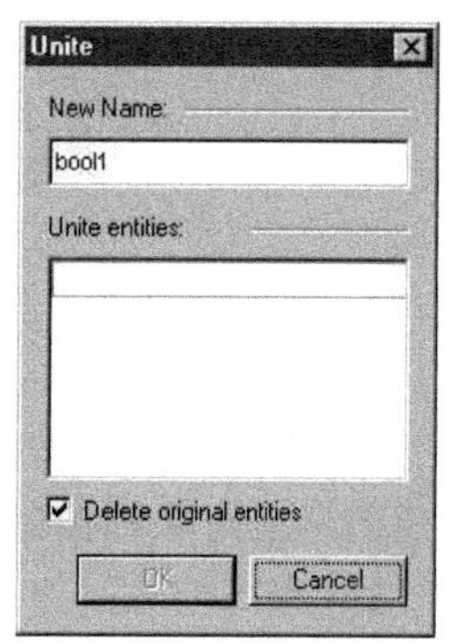

图 6-55　合并对话框

• 在图形查看器中单击所需的对象（在图形查看器中选择对象时鼠标指针变为＋形状）。

• 在对象树中单击所需的对象。

所选对象出现在合并对话框的统一实体区域中。

6）如果要从组件中删除原始对象，可选择删除原始实体复选框。选中此复选框，将从组件中删除原始对象，并仅保留新的合并对象。如果要保留组件中的原始对象以及新对象，可取消选择删除原始实体复选框。

7）单击确定按钮，合并的对象被创建并显示在所选组件的图形查看器和对象树中。图 6-56 所示为一个由圆锥体和圆柱体组成的合并物体样本。

如果选择将原始对象和新合并对象同时保留在组件中，则会在原始对象之上创建合并对象。例如，可以使用放置操纵器或快速放置工具移动和操作合并对象。

图 6-56　合并物体样本

6.3.21　减去对象

减法操作可以从另一个 3D 对象中删除一个 3D 对象。要减去 3D 对象，可执行以下操作：

1）在图形查看器或对象树中选择一个组件，并确保处于建模模式，并且该实体处于挑选级别状态。

2）将要执行减法操作的对象放置在图形查看器的所需位置。例如，可以放置两个箱形物体进行相减，如图 6-57 所示。

3）选择建模选项卡→实体组→减去选项，显示减去对话框，如图 6-58 所示。

图 6-57　箱形物体

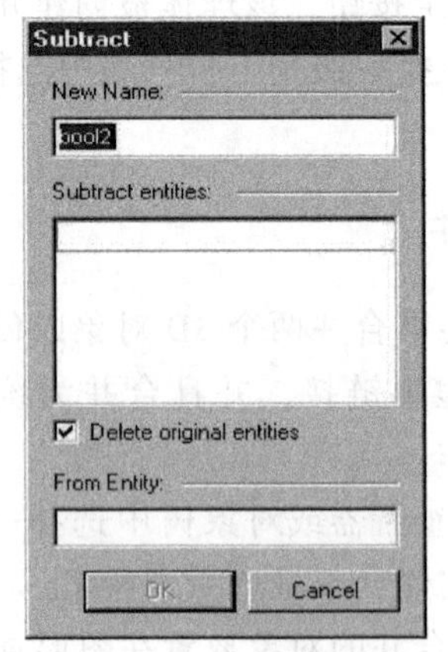

图 6-58　减去对话框

4）在新名称文本框中，输入希望创建的相减对象的名称。默认情况下，使用布尔操作创建的所有对象都被命名为 bool#。

5）以下列方式之一选择要减除的对象：

• 在图形查看器中单击所需的对象（在图形查看器中选择对象时，鼠标指针变为＋形状)。

- 在对象树中单击所需的对象。

所选对象出现在减去对话框的减去实体区域中。

6)单击从实体选项,然后在图形查看器或对象树中选择要从中减去5)中所选对象的对象。所选对象出现在对话框的从实体选项中。

7)如果要从组件中删除原始对象,可选择删除原始实体复选框。选中此复选框,将从组件中删除原始对象,并仅保留新的相减对象。如果要保留组件中的原始对象以及新对象,可取消选择删除原始实体复选框。

8)单击确定按钮,减去的对象被创建并显示在所选组件下的图形查看器和对象树中。图6-59所示为从一个箱形对象中减去另一个箱形对象后的模型。

如果选择将原始对象和减法对象都保留在组件中,则会在原始对象上创建相减对象。例如,可以使用放置操纵器或快速放置工具来移动和操作减去的对象。

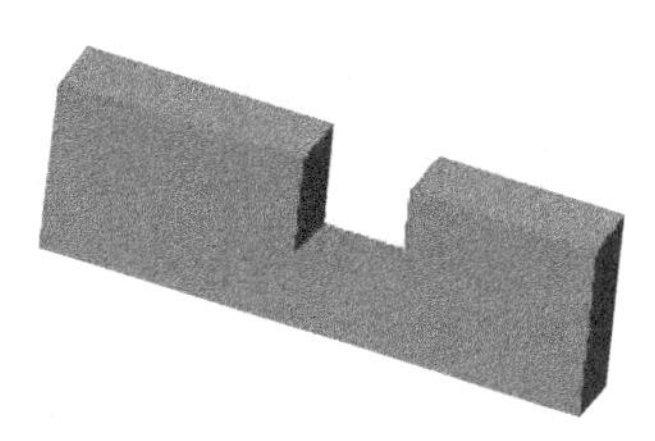

图6-59 相减对象后模型

6.3.22 创建折线、曲线和弧线

创建曲线命令能够在组件内创建折线、曲线和弧线。在对组件建模时,可以创建2D(二维)对象和3D(三维)对象。根据需要,这些对象可以是组件中的单个对象,也可以是与其他对象集成的对象。

必须激活建模模式才能创建2D对象。

创建曲线命令包括多种工具,见表6-9。

表6-9 创建曲线命令包括的工具

图标	名称	描述
	创建多段线	能够创建由一系列连接线组成的对象
	创建圆	可以创建由平面曲线组成的对象,该对象与给定的固定点(即中心)等距
	创建曲线	能够创建由一系列曲线组成的对象
	创建圆弧	能够创建由一系列曲线段组成的对象
	倒圆角	能够在两条曲线的交点处创建圆角
	倒斜角	能够在多段线上创建倒角
	合并曲线	能够将两条(或更多条)曲线合并为一条线
	在相交处拆分曲线	能够在物体与曲线相交的点处分割曲线
	边界上的曲线	能够创建一条跟踪曲面或实体边界的曲线
	相交曲线	可以创建曲线,以跟踪两个曲面、两个实体或曲面和实体的交点
	投影曲线	能够通过投影到曲面或实体上来创建曲线
	偏置曲线	能够基于现有曲线创建偏移曲线

6.3.23 在曲线上创建圆角

当用圆弧替换两条曲线的交点时，会创建圆角。使用此功能可以在同一平面内的两条相交曲线之间创建圆角。圆角在指定的两条曲线之间延伸，并具有指定的半径。创建一条新曲线，作为当前打开的组件的子对象进行建模。新对象是源曲线和圆角的合并，放弃源曲线中不需要的部分，如图 6-60 所示。

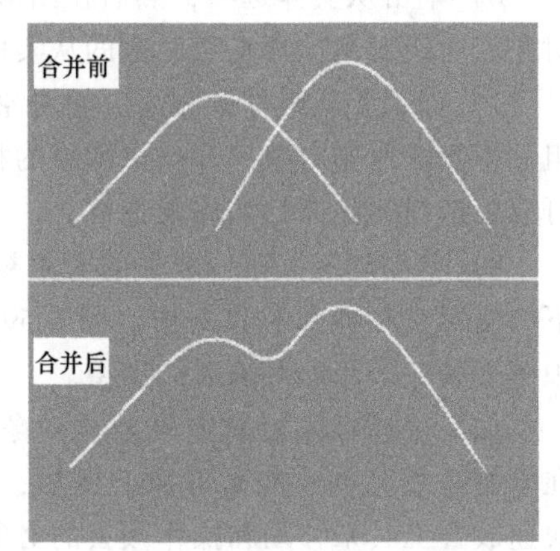

图 6-60 曲线和圆角的合并

在两条曲线之间的任何交叉点处，有四个象限可以创建圆角。选择曲线时，拾取点定义了要创建圆角的象限。图 6-61 所示为曲线的拾取点以及象限中的最终圆角。

要创建一个圆角，可执行以下操作：

1）选择建模选项卡→曲线组→圆角选项，显示 Fillet（填充）对话框，如图 6-62 所示。

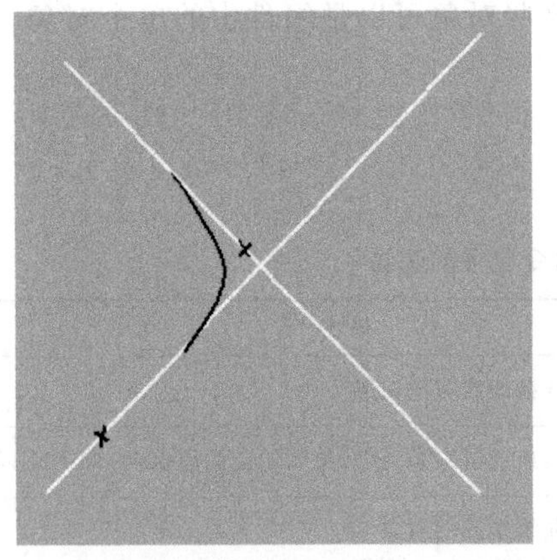
图 6-61 曲线的拾取点及象限中的最终圆角

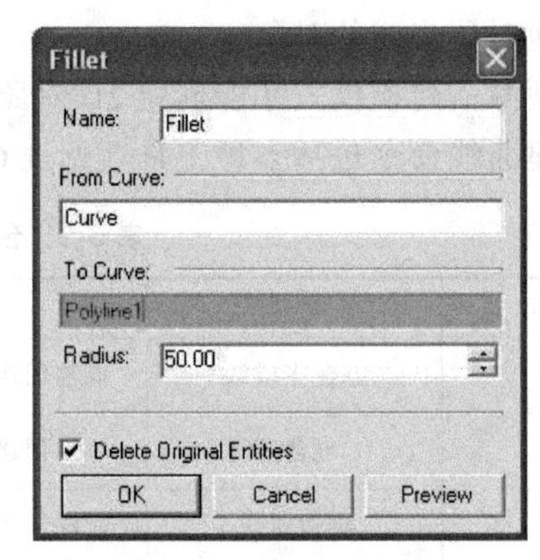

图 6-62 填充对话框

2）输入新曲线的名称或使用默认名称。默认名称是 Fillet（填充）。如果此名称已存在，则会添加数字后缀。

3）单击从曲线选项并在图形查看器中选择一条曲线。当单击一条曲线时，只是选择一个对象。

4）单击到曲线选项并在图形查看器中选择另一条曲线。

5）输入圆角的半径。

6）如果希望删除原始曲线，可选中删除原始实体复选框。默认情况下，原始曲线将被删除。

7）如果不确定自己的设置是否满意，可单击预览按钮。结果的预览是临时显示的，只有对结果满意后才能存储更改，然后单击确定按钮。

6.3.24 创建 2D 轮廓

当工业 Mfg 需要将工厂或部分工厂复制到其他地点时，布局规划的准确性是一个关键因素。布局规划应用程序使用现有工厂的 3D 数据“展平”的 2D 轮廓，包括零件和复合零件、资源和复合材料资源，以及任何具有可视 3D 表示的对象。

创建 2D 轮廓命令允许选择所有相关对象，并为指定平面上的每个对象创建轮廓。这对计算物体所需的地面空间（*xy* 平面）或其到达的高度（*xz* 或 *yz* 平面）非常有用。要创建 2D 轮廓，可执行以下操作：

1）选择建模选项卡→特殊曲线组→创建 2D 轮廓选项，显示创建 2D 轮廓对话框，如图 6-63 所示。

当至少有一个对象位于建模范围内时，该命令处于活动状态。

2）从任何打开的图形查看器中，选择要为其创建 2D 轮廓的一个或多个对象。任何预选对象都会自动显示在创建 2D 轮廓对话框的对象列表中。没有选中任何内容时，对话框将打开并显示一个空列表。打开对话框后，可以添加或删除对象。

3）建模范围选项包含当前模拟的一部分，但可以改变任何其他建模部件。新的 2D 轮廓在本部分的范围内创建。

4）可以选择投影 2D 轮廓的平面。默认情况下，投影命令在 *xz* 平面上投影轮廓，但可以单击其中一个选项来更改投影平面。在创建轮廓之前，系统绘制平面以能够看到其面积和角度。2D 轮廓的平面如图 6-64 所示。

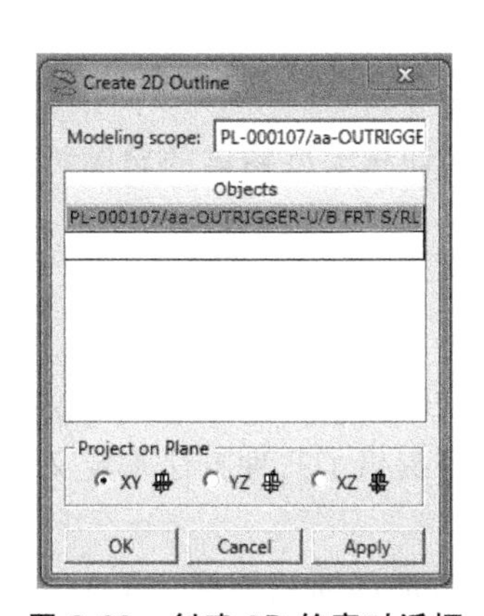

图 6-63 创建 2D 轮廓对话框

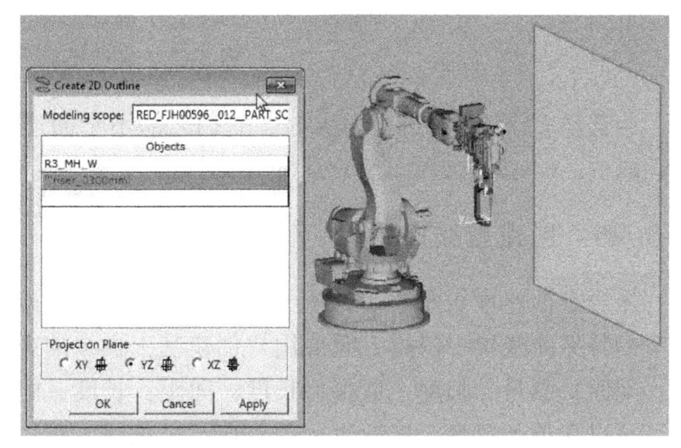

图 6-64 2D 轮廓的平面

5）单击应用按钮以创建 2D 轮廓，并可以创建其他轮廓。单击确定按钮可创建轮廓并关闭对话框。2D 轮廓如图 6-65 所示。

图 6-65 2D 轮廓

以上这些是使用复合零件和复合材料资源的命令得到的2D轮廓效果。

复合内的所有组分都被选中，如图6-66所示。

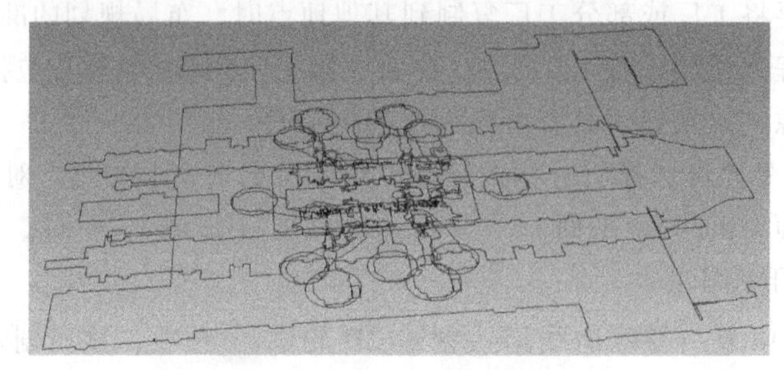

图6-66 选择复合内的所有组分

仅选择复合，如图6-67所示。

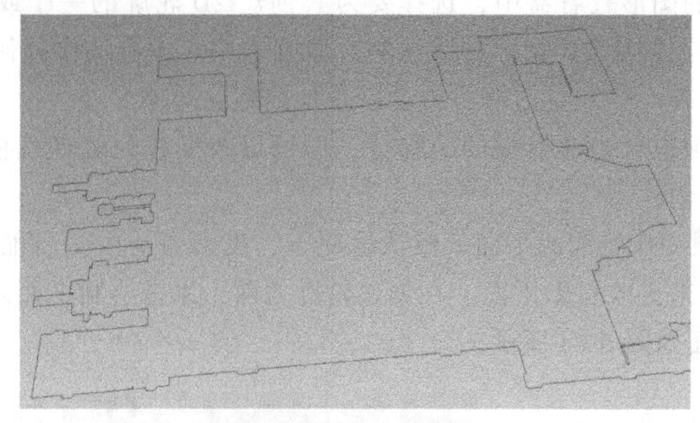

图6-67 仅选择复合

当选择多个2D轮廓的对象时，它们之间不会创建逻辑关系。计算大型物体的轮廓可能是耗时的。64位安装可能会提供更快的性能。

6.3.25 创建虚线曲线

从边缘创建虚线曲线命令减少了为连续的Mfg建模曲线所需的时间。该命令可从建模选项卡的特殊曲线组中获得，允许用户创建基于边缘的虚线。该命令提供了几种方法来定义曲线：间距，数量；长度，数量；长度，间距；长度，间距，数量。

可以在单个或多个连续边上创建自定义虚线。可以轻松地将生成的曲线转换为Continuous Mfgs（连续制造特征值），以便满足各种焊接工艺的需求。创建虚线曲线：

要使用从边缘创建曲线命令，需要将组件设置为建模模式。命令打开时，系统会自动显示到可编辑状态。

从边缘创建虚线曲线命令仅适用于具有精确几何体的组件。如果组件的几何体是混合的，则只能在具有精确几何体的边上创建虚线曲线。

以下创建方法可用：

1）间距，数量：创建一个预定义数量的曲线，它们之间有预设距离。曲线长度根据边缘条目的总长度计算。

开始距离：距离边缘起点的距离，之后将开始第一条曲线。

间距：虚线曲线之间的距离。

曲线数量：要创建的曲线的确切数量。

该创建方法的选项如图 6-68 所示。

2）长度，数量：分配具有固定长度的预设数量的曲线。

开始距离：距离边缘起点的距离，之后第一条曲线开始。

曲线长度：一条曲线的长度。

曲线数量：要创建的曲线的确切数量。

该创建方法的选项如图 6-69 所示。

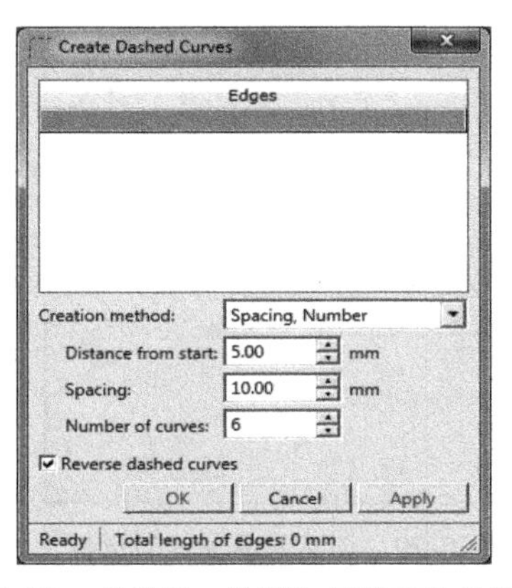

图 6-68　“间距，数量”创建方法的选项

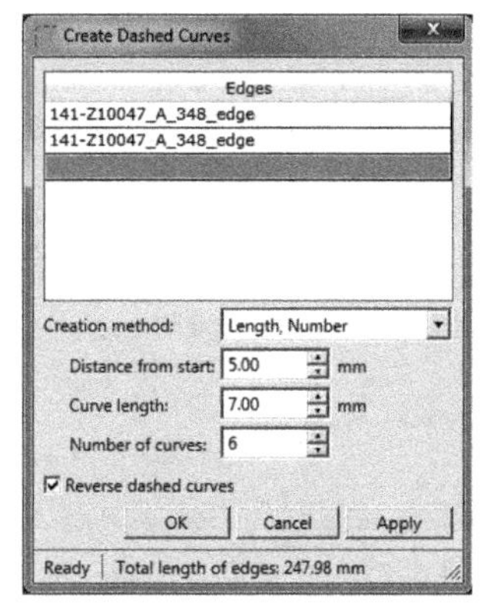

图 6-69　“长度，数量”创建方法的选项

3）长度，间距：添加尽可能多的曲线，因为边缘的总长度允许。这些曲线具有预定的长度和间距。

开始距离：距离边缘起点的距离，之后第一条曲线开始。

曲线长度：一条曲线的长度。

间距：虚线曲线之间的距离。

该创建方法的选项如图 6-70 所示。

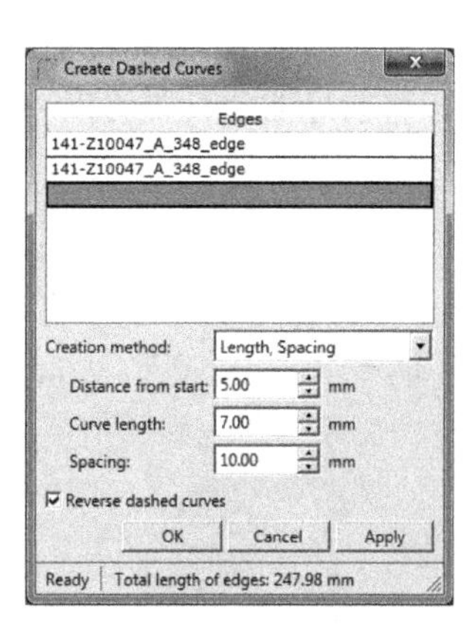

图 6-70　“长度，间距”创建方法的选项

4）长度，间距，数量：创建预定数量的具有固定长度和间距的曲线。

开始距离：距离边缘起点的距离，之后第一条曲线开始。

曲线长度：一条曲线的长度。

间距：虚线曲线之间的距离。

曲线数量：要创建的曲线的确切数量。

该创建方法的选项如图 6-71 所示。

在选择有效边缘和配置后，虚线曲线预览会自动显示在图形查看器中。

创建虚线曲线对话框的状态栏中列出了所选边缘的总长度。

选择反向虚线曲线复选框可以反转曲线创建的方向。

从边列表中选择的条目在图形查看器中会突出显示。这些条目可以被删除，或者通过选择另一条边来替换。

6.3.26 创建等参曲线

要创建等参曲线，可执行以下操作：

1）选择一个零件。该部分必须在建模范围内。如果有必要，可运行设置模型范围选项。

2）选择建模选项卡→特殊曲线组→创建等参曲线选项，出现创建等参曲线对话框，如图 6-72 所示。

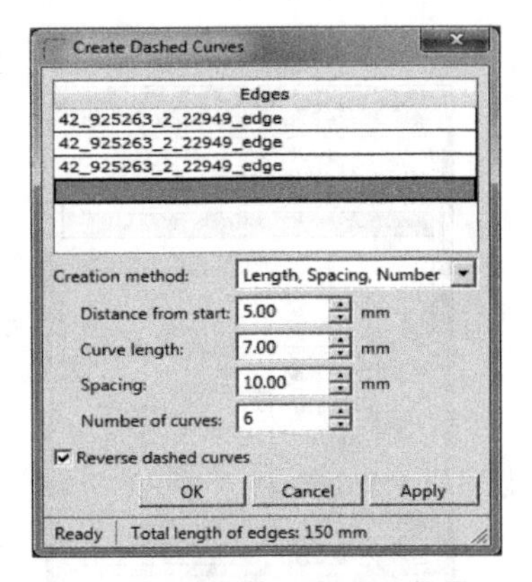

图 6-71 “长度，间距，数量”创建方法的选项

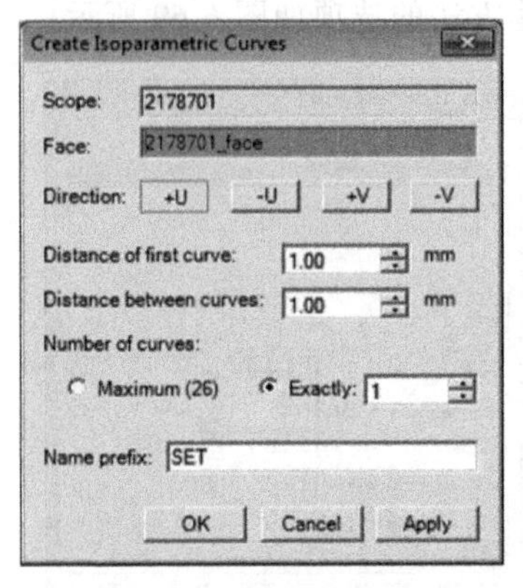

图 6-72 创建等参曲线对话框

在范围选项输入选定部分的名称。

3）在图形查看器中选择一个零件面。面必须具有精确的几何形状。图形查看器显示从面一端到另一端的+*U* 方向的前导曲线，如图 6-73 所示。

可以将前导曲线设置为以+*U*、-*U*、+*V* 或-*V* 方向运行，如图 6-74 所示。

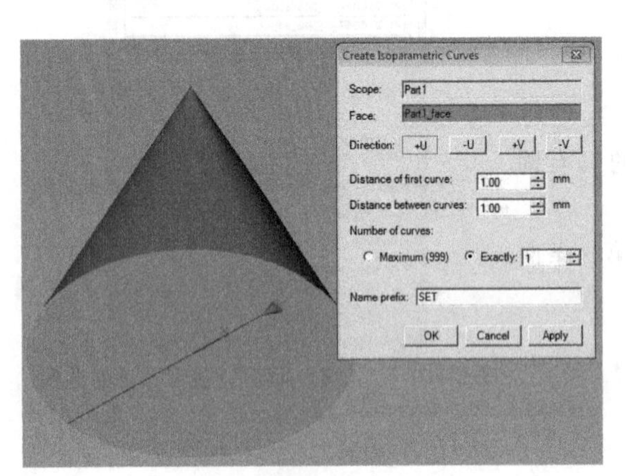

图 6-73 等参曲线设置（1）

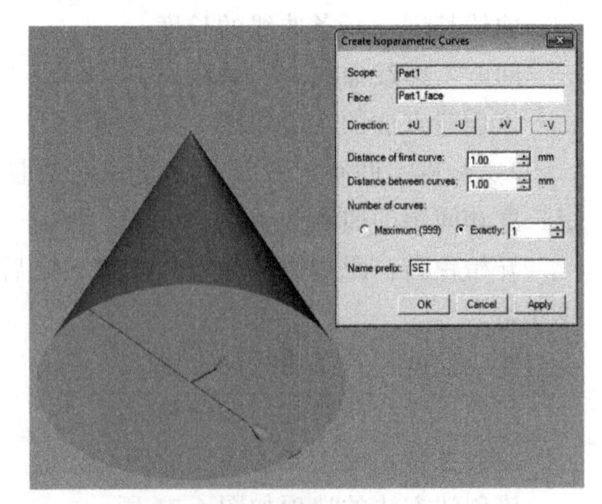

图 6-74 等参曲线设置（2）

4）在第一条曲线的距离选项中，设置从曲面边缘到创建第一条曲线（曲线块）的点的距离。该距离沿着前导曲线测量。

5）在曲线之间的距离选项中，设置块中曲线之间的距离。

6）在曲线数量选项中，选择下列其中一项来控制块中的曲线数量：

最大值：当应用该设置时，“处理模拟”将从第一个曲线点到结束边缘创建曲线。这是曲线的最大可能数量。曲线的数量显示在选项后面的括号中。

精确：当应用该设置时，Process Simulate 会精确创建请求的曲线数量。

在设置参数时，图形查看器会相应地更新预览。设置等参曲线的数量如图 6-75 所示。

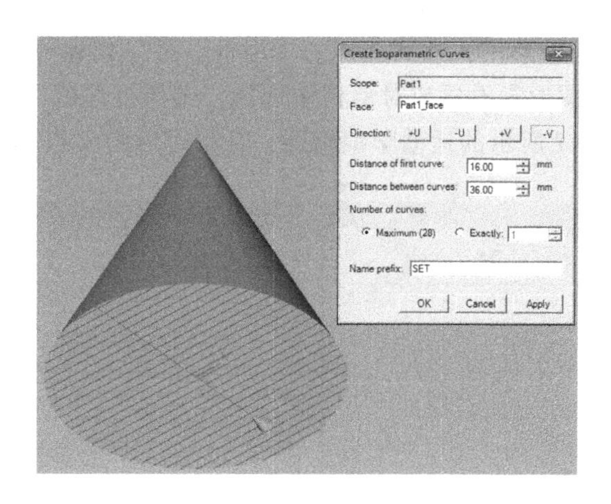

图 6-75 设置等参曲线的数量

如果设置了无效的参数组合，则非法参数将以红色突出显示，并且不会显示在预览中。

7）默认情况下，名称前缀为 SET，用户可根据需要进行编辑。该曲线块按照以下格式命名：<名称前缀>_<第一条曲线的长度>_<曲线之间的距离>_<曲线的数量>。如果需要，可添加数字后缀以保持名称唯一性。块中每条曲线的名称格式是：<块名称> _curve_<数字后缀>。

8）单击以下其中一个按钮来运行该命令：

单击确定按钮，Process Simulate 创建一组曲线并关闭创建等参曲线对话框。

单击应用按钮，“处理模拟”创建一组曲线。此时，创建等参曲线对话框保持打开状态，并且确定按钮和应用按钮均被禁用，可以选择要在其上创建等参曲线（或同一面上的另一条曲线块）的另一面。在创建等参曲线对话框中更改任何值后，确定并应用即可启用。

先前的曲线不被保留。

使用创建等参曲线命令还可创建一个嵌套在对象树中选定部分下的新块。该块的命名格式为<名称前缀>_<第一条曲线的长度>_<曲线之间的距离>_<曲线的数量>_<数字后缀>，并且曲线嵌套在新块之下。操作树如图 6-76 所示。

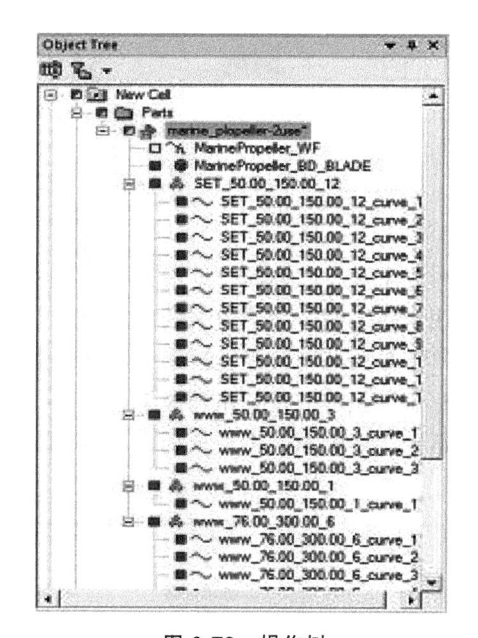

图 6-76 操作树

6.3.27 运动学

运动组件是非常简单的装置，机器人相对复杂一些。可以操纵设备或机器人来模拟工作环境中的任务。运动学编辑命令是一个建模工具，可以定义组件的运动。在为所选组件定义运动学时，将创建一个链接和关节的运动链，以使组件能够移动。默认情况下，Kinematics Editor（运动编辑器）命令被禁用，直到选择一个组件。可以创建一个新的组件，然后选择它，也可以从现有的组件图形查看器或对象树中选择。选择组件后，可以选择已启用的运动学编辑器命令。显示图 6-77 所示的运动学编辑器，从而可以定义组件的运动学。

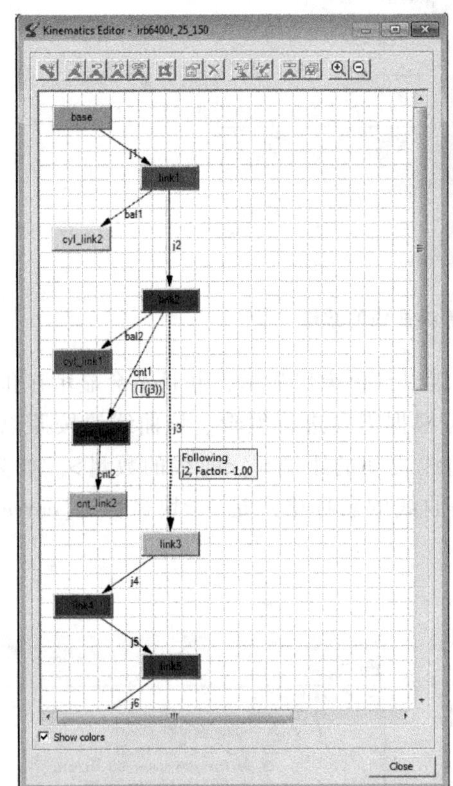

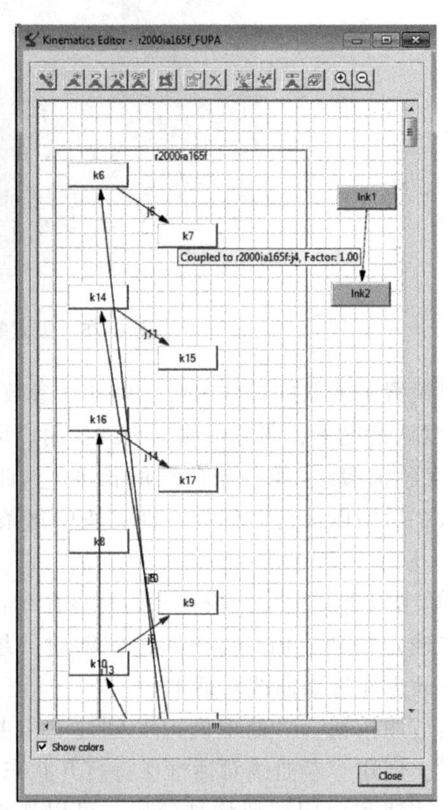

图 6-77　运动学编辑器

可以定义不同的联合依赖关系，具体表示如下：

用虚线绘制一个函数关联的函数，并在工具提示中标识该函数。一个耦合关节用虚线画出，其前导关节与其跟随因素一起在工具提示中标识。以虚线绘制下一个关节，并在工具提示中标识其关节以及其跟随因素。

运动学编辑器的工具栏提供表 6-10 所列的按钮。

表 6-10　运动学编辑器的工具栏提供的按钮

图标	名称	描述
	创建链接	可以定义和创建链接
	创建关节	可以定义和创建关节

（续）

图标	名称	描述
	反向关节	保持父子链接并更改关节的方向
	将当前关节值设置为零	如果运动学编辑器中有链接，则通过编译将当前关节值设置为零，Process Simulate 在执行命令之前会提示。如果没有链接，则禁用该功能
	联合依赖编辑	可以定义关节的依赖关系
	创造曲柄	能够定义和创建曲柄
	属性	可以查看和修改现有的关节属性
	删除	删除选定的链接和关节
	设置基本坐标系	可以为组件指定基本坐标系
	设置工具坐标系	可以为组件创建工具坐标系
	放大	增大运动学编辑器中图像的大小
	缩小	减小运动学编辑器中图像的大小

如果为机器人定义了六个以上的自由度（DOF）（如加载辅助设备），则在退出运动学编辑器时，Process Simulate 会显示图 6-78 所示的消息。

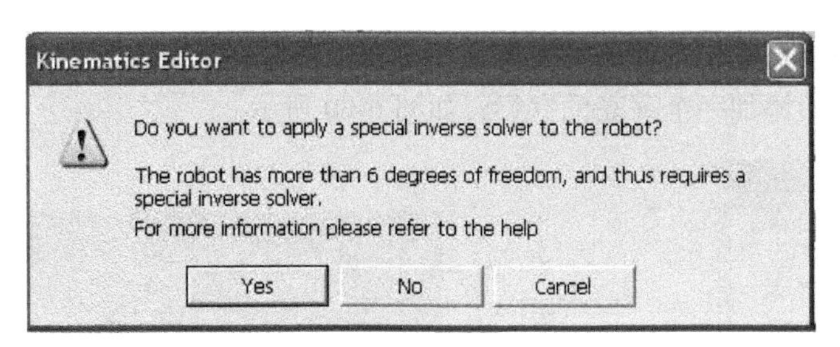

图 6-78　提示对话框

单击 Yes 按钮是继续。Process Simulate 应用特殊的逆算法。

只有默认的机器人控制器才支持特殊的反解。

对于具有六个以上自由度的机器人或设备，锁定一个或多个关节通常很有用。可以使用连接点动对话框直接点动锁定的连接点，但在计算反向运动时，它仍保持当前的连接值。这减少了冗余解决方案的数量，并能够在密集的工作环境中控制设备。例如，使用负载辅助设备（定义为机器人）将座椅安装在车厢内时。

复合设备不受支持。

负载辅助装置可与各种工具一起使用，如连接点动。

6.3.28　定义运动学

定义组件的运动学过程需要创建链接和关节的运动链。运动链具有由链接关系建立的顺序。父链接按照顺序在子链接之前。当父链接移动时，子链接跟随。在运动链中，链接的数量比关节的数量多一个。例如，如果有六个关节，则会有七个关节链接。

一旦组件具有定义的运动特性，就可以创建一个设备或机器人。设备是定义了运动学的组件；机器人是定义了工具框的设备。使用运动学编辑器可以创建链接、关节和曲柄，并添加基本坐标系和工具坐标系。

6.3.29 创建链接

创建链接是定义组件运动学的第一阶段。链接是运动链的基本不移动部分。要正确地定义一个带有运动学的组件，必须确保其所有实体都已包含在链接中。在 Process Simulate 中，在运动学编辑器中创建的每个链接都会通过系统中预定义的颜色高亮显示。链接的父/子层次结构确定链接的顺序。

在开始创建链接之前，必须选择一个组件来启用 运动学编辑器选项。

要创建链接，可执行以下操作：

1）选择机械手选项卡→ 运动学组→ 运动学编辑器选项，显示运动学编辑器时，拾取等级会自动更改为实体。

2）在运动学编辑器中，单击按钮，默认名称为 lnk1 的链接在运动学编辑器中显示为一个小矩形，并显示链接属性对话框，如图 6-79 所示。

3）在名称文本框中输入第一个链接的名称。

4）在链接元素列表框中，选择要在第一个链接中指定的图形查看器或对象树中所选组件中的一个或多个实体（在图形查看器中选择实体时，鼠标指针变为＋形状）。

在链接属性对话框中输入的所有实体在图形查看器和对象树中突出显示。在添加到链接元素列表后，系统会添加一个高亮的空行，如图 6-80 所示。

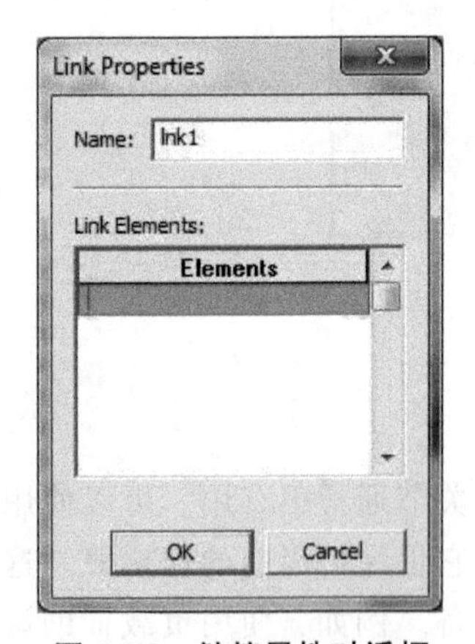

图 6-79　链接属性对话框

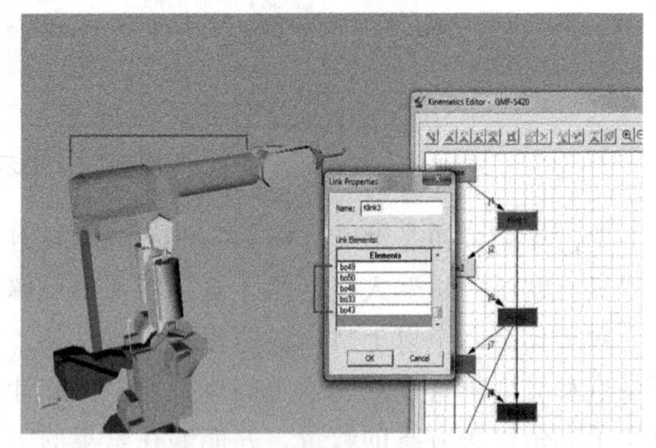

图 6-80　链接属性对话框中高亮的空行

在链接元素列表中选择一个实体以在图形查看器中将其突出显示，如图 6-81 所示。

5）单击确定按钮，第一个链接在 Kinematics Editor（运动编辑器）中以系统定义的颜色创建并高亮显示，默认名称将替换为第一个链接选择的名称。

建议选择运动学编辑器底部的显示颜色复选框，以显示不同颜色的链接。这使得在创建和编辑具有运动学的组件时可以更轻松地识别链接。

6）重复步骤2）~5），根据需要创建更多链接。建议将所选组件的所有实体包含在链接中，如图6-82所示。

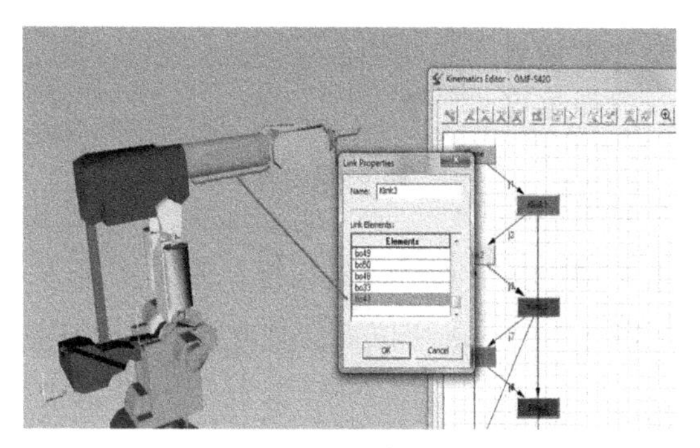

图6-81 突出显示实体

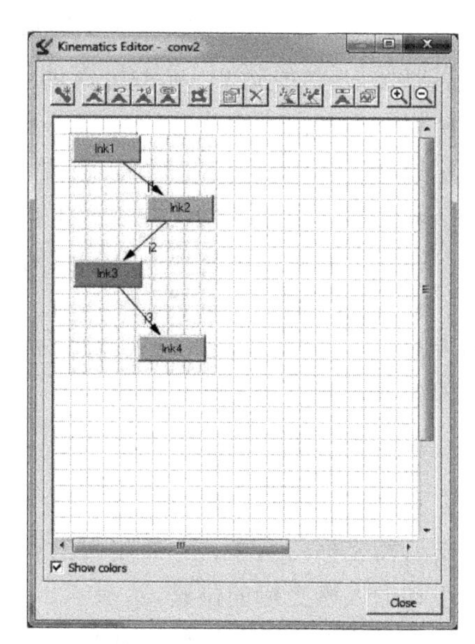

图6-82 创建更多链接

可以通过选择所需的链接并在运动学编辑器中单击 ✕ 按钮来删除链接。

6.3.30 创建关节

在为所选组件定义链接之后，可以定义和创建将链接连接在一起的关节。

创建关节是定义组件运动学的第二阶段。一个联合连接两个链接。有以下两种类型的关节：

1）旋转关节：围绕轴旋转。

2）棱镜接头：沿轴线线性移动。

多个链接可以通过父结点独立于其他链接而连接在一起，这样当父结点移动时，它会影响所连接的所有链接的移动，这被称为闭环。运动学编辑器被程序识别为一个闭环，并将其作为单个单元移动。

运动学编辑器工具栏中的创建关节图标将被禁用，直到创建并选择两个链接。

要创建关节，可执行以下操作：

1）在运动学编辑器中选择一个链接，然后在按住<Ctrl>键的同时选择另一个链接，创建关节已启用。

选择链接的顺序决定了父/子层次结构。选择的第一个链接是父链接，选择的第二个链接是子链接。

2）在运动学编辑器中单击 按钮，带有默认名称j1的箭头显示在运动学编辑器的两个选定链接之间，并显示关节属性对话框，如图6-83所示。

3）在名称文本框中输入关节的名称。默认情况下，为每个组件创建的第一个关节名为j1。

4）通过定义两个端点来为关节创建一个轴。单击来自选项并通过以下方式之一指定轴的一个端点的位置：在图形查看器中单击一个位置（鼠标指针在图形查看器中选择点时变为＋形状）；单击所需的 X、Y 或 Z 坐标选项，并使用向上和向下箭头指定位置；单击所需的 X、Y 或 Z 坐标选项，并手动输入一个位置。

轴的第一个端点创建并显示在图形查看器中。

在图形查看器中选择关节轴点时，应仔细设置选取意图。默认情况下，在定义运动学时，鼠标单击操作被设置为点操作。选择端点时，建议使用可见性功能，以便更好地在图形查看器中查看位置点。

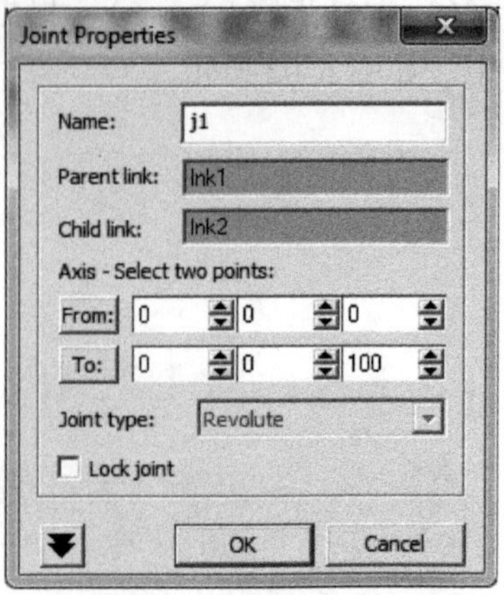

图 6-83　关节属性对话框

单击到选项并使用以下方式之一指定轴另一端点的位置：在图形查看器中单击一个位置（当在图形查看器中选择点时，鼠标指针变为＋形状）；单击所需坐标的选项，并使用向上和向下箭头指定该坐标的确切位置；单击所需坐标的字段并手动输入该坐标的位置。

轴的第二个端点被创建并显示在图形查看器中。较好的方向选择方法是从第一点到第二点。

5）如果希望将关节配置为锁定，可检查锁定关节。可以使用连接点动对话框直接点动锁定的连接点，在计算反向运动时，它仍保持当前的连接值。

6）从关节类型下拉列表中，通过选择旋转选项或棱镜选项来定义关节的类型：

旋转：绕指定的轴旋转关节。

棱镜：沿指定的轴线线性移动关节。

7）要指定关节的更多详细信息，可单击按钮，关节属性对话框被展开，如图 6-84 所示。

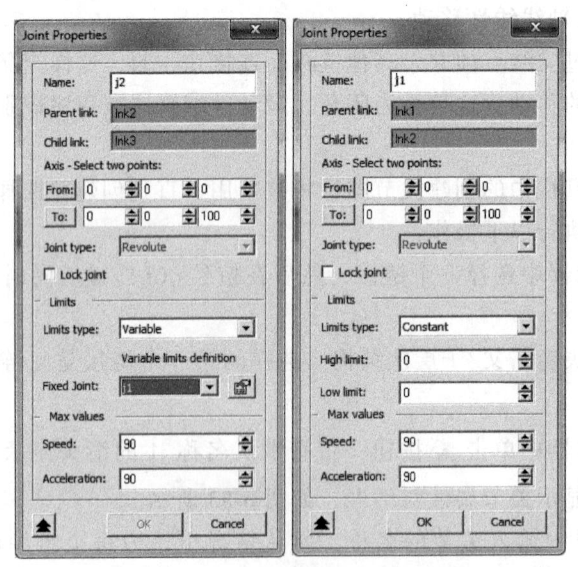

图 6-84　展开后的关节属性对话框

8）要指定关节的移动限制，可从限制类型下拉列表中选择常量选项，并在上限选项和下限选项中输入上限值和下限值。

如果从限制类型下拉列表中选择无限制选项，则不会指定运动限制，并且关节可以围绕选定的轴连续旋转，也可以沿着选定的轴线线性连续地前后移动。如果从限制类型下拉列表中选择变量选项，则可以通过设置其变量极限来限制前导和后续关节的运动范围。单击按钮可打开变量关节值屏幕，如图6-85所示。

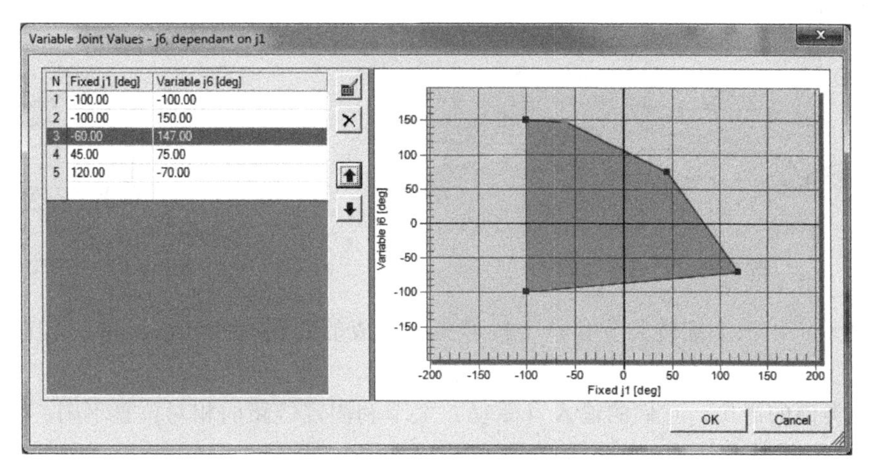

图6-85　变量关节值屏幕

在变量关节值屏幕中单击按钮，可以设置图形的点和线条的表示形式、颜色及图形区域本身。

当选择旋转选项作为关节类型时，极限值以度数显示。当选择棱镜选项作为关节类型时，极限值以毫米显示。要查看图形查看器中指定的限制，必须在选项对话框的动作选项卡中选中限制复选框。

9）在速度选项中，对于棱柱接头，可输入一个0.001~999999mm范围内的值；对于旋转接头，可输入0.001°~999999°范围内的值。

10）在加速度选项中，为棱角关节输入关节加速度的值，范围为0.001mm^2~999999cm^2，旋转关节的平均值范围为0.001°~999999°。

11）单击确定按钮，关节创建并显示为一个箭头，从父链接开始，结束于运动学编辑器中的子链接。可以通过在运动学编辑器中单击按钮来反转选定关节的方向。如果要查看指定的关节移动，可选择关节点动选项。

12）重复2）~10)，直到组件的所有链接都已与关节连接，可根据需要创建多个关节。可以通过选择所需的关节并单击运动学编辑器中的按钮来删除关节。

在为组件定义及创建链接和关节后，它就成了一个设备。现在可以向设备添加一个基本坐标系和一个工具坐标系。

当选择图形查看器或对象树中的设备时，将启用仅适用于设备和机器人的其他命令。

6.3.31　创建曲柄

运动学编辑器能够使用简单的向导来定义曲柄。曲柄是由连杆、多个独立关节和四个

（通常）连杆组成的闭合运动循环机构，这些运动循环连接在一起。Process Simulate 支持以下曲柄类型：

（1）四连杆机构　由四个连杆和四个旋转连杆组成的曲柄，示意图如图 6-86 所示。RRRR 的结构如图 6-87 所示。

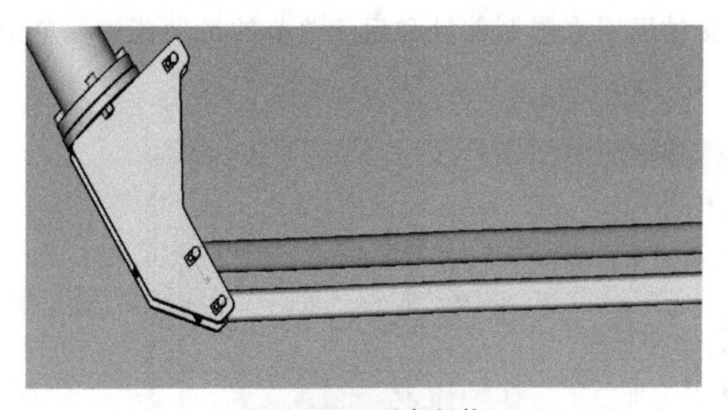

图 6-86　四连杆机构

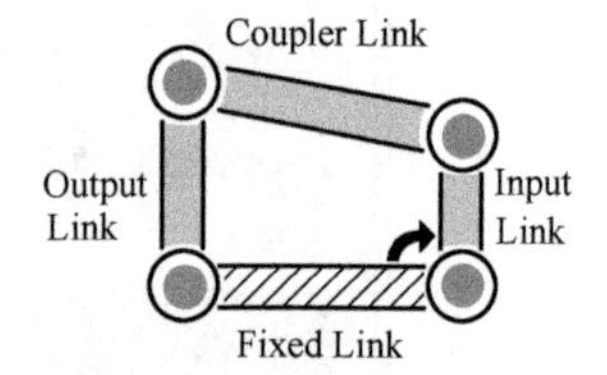

图 6-87　RRRR 的结构

（2）滑块　由三个旋转关节和一个棱形关节组成的曲柄，如气动活塞，示意图如图 6-88 所示。

有三种类型的滑块，它们的输入（驱动）关节和固定链路的相对位置不同。

1）RPRR -滑块的结构如图 6-89 所示。

2）PRRR -滑块的结构如图 6-90 所示。

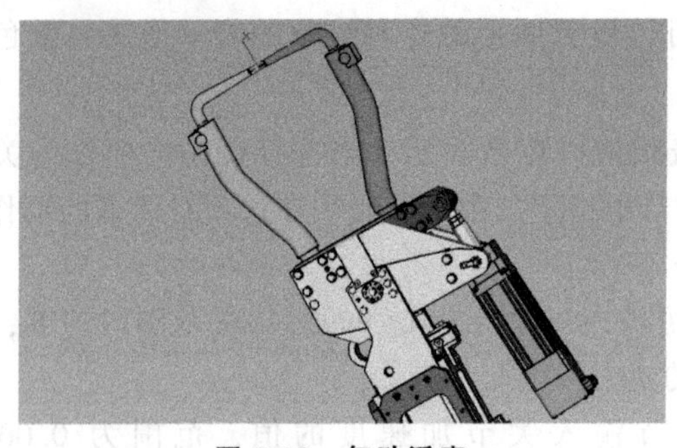

图 6-88　气动活塞

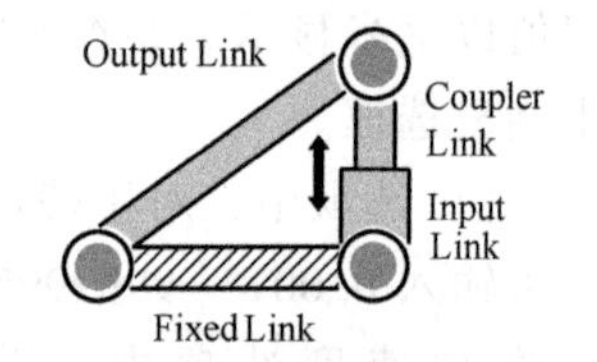

图 6-89　RPRR-滑块的结构

3）RRRP -滑块的结构如图 6-91 所示。

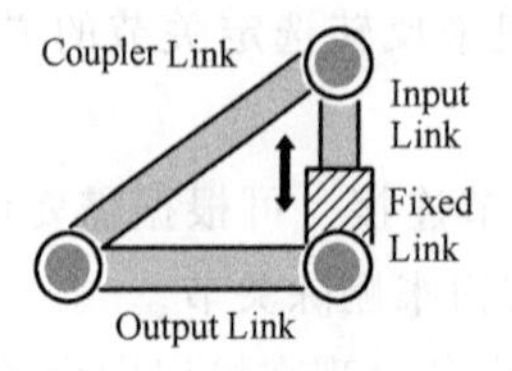

图 6-90　PRRR-滑块的结构

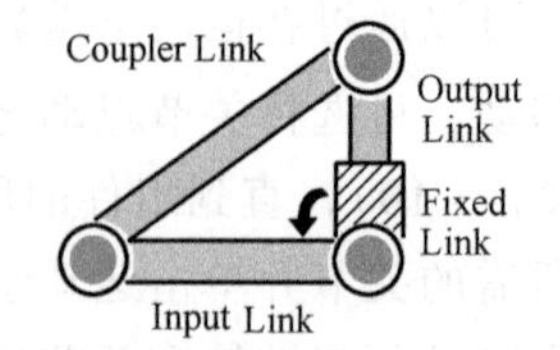

图 6-91　RPRP-滑块的结构

（3）三点　由一个棱形关节和六个旋转关节组成的曲柄称为三点，是因为固定连杆上有三个点。RPRR-滑块驱动 RRRR 的结构和示意图如图 6-92 所示。

使用一个向导来创建曲柄，该向导将逐步引导以完成整个过程，包括选择要定义的曲柄类型、每个曲柄连杆的坐标以及与曲柄连杆相关联的实体。曲柄包括以下链接：

固定：未定义曲柄关节移动的链接。然而，它可以通过在不同的运动结构中定义的关节来移动，包括另一个曲柄。

输入：由独立关节移动的链接。

耦合器和输出：链接完成运动结构的相关关节（三点曲柄有三个耦合器关节）。

要创建一个曲柄，可执行以下操作：

1）在运动学编辑器中单击按钮，显示创建曲柄向导，如图 6-93 所示。

2）单击所需曲柄类型的图标，然后单击下一步按钮，或双击该图标，显示曲柄连接页面，如图 6-94 所示。

3）顺序设置关节的值（以 RPRR 为例）。

① 最初，固定输入关节处于活动状态。在图形查看器中选择一个点或对象，或在对象树中选择一个对象，或者直接在该选项中输入 X、Y 和 Z 坐标。所选坐标记录在右侧的关节坐标区域中。耦合器输出关节变为有效。

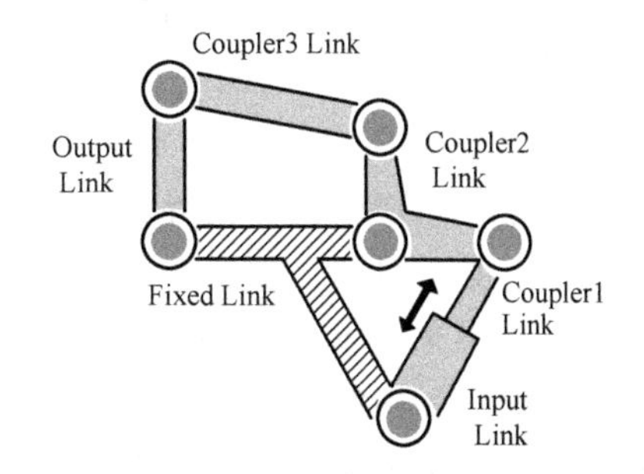

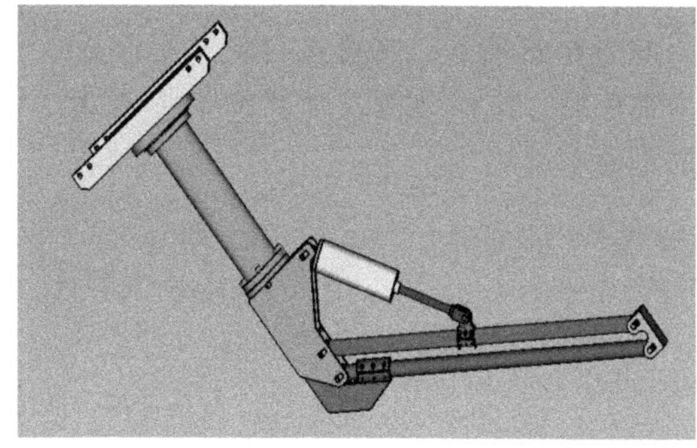

图 6-92　RPRR-滑块驱动 RRRR 的结构和示意图

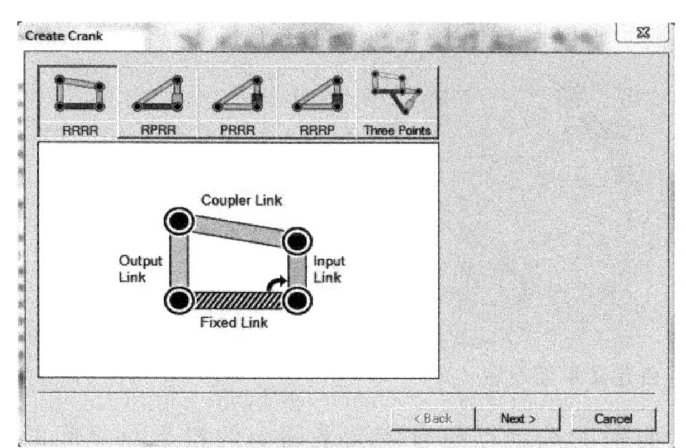

图 6-93　创建曲柄向导

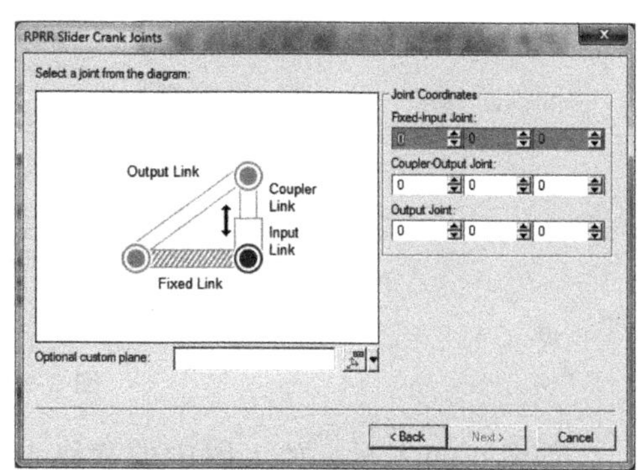

图 6-94　曲柄连接

② 选择一个点或对象，记录坐标，并且输出关节变为活动状态。

③ 选择一个点或对象，记录坐标，或者单击曲柄图中的任意关节来设置其值。选定的关节显示为绿色。在设定了关节的值之后，该关节在曲柄图中以黑色显示。曲线引导线在图形查看器中以蓝色显示，并且关节也是蓝色的，由符号表示，如图 6-95 所示。

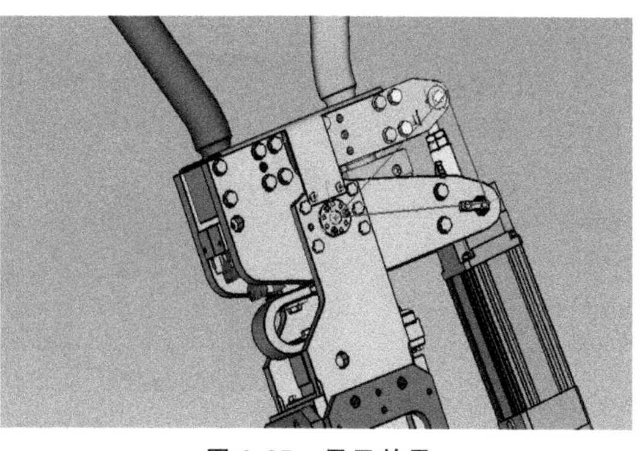

图 6-95　显示效果

4）在某些情况下，可能需要将曲柄对准曲柄设计的零件平面中的位置。为了帮助操作，可以自定义平面并选取曲面（或坐标系），如图 6-96 所示。平面显示在图形查看器中。

所有的关节坐标投影到这个平面上，并使用更新后的值创建曲柄。向导中显示的关节值保持不变，因此，如果希望选择不同的平面，则不需要重新定义这些值。图 6-97 所示的曲柄导向线既不在黄色部分的平面内，也不在蓝色部分的平面内。

如图 6-98 所示，将可选自定义平面设置为棕色后，曲柄导向线全部位于黄色部分的平面中。

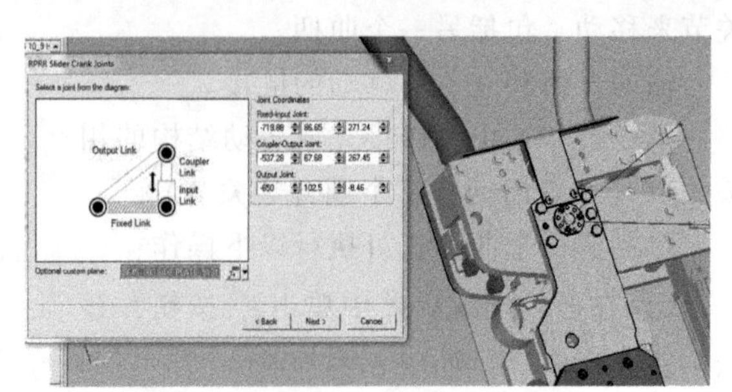

图 6-96　自定义平面并选取曲面

图 6-97　关节坐标投影

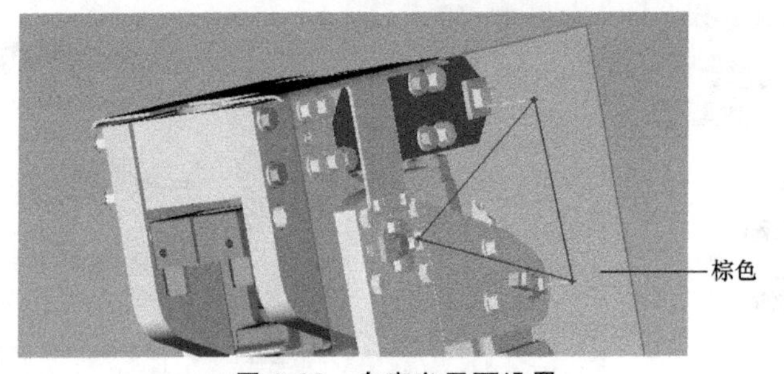

图 6-98　自定义平面设置

如图 6-99 所示，放大图中的黄线表示曲柄的选定点与自定义平面上的投影点之间的间隙。

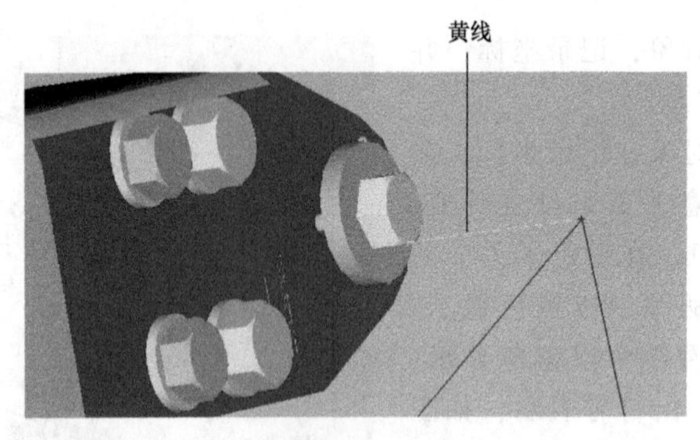

图 6-99　间隙

5）如果错误地选择了不在同一平面上的关节坐标（下一步按钮保持禁用状态），则可以单击按钮，调整点到由其他点定义的平面的距离，将其中一个点移动到其他点定义的平面上，如图 6-100 所示。

此外，如果任何曲柄的关节位于一条直线上，则系统会发出错误消息。

6）单击下一步按钮，将显示棱镜关节偏移页面（对于 RRRR，该向导的这一步省略），如图 6-101 所示。

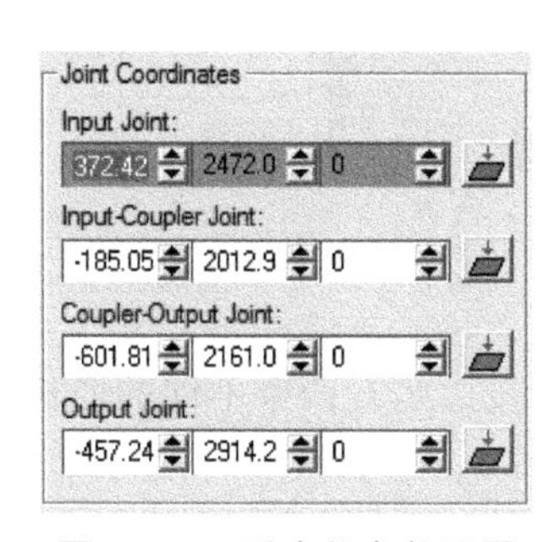

图 6-100 重定位参数设置

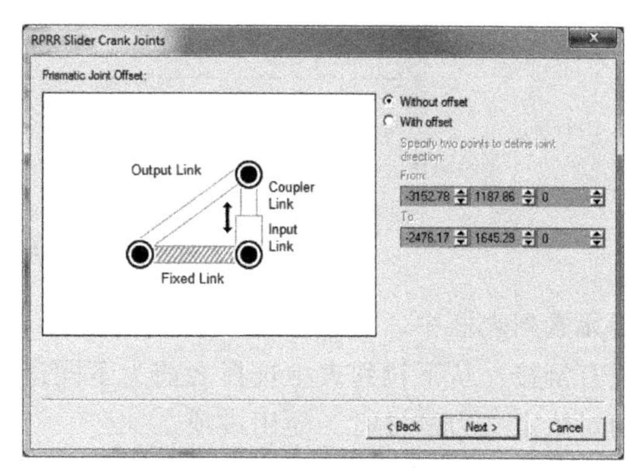

图 6-101 棱镜关节偏移页面

7）如果希望偏移棱镜关节，需要设置偏移量，如图 6-102 所示。

如果滑块的棱镜轴不位于连接滑块的前两个关节的直线上，则需要偏移，RPRR-滑块如图 6-103 所示。

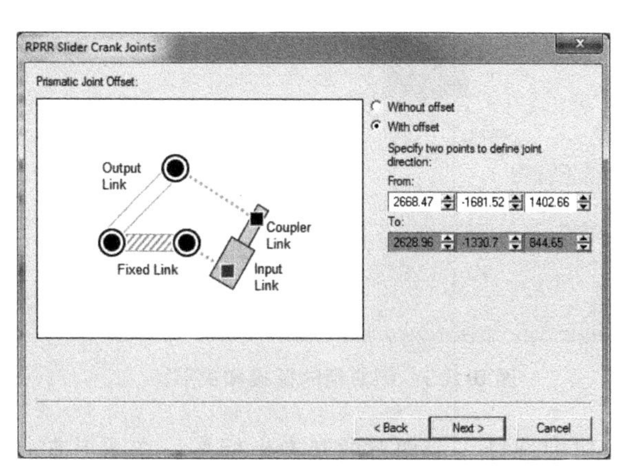

图 6-102 设置偏移量

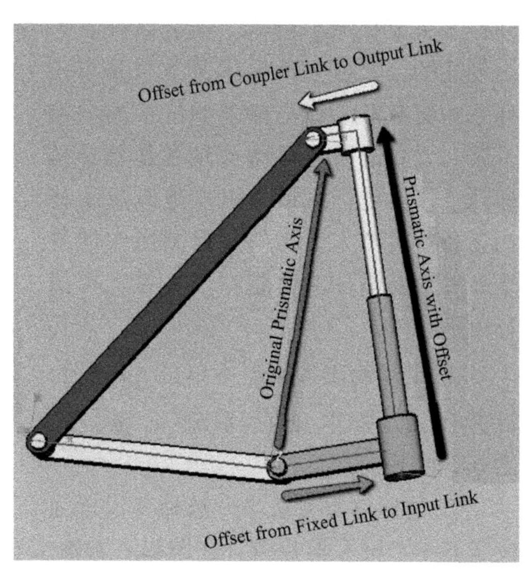

图 6-103 RPRR-滑块

8）单击下一步按钮，显示关联链接页面，如图 6-104 所示。

9）要将链接与模拟对象相关联，需要依次选择曲柄图中的每个链接并单击下面的其中一项来定义链接。

链接元素：在图形查看器或对象树中选择组成链接的一个或多个实体，选择的内容显示

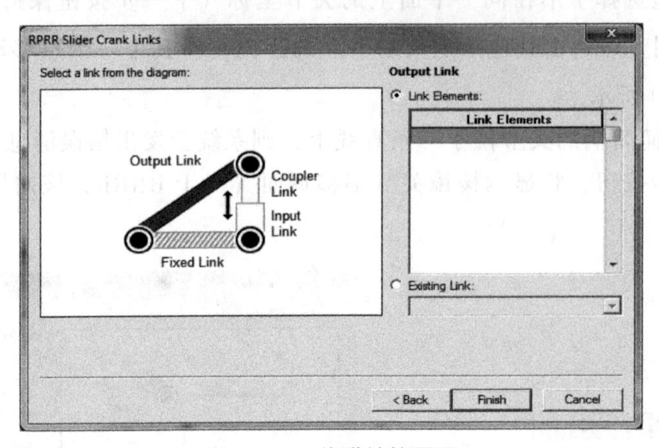

图 6-104 关联链接页面

在链接元素列表框中。

现有链接：从下拉列表中选择之前为不同运动链定义的链接。当在两个不同的曲柄中将相同的对象定义为链接时，使用该项。

10）单击完成按钮，运动学编辑器显示新曲柄的链接和关节，如图 6-105 所示。

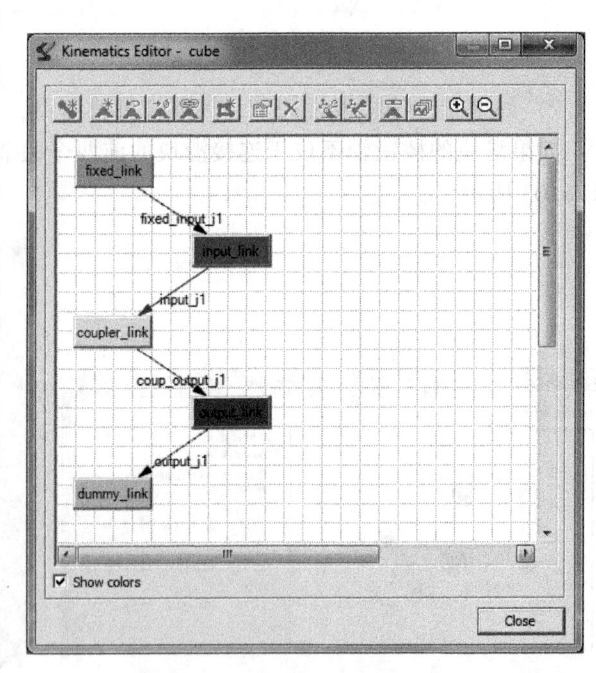

图 6-105 新曲柄的链接和关节

运动学编辑器添加虚拟链接来完成运动学结构的循环。如果选择相关关节并打开关节相关编辑器，则可以查看系统创建的公式以自动操作关节。基本坐标系指定参考工作坐标系的链接的尖端位置。设备的所有移动均参考其基本坐标系。基本坐标系最大限度地减少了移动设备或机器人所需的几何图形中的复杂计算。要添加一个基本坐标系，可执行以下操作：

① 在运动学编辑器中单击按钮，显示设置基本坐标系对话框，如图 6-106 所示。

② 使用以下方法之一选择要设置为设备基本坐标系的位置：在图形查看器或对象树中选择一个现有的基本坐标系；在图形查看器中选择一个位置（在图形查看器中选择位置时，光标会显示为形状），可以单击参考坐标系按钮旁边的下拉按钮，并使用四种可用方法之一指定坐标系的确切位置，从而微调所选基本坐标系的位置。

③ 单击确定按钮，所选的基本坐标系将显示在对象树和图形查看器中，如图 6-107 所示。

图 6-106 设置基本坐标系对话框

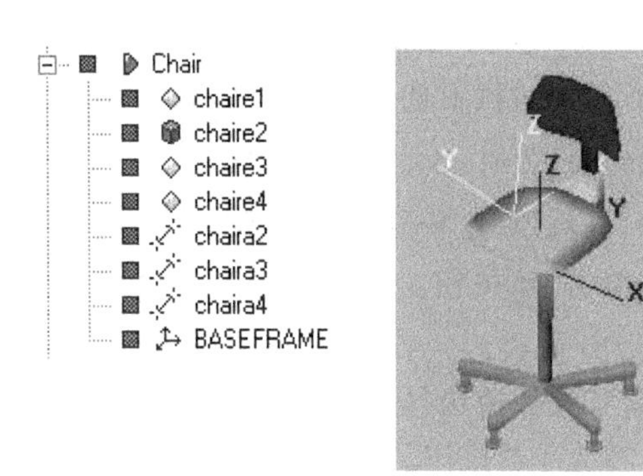

图 6-107 基本坐标系

6.3.32 添加工具框

使用工具框可以在机器人上安装工具或组件，并区分简单设备和机器人。工具框通常定义在机器人的最后一个链接上。要添加一个工具框，可执行以下操作：

1）在运动学编辑器中单击按钮，显示创建工具框对话框，如图 6-108 所示。

2）单击位置按钮并通过以下方式之一指定工具框的位置：在图形查看器中选择一个位置（当在图形查看器中选择一个位置时，鼠标指针变为 ＋ 形状）；单击所需坐标的选项，并使用向上和向下箭头指定该坐标的确切位置；单击所需坐标的选项，并手动输入该坐标的位置。

3）选择附加到链接选项，然后在图形查看器中选择要附加到该工具框的链接。所选链接显示在附加到链接选项中。在图形查看器中选择链接时，鼠标指针变为 ＋。

4）单击确定按钮，该工具框被创建并显示在图形查看器中。在对象树中，显示一个工具坐标系，重构坐标系和 TCP 坐标系。基本坐标系如图 6-109 所示。

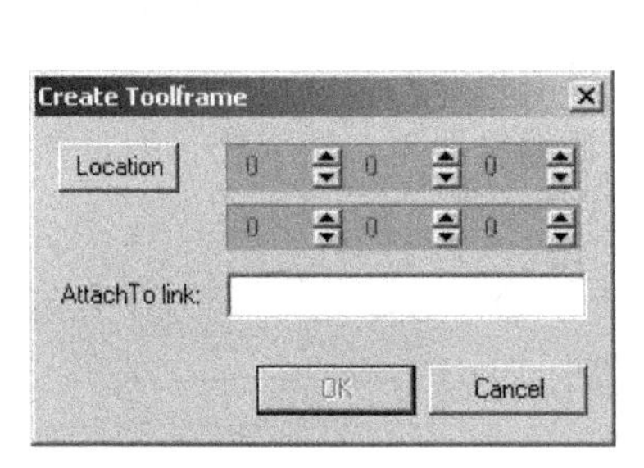

图 6-108 创建工具框对话框

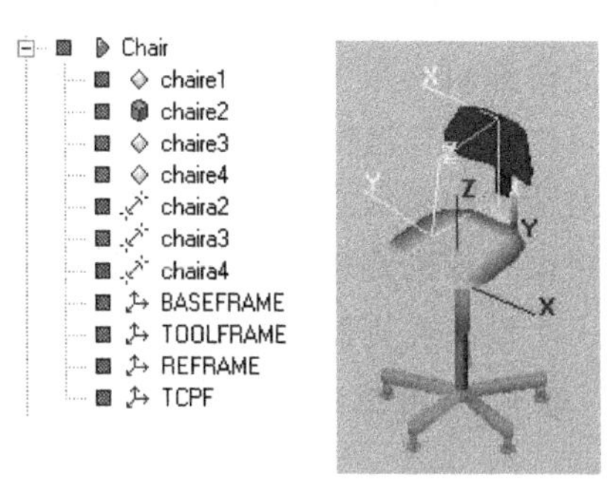

图 6-109 基本坐标系

在为设备定义了一个工具框后，它变成了一个机器人。现在可以在机器人上安装工具或组件来执行任务。

6.3.33 关节依赖编辑

运动学函数编辑器能够定义包含相关关节的焊枪和机器人的功能。这些函数可以用来描述依赖关节移动，以及所关联的其他关节的移动。要定义关节的依赖关系，可执行以下操作：

1）选择机械手选项卡→运动学组→运动学编辑器选项。

2）在运动学编辑器中选择一个相关关节，并单击按钮，显示关节依赖对话框，如图 6-110 所示。

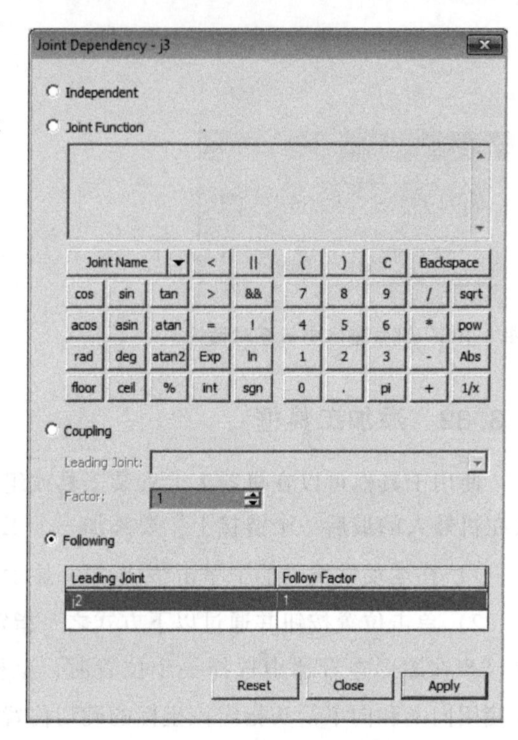

图 6-110　关节依赖对话框

3）如果要使选择的关节是独立的，那么可选择独立单选按钮。

4）如果希望选定关节依赖功能，可选择关节功能单选按钮，并使用编辑按钮定义描述依赖关系的关节功能。

5）如果正在编辑复合运动，则选择耦合单选按钮。如果希望定义设备层次结构中所选关节与子设备关节之间的依赖关系，那么选择此选项。从 Leading Joint 中选择依赖关系的关节。在因素选项中，输入一个依赖因素。例如，如果子设备的前导关节旋转了 3°并且输入了 5 的因素，则关节旋转了 15°。

6）选择以下单选按钮，为单个组件创建和编辑关节。可以移动下面的关节，使其独立于前导关节移动。前导和后续关节可以是不同的类型。

7）单击应用按钮，关节功能应用于依赖关节。

6.3.34　姿势编辑器

使用姿势编辑器命令，可以创建并保存设备和机器人的新姿势，并可以编辑和删除现有的姿势。可以在姿势编辑器中保存姿势，并可以使设备或机器人随时返回姿势。姿势是根据关节点动对话框中显示的关节值定义的。可以使用姿势编辑器创建新姿势，编辑和删除现有姿势，并将设备或机器人移动到选定的姿势。

选择一个设备或机器人，然后选择机器人选项卡→运动学组→姿势编辑器选项，打开姿势编辑器，如图 6-111 所示。

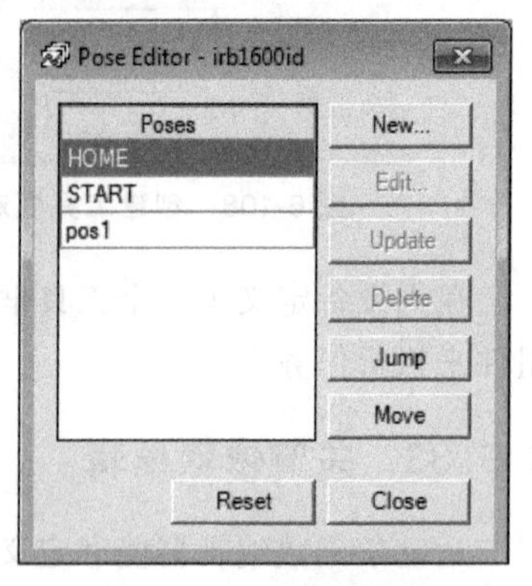

图 6-111　姿势编辑器

HOME 姿势是设备或机器人首次定义运动时所处的原始位置。默认情况下，HOME 姿势始终显示在姿势编辑器中。从姿势编辑器中，可以执行以下操作：

1）选择一个姿势并单击编辑按钮以修改所选姿势的参数，编辑姿势对话框如图 6-112 所示。

在姿势参数对话框中，在姿态名称文本框中输入要编辑的姿势名称。如果用户愿意，那么还可以改变其名称。

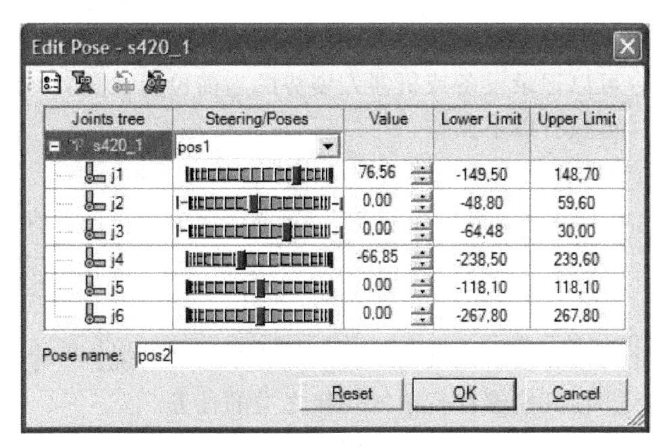

图 6-112 编辑姿势对话框

2）如果在启动姿态编辑器之前移动所选设备，则可以从姿势编辑器的姿势列表中选择姿势，然后单击更新按钮以将所选姿势设置为设备的当前姿势。选择一个或多个姿势后，可以单击删除按钮来删除它们。

3）选择一个姿势并单击跳转按钮，可将所选设备或机器人跳转到所选姿势。

选择一个姿势，然后单击移动按钮，可将选定的设备或机器人移动到所选的姿势。机器人或设备在仿真中移动，可以检测到选定姿态的路径上是否发生碰撞。

单击重置按钮，可将选定的设备或机器人恢复到打开编辑姿势对话框时的姿势。

在姿势编辑器中，在姿势列表中单击姿势名称两次，可编辑姿势名称，或选择姿势名称，然后按<F2>键。

1. 创建一个新姿势

要创建一个新姿势，需要执行以下操作：

1）在姿势编辑器中单击新建按钮，新姿态对话框中显示所选择的设备或机器人的关节列表，新姿势对话框如图 6-113 所示。

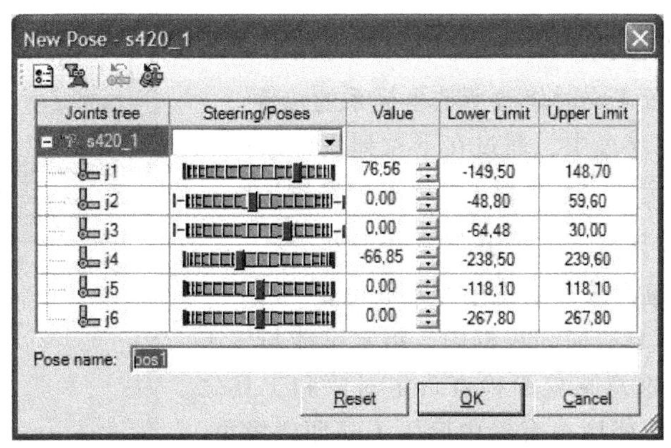

图 6-113 新姿势对话框

2）通过直接在选项中输入数值，或使用向上或向下箭头指定关节位置的值。

3）在姿势名称文本框中，编辑默认名称。

4）单击确定按钮，所选设备或机器人将移动到新姿势，新姿势将保存并显示在姿势编辑器中。

2. 标记姿势

使用标记姿势命令可以记录设备或机器人姿势的当前位置，姿势自动保存在姿势编辑器中。要标记一个姿态，可执行以下操作：

1）使用连接点动将设备或机器人移动到所需的位置。

2）选择机械手选项卡→运动组→标记姿势选项，姿势自动保存在姿势编辑器中。

6.3.35　工具定义

使用工具定义命令可以将设备定义为工具。从这个意义上说，一个工具意味着一个物体可以连接到一个机器人，使其能够执行诸如焊接之类的任务。

对于复合设备，只有子组件可以用作不检查碰撞的实体。

如果选定的资源没有定义运动特性，那么 Process Simulate 会提示没有运动特性，并且可以创建最小的默认运动特性。单击确定按钮继续。

如果组件未在建模模式下打开，则只能使用工具定义命令在查看模式下打开。如图 6-114 所示，系统创建了 DLink1 和 DLink2，这些是虚拟链接，也可在运动学编辑器中查看。

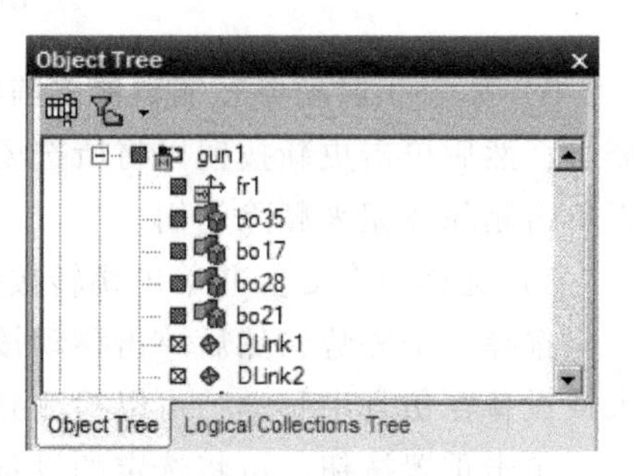

图 6-114　查看虚拟链接

1. 定义一个工具

1）在图形查看器或对象树中选择要定义为工具的设备，然后选择机械手选项卡→运动学组→工具定义选项，显示工具定义对话框，如图 6-115 所示。

2）从工具类型下拉列表中选择要定义的工具类型。

3）在 TCP 坐标系选项中，通过在下拉列表中选择一个坐标系来指定该工具的 TCP 坐标系。可以单击参考坐标系按钮旁边的下拉按钮，并使用四种可用方法之一指定坐标系的新位置来临时修改所选坐标系的位置。

4）在基本坐标系字段中，通过在下拉列表中选择一个坐标系来为工具指定基本坐标系。可以单击参考坐标系按钮旁边的下拉按钮，并使用四种可用方法之一指定坐标系的新位置来临时修改所选坐标系的位置。

5）在不检查与区域碰撞列表框中，指定可能与该工具发生碰撞的对象。这意味着不检查指定对象和工具之间的碰撞。但是如果在碰撞查看器中启用了强调碰撞集，那么图形查看器将在碰撞时以强调颜色的较浅阴影来显示这些对象。

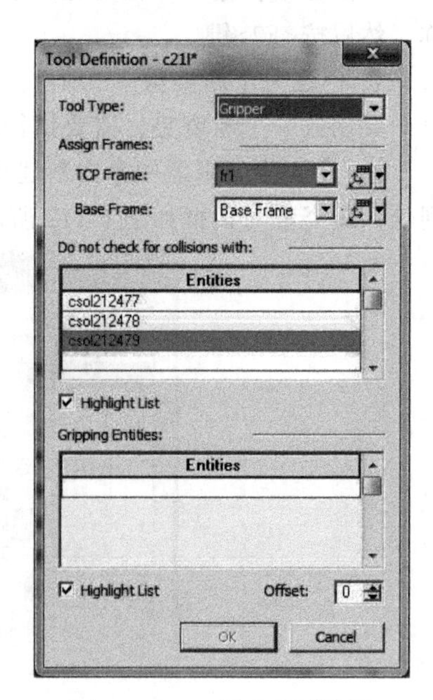

图 6-115　工具定义对话框

6）根据在运动学编辑器中定义的颜色，选中突出显示列表复选框以在不检查与区域碰撞列表框中着色每个实体（必须选择运动学编辑器中的显示颜色复选框）。

7）如果选择抓手作为工具类型，则可从图形查看器中指定充当抓取实体的对象。这些对象出现在抓取列表框中。抓取是根据为夹具定义的抓取实体和任何物理对象（零件、资源）之间的碰撞检测完成的。偏移选项定义了碰撞检测发生的距离。

8）选择突出显示列表复选框，可根据运动学编辑器中定义的颜色为夹点实体列表框中的每个实体着色（必须选择运动学编辑器中的显示颜色复选框）。

9）单击确定按钮，所选设备被定义为一个工具。

2. 设置抓握对象列表

使用设置抓握对象列表命令，可以定义可由夹具把持对象的列表。当列表被启用时，夹具可以夹持任何处于碰撞状态并在列表中定义的对象，但它不能夹持未在列表中定义的对象。默认情况下，该列表被禁用，抓手可以抓握任何与之处于碰撞状态的物体。该列表与所有抓取动作（夹具操作、拾取和放置操作，以及逻辑行为的抓取动作）的夹具的特定实例相关，并且仅用于当前研究。该列表可以包括任何可碰撞的对象，包括 IPA 结点，但不包括抓手本身。

例如，如果在机器人上安装了抓手，那么可能希望使用新的拾放操作来模拟搁置在支架上的零件。当启用抓握对象列表时，抓手只抓握与抓手处于碰撞状态的且包含在列表中的对象。因此，如果在抓握对象列表中定义零件并省略支架，则会达到所需的结果，机器人会将零件移动到目标位置。但是，默认情况下，抓握对象列表未启用。在这种情况下，抓手可抓握任何与抓手碰撞的物体。示例如图 6-116 所示。

要设置抓握对象列表，可执行以下操作：

1）选择建模选项卡→ 设备组→ 设置抓握对象列表选项，显示设置抓握对象对话框，如图 6-117 所示。

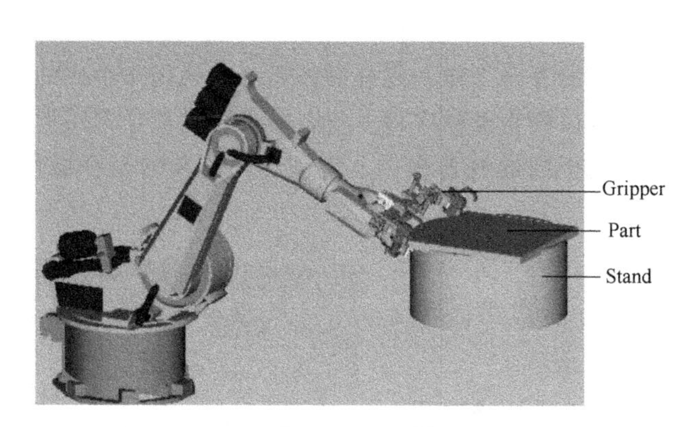

图 6-116　示例

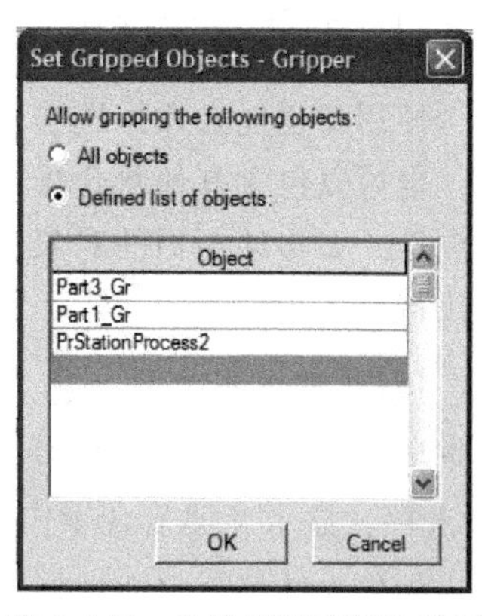

图 6-117　设置抓握对象对话框

2）默认情况下，所有对象都被选中。如果希望为夹具定义对象，可检查定义的对象列表。

3）在图形查看器、对象树或逻辑集合树查看器中单击一个或多个对象，这些对象被添加到对象列表中。

4）单击确定按钮，设置抓握对象列表，使其包含要抓握的特定对象。操作树如图 6-118 所示。

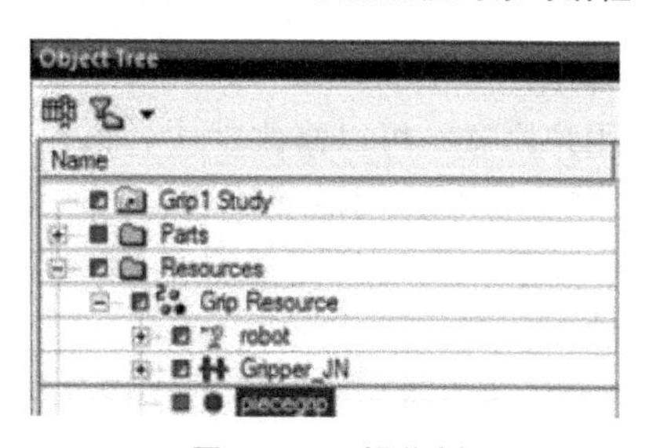

图 6-118　操作树

第7章

Process Simulate的仿真操作

7.1　设置当前操作

所有操作都显示在操作树中。要设置当前操作，可在操作树中选择需要的操作，然后选择主页标签→操作组→设置当前操作选项，或者选择操作选项卡→创建操作组→设置当前操作选项。

7.2　新建操作

7.2.1　新建复合操作

使用新建复合操作选项，可以创建一个新的复合操作。复合操作是由其他操作组成的操作，也可以包含其他复合操作。复合操作也可以称为操作序列。复合操作可以包括不同类型的操作，如移动橱柜的对象流动操作及打开橱柜门的设备操作。要创建一个新的复合操作，可执行以下步骤：

1）选择主页选项卡→操作组→新建复合操作选项，或者选择操作选项卡→创建操作组→新操作→新建复合操作选项，显示新建复合操作对话框，如图7-1所示。

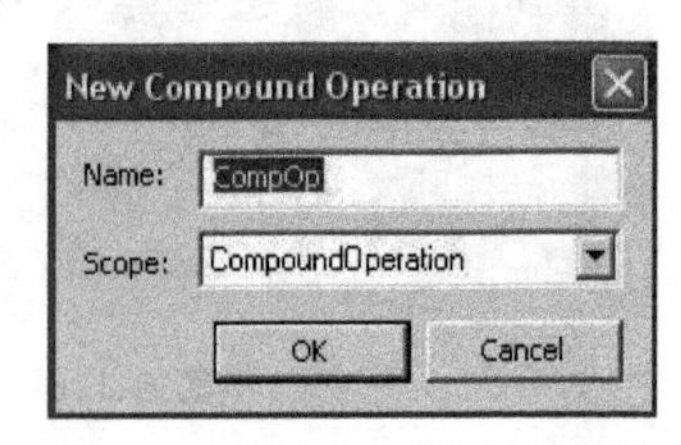

图7-1　新建复合操作对话框

如果未选择对象或选择单个复合操作，那么启用该选项。

2）在名称文本框中输入操作的名称。默认情况下，所有复合操作都是唯一命名的，命名格式为CompOp<索引号>。如果用户愿意，可以修改默认名称。

3）打开作用域下拉列表，从中可选择操作树来作为新组合操作的父项。

如果在使用新建复合操作选项之前已经选择了复合操作，那么该操作将自动插入作用域。

4）单击确定按钮，会在操作树中创建并显示一个空的新复合操作。新复合操作会自动设置为当前操作（如果当前操作尚不存在），并显示在序列编辑器中。

5）在操作树中，将新建的操作拖动到操作树或序列编辑器中的新复合操作树下。

原型对象可以通过 Process Designer 分配到复合操作。此分配可使原型用于模拟任何属于复合操作的流操作。如果在这种情况下将流操作配置为模拟原型，则无法将该流操作拖动到另一个复合操作。如果尝试这样做，会出现“系统无法粘贴所选操作”的错误。

可以链接操作以及向它们添加事件。

7.2.2 新建连续特征操作

使用新建连续特征操作命令能够创建新的连续特征操作。连续特征操作包括激光焊接和连续涂胶应用。连续特征操作由一组连续的 Mfg 操作组成。连续特征操作可以执行以下操作之一：

1）将带有已安装工具的机器人移至工件上的 Mfg 位置。

2）将装有工件的机器人移至外部工具（外部 TCP）。

3）在创建连续机器人操作之前，需要验证机器人是否可以到达连续的 Mfg 位置。

要创建新的连续特征操作，可执行以下步骤：

1）选择首页标签→操作组→新建连续特征操作选项，或者选择操作选项卡→创建操作组→新操作→新建连续特征操作选项，新建连续特征操作对话框出现，如图 7-2 所示。

默认的连续特征操作名称 Cont_ Robotic_ Op 出现在名称文本框中。

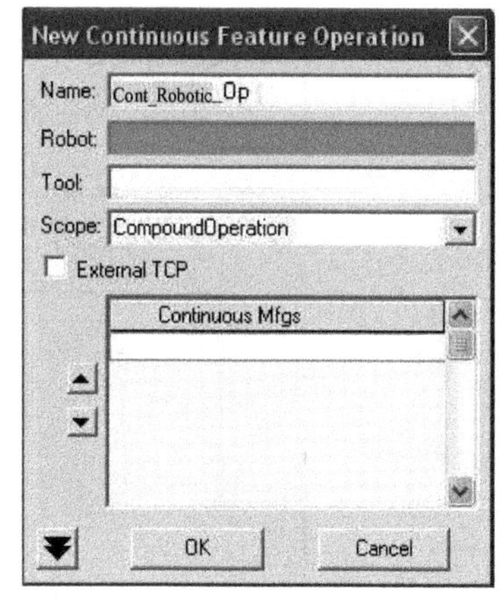

图 7-2 新建连续特征操作对话框

2）在名称文本框中输入新的操作名称。

3）按如下方法将机器人分配给新操作：

① 单击机器人选项以将该选项放在目标位置上。

② 在任何显示机器人的查看器中单击一个机器人，名称出现在机器人选项中。

4）按如下方法为新操作选择一个工具：

① 单击工具选项以将该选项放在焦点上。

② 在任何查看器显示工具中单击一个工具，工具名称出现在工具栏中。

5）打开作用域下拉列表，从中可以选择操作树作为新连接的父项。

如果在使用新建连续特征操作命令之前已经选择了复合操作，那么该操作将自动插入作用域。

6）选择连续的 Mfg 以包含在操作中：

① 单击连续 Mfgs 选项以将该选项放在焦点上。

② 在 Mfg 查看器中选择一个或多个连续的 Mfg，Mfg 名称出现在连续 MFG 选项中。

③ 可以使用和按钮在连续 Mfgs 字段中排列 Mfg 的顺序。列表中的 MFG 顺序决定了新操作中的执行顺序。

7）如果操作是外部 TCP，那么可选择外部 TCP 复选框。

8）可以单击按钮以扩展新建连续特征操作对话框，其中包含可选的描述选项。如果需要，可在描述选项中输入操作说明，如图 7-3 所示。

扩展后的对话框包含只读持续时间选项，显示连续 Mfg 选项中包含的 Mfg 的持续时间总和。

9）单击确定按钮以创建新的连续特征操作。

可以在操作属性对话框中编辑新的连续特征操作的属性。

7.2.3 新建设备操作

使用新建设备操作选项能够创建设备，可以展示设备从一个姿势到另一个姿势的动画。装置是具有定义的运动学的零件，如具有门的橱柜。一旦定义了设备，就可以为设备定义姿势。姿态是代表设备位置的一组关节值。为了创建设备操作，必须使用定义了多个姿势的设备。

要创建新的设备操作，可执行以下步骤：

1）选择操作选项卡→创建操作组→新操作→新建设备操作选项，显示新建设备操作对话框，在名称文本框中显示所选对象的名称，如图 7-4 所示。

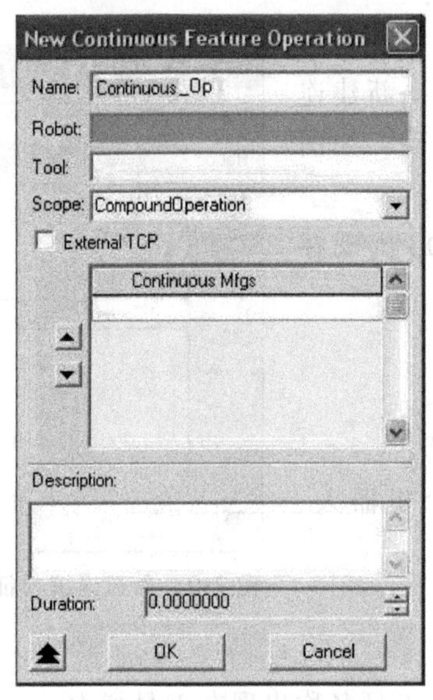

图 7-3 扩展后的新建连续特征操作对话框

图 7-4 新建设备操作对话框

用户也可以选择新设备操作以显示新建设备操作对话框，单击设备选项，然后在图形查看器或对象树中选择所需的对象。可以选择原型作为设备操作的设备。如果创建设备操作来模拟原型，则系统会在原型可用的复合操作下创建设备操作。

2）在名称文本框中输入操作的名称。默认情况下，所有新设备操作都被命名为 Op#。如果用户愿意，则可以修改默认名称。

3）打开作用域下拉列表，从中可以选择操作树作为新设备操作的父项，也可以通过单击操作树中的操作来选择。如果在使用新建设备操作命令之前已经选择了复合操作，那么该操作将自动插入作用域。

4）打开从姿势下拉列表，从中选择设备的开始姿势。所有设备都有一个 HOME 姿势。这是设备操作的默认启动姿势。

5）打开到姿势下拉列表，从中选择设备的最终姿势。

6）要指定设备操作的更多详细信息，可单击按钮，将新建设备操作对话框展开，如图 7-5 所示。

7）在描述选项中，输入操作的描述。

也可不输入描述。但是如果在描述选项中输入说明，则说明将出现在操作属性对话框中。

8）在持续时间选项中，通过单击向上和向下箭头或输入所需时间来修改操作的持续时间。默认情况下，持续时间为 5s。如果需要，可以在选项对话框的单位选项卡中更改度量单位。

9）单击确定按钮，对象流操作沿路径创建并显示在操作树中。新操作自动设置为当前操作（如果当前操作尚不存在）。编辑姿势时，使用该姿势的设备操作会自动更新。

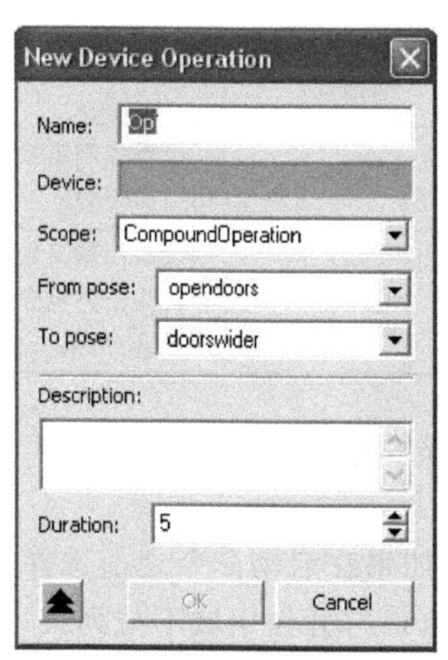

图 7-5 展开后的新建设备操作对话框

7.2.4 新建设备控制组操作

设备控制组是用户创建的一组设备。通常，可以将具有通用组件或功能的设备分组到设备控制组中，并使用单个组命令将这些设备一起操作。这在希望创建设备姿势的特定组合时非常有用。

操作一组设备的结果是使每个设备达到预定义的姿势。设备姿势是以组姿势定义的。使用编辑姿势组命令编辑组姿势。使用新建设备控制组操作命令创建的操作会使选定设备控制组中的设备从源组姿势移动到目标组姿势。每个组姿势都包含所有成员设备的所有现有姿势。设备控制组操作可以在操作树中查看。

可以使用 Set Current Operation（设定当前操作）命令将设备控制组操作设置为当前操作。要创建新的设备控制组操作，可执行以下步骤：

1）选择操作选项卡→创建操作组→新操作→新建设备控制组操作选项，显示新建设备控制组操作对话框，如图 7-6 所示。

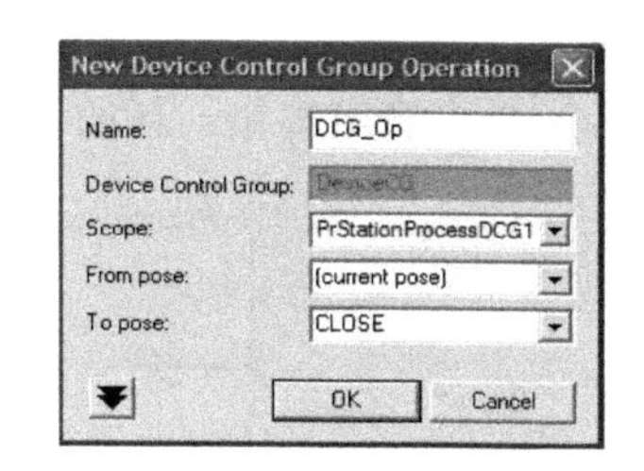

图 7-6 新建设备控制组操作对话框

新建设备控制组操作对话框包含的选项见表 7-1。

表 7-1 新建设备控制组操作对话框包含的选项

选项	描述
名称	设备控制组操作的名称。默认名称为 DCG_Op。如果在启动命令之前选择了设备控制组，则操作名称格式为<DCG Name> _ Op
设备控制组	命令运行的设备控制组。进入设备控制组后，将使用该设备控制组的默认姿势填充从姿势选项和到姿势选项
作用域	新设备控制组操作的父级

（续）

选项	描述
从姿势	设备控制组操作的源组姿势(操作开始移动)。必须从下拉列表中选择一个值。默认情况下,使用当前姿势
到姿势	设备控制组操作的目标组姿势(操作移动设备的姿势)。目标组姿势确定哪些设备参与操作,只有某些姿势包含在所选目标组姿势中的设备才参与操作。必须从下拉列表中选择一个值。默认情况下,使用第一个组姿势

2）单击设备控制组选项，然后单击对象树中的设备控制组或输入所需设备控制组的名称。

如果在启动命令之前选择了设备控制组，则该设备控制组已预加载。

3）打开作用域下拉列表，从中可以选择新建设备控制组操作的父操作，或者通过单击操作树中的操作选择。

如果在使用新建设备控制组操作命令之前已经选择了操作，那么该操作将自动插入作用域。

4）在从姿势下拉列表中，选择新建设备控制组操作的源组姿势。

5）在到姿势下拉列表中，为新设备控制组操作选择一个目标组姿势。

6）可以单击按钮以展开新建设备控制组操作对话框，部分对话框如图 7-7 所示。

7）如果需要，可输入操作描述。

8）设置操作的持续时间。这决定了操作需要多长时间。如果一个或多个设备没有在指定时间内达到其目标姿势，甚至这段时间之后设备仍然继续移动，那么持续时间需重置为新时间。

9）单击确定按钮，新的设备控制组操作出现在操作树中，如图 7-8 所示。

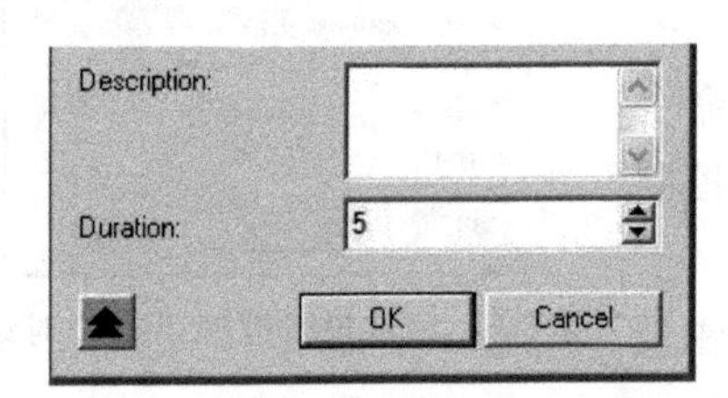

图 7-7　展开后的部分新建设备控制组操作对话框

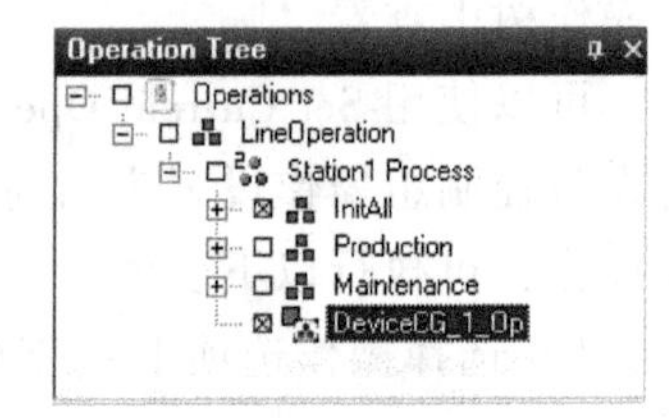

图 7-8　操作树

7.2.5　新建通用机器人操作

使用新建通用机器人操作选项，可以创建一个通用的机器人操作。

要创建新的通用机器人操作，可执行以下步骤：

1）选择操作选项卡→创建操作组→新操作→新建通用机器人操作选项，显示新建通用机器人操作对话框，如图 7-9 所示。名称文本框中为默认操作名称。

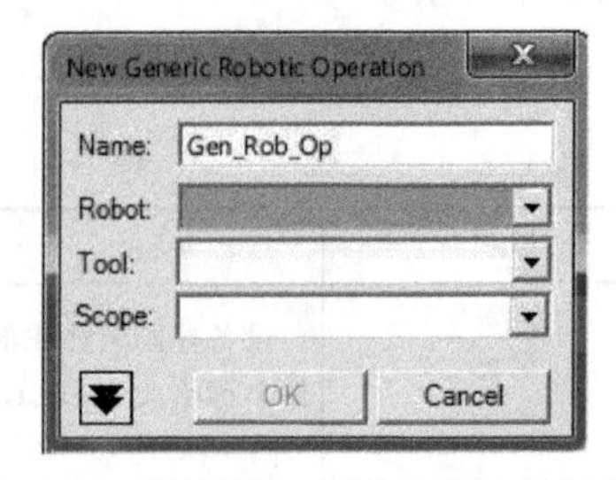

图 7-9　新建通用机器人操作对话框

2）从机器人下拉列表中选择要分配给新操作的机器人。如果在启动新建通用机器人操作之前预先选择了一个机器人，则此选项将显示所选机器人的名称。

3）从工具下拉列表中选择要安装在机器人上的工具。如果所选机器人已安装工具，则此选项将自动显示。

4）打开作用域下拉列表，并将操作树设置为新操作的父级。

如果在使用新建通用机器人操作选项之前选择复合操作，则该操作将自动插入作用域。

5）单击按钮，可展开新建通用机器人操作对话框，并可为新操作输入有意义的描述，还可设置新操作的持续时间。

6）单击确定按钮保存新的操作并关闭新建通用机器人操作对话框。

7.2.6 新建抓手操作

使用新建抓手操作选项，能够创建涉及抓手装置的操作。抓手可以执行两个动作，即抓住物体和释放它们。对于这些动作，定义抓手时必须定义目标姿势。

要创建新的抓手操作，可执行以下步骤：

1）在图形查看器或路径编辑器中选择一个夹具，然后选择操作选项卡→创建操作组→新操作→新建抓手操作选项，显示新建抓手操作对话框，如图 7-10 所示。

图 7-10 新建抓手操作对话框

可以选择一个原型作为抓手操作的抓手。系统用原型操作的名称命名原型。这表明原型通过 Process Designer（过程设计）供复合操作使用。如果创建抓手操作来模拟原型，则系统会在原型可用的复合操作下创建此操作。

2）在名称文本框中输入操作的名称。默认情况下，所有新的抓手操作都被命名为 Op#。如果用户愿意，可以修改默认名称。

3）在作用域下拉列表中，可以选择操作树目录作为新抓手操作的父级，或通过单击操作树中的操作选择。

如果在使用新抓手操作选项之前已经选择了复合操作，则该操作将自动插入作用域。

4）从坐标系下拉列表中，选择要用作抓手操作的 TCP 的坐标系。

5）选择以下要执行的操作之一：

- 抓住物体。
- 释放对象。

6）从目标姿势下拉列表中选择执行操作时抓手的姿势。

7）要指定抓手操作的更多详细信息，可单击按钮，展开新建抓手操作对话框如图 7-11 所示。

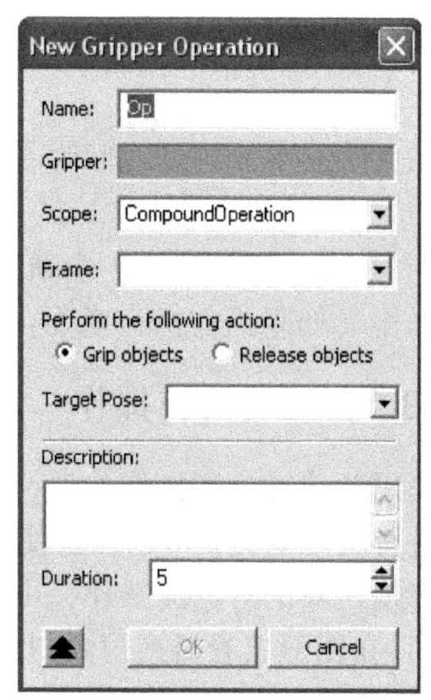

图 7-11 展开后的新建抓手操作对话框

8）在描述选项中，输入操作的描述。也可以不输入描述。但是如果在描述选项中输入描述，那么将出现在操作属性对话框中。

9）在持续时间选项中，通过单击向上和向下箭头或输入所需的时间来修改操作的持续时间。如果指定的时间少于移动所需的最小时间（定义运动时指定），则时间会自动调整到运行操作所需的最短时间。默认情况下，持续时间为5s。如果需要，可以在选项对话框的单位选项卡中更改度量单位。

10）单击确定按钮，在操作树中创建并显示新的抓手操作。新操作自动设置为当前操作（如果当前操作尚不存在），并因此显示在序列编辑器中。

7.2.7 新建非模拟操作

使用新建非模拟操作选项，可以创建一个非模拟操作。非模拟操作是一个空操作，可以在继续执行另一操作之前标记指定的时间间隔。也可以使用非模拟操作来标记稍后将创建的操作的位置。

要创建一个新的非模拟操作，可执行以下步骤：

1）选择操作选项卡→创建操作组→新操作→新建非模拟操作选项，显示新建非模拟操作对话框，如图7-12所示。

图7-12 新建非模拟操作对话框

2）在名称文本框中输入操作的名称，默认情况下，所有新的非模拟操作都命名为Op#。如果用户愿意，可以修改默认名称。

3）在作用域下拉列表中，可以选择操作树作为新建非模拟操作的父项，或通过单击操作树中的操作选择。

如果在使用新建非模拟操作选项之前已经选择了复合操作，则该操作将自动插入作用域。

4）在描述选项中输入操作的描述。

也可以不输入描述，但是如果在描述选项中输入描述，那么将出现在操作属性对话框中。

5）在持续时间选项中，通过单击向上和向下箭头或输入所需的时间来修改操作的持续时间。

默认情况下，持续时间为5s。如果需要，可以在选项对话框的单位选项卡中更改度量单位。

6）单击确定按钮，一个新的非模拟操作被创建并显示在操作树中。新操作自动设置为当前操作（如果当前操作尚不存在）。

7.2.8 新建对象流操作

使用新建对象流操作选项，可以创建一个物体移动的复合操作。此操作主要用于对移动零件进行装配研究。可以通过使用现有路径或创建新路径来创建对象流操作。

要创建新的对象流操作，可执行以下步骤：

1）在图形查看器或对象树中选择一个对象，然后选择主页选项卡→操作组→新建对象流操作选项，也可以选择操作选项卡→创建操作组→新操作→新建对象流操作选项，将显示新建对象流操作对话框，如图7-13所示。

可以选择一个原型作为流操作的对象。原型以复合操作的名称命名。这表明原型通过 Process Designer（过程设计）用于该复合操作。如果创建一个流操作来模拟原型，则流操作将在原型可用的复合操作下创建。

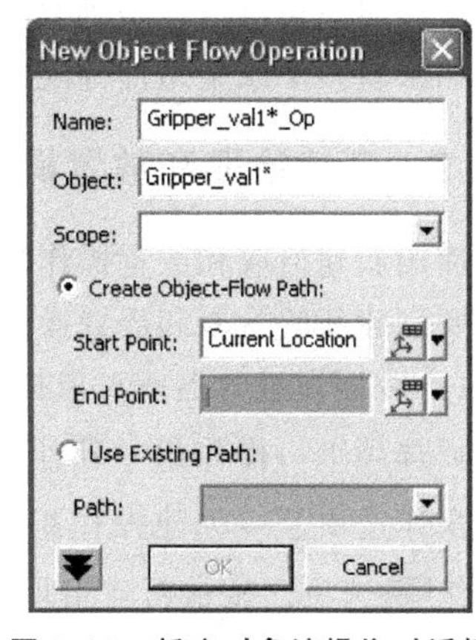

图 7-13　新建对象流操作对话框

2）在名称选项中输入操作的名称。默认情况下，所有新的对象流操作都被命名为 Op#。如果用户愿意，可以修改默认名称。

3）在作用域下拉列表中，可以选择操作树作为新建对象流操作的父项，或通过单击操作树中的操作进行选择。如果在使用新建对象流操作选项之前已经选择了复合操作，则该操作将自动插入作用域。

4）以下列方式之一选择操作路径：

• 要创建新的对象流路径，可选择创建对象流路径单选按钮，然后通过开始点和结束点选项来指定开始点和结束点。在图形查看器中选择一个位置。默认情况下，所选对象的当前位置是开始点。路径在指定的点处创建并显示在图形查看器中。

• 要使用现有路径，可选择使用现有路径单选按钮，然后从路径下拉列表、图形查看器或对象树中选择路径。

5）要指定对象流操作的更多详细信息，可单击按钮，新建对象流操作对话框将展开，如图 7-14 所示。

6）在描述选项中输入操作的描述。

也可以不输入描述，但是如果在描述选项中输入描述，那么将出现在操作属性对话框中。

7）从 Grip 坐标下拉列表中为所选对象选择一个手柄框。默认情况下，Grip 坐标系位于所选对象的几何中心。可以单击参考坐标系按钮旁边的下拉按钮，并使用四种可用方法之一指定坐标系的确切位置。选定的 Grip 坐标系会在图形查看器中和对象树中的组合体下创建并显示。

默认情况下，所有 Grip 坐标系均为蓝色。不能修改现有坐标系的颜色。要修改新坐标系的颜色，可参阅选项对话框中的外观选项卡。

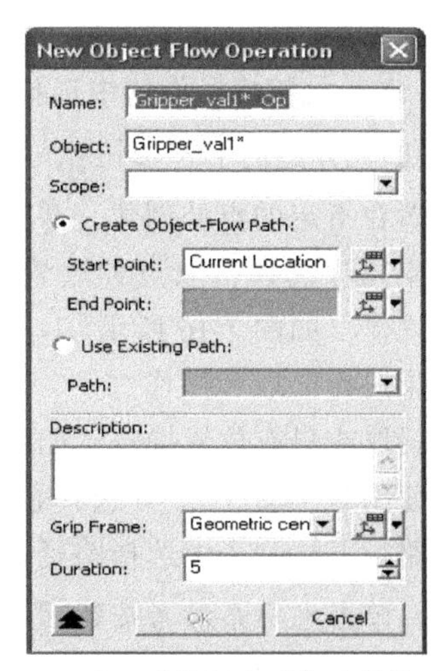

图 7-14　展开后的新建对象流操作对话框

8）在持续时间选项中，通过单击向上和向下箭头或输入所需时间来修改操作的持续时间。默认情况下，持续时间为 5s。如果需要，可以在选项对话框的单位选项卡中更改度量单位。

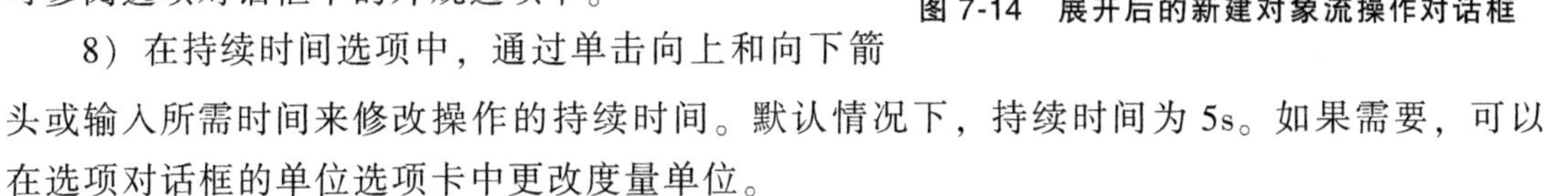

9）单击确定按钮，此时，在指定的开始点和结束点之间创建一个路径，并显示在图形查看器中。

对象流操作沿路径创建并显示在操作树中。新操作会自动设置为当前操作（如果当前操作尚不存在），并显示在序列编辑器和路径编辑器中。

通过对象树执行原型到复合操作的分配，原型名称的括号中指示原型分配到的复合操作。如果将一个原型组件分配给多个复合操作，那么将在图形查看器和对象树中列出。

7.2.9 新建拾取和放置操作

使用新建拾取和放置操作选项，可以从一个地方移动对象到另一个地方。

要创建新的拾取和放置操作，可执行以下步骤：

1）在图形查看器或对象树中选择一个对象，然后选择主页选项卡→操作组→新建拾取和放置操作，或者选择操作选项卡→创建操作组→新操作→新建拾取和放置操作选项，显示新建拾取和放置操作对话框，如图7-15所示。

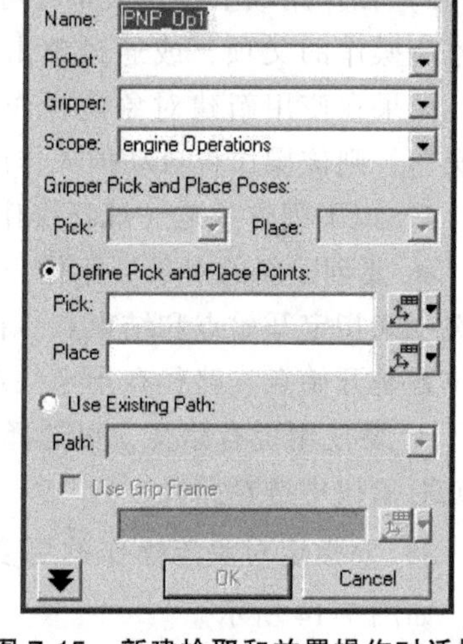

图7-15　新建拾取和放置操作对话框

2）从机器人下拉列表中选择用于移动物体的机器人。如果在启动新建拾取和放置操作选项之前预先选择了一个机器人，则此选项将显示所选机器人的名称。

3）抓取下拉列表中为目前安装在选择的机器人上所有工具端抓手。

4）在作用域下拉列表中可以选择操作树作为新建拾取和放置操作的父项。

如果在使用新建拾取和放置操作选项之前选择了一个操作，那么该操作将自动插入作用域。

5）在对象树或操作树中选择一个对象，单击坐标系参考按钮旁边的下拉按钮，并使用四种可用方法之一指定位置的确切坐标。

位置在指定的点处创建，并显示在图形查看器中。

如果同时选择拾取点和放置点，则新操作具有拾取和放置操作，如图7-16所示。

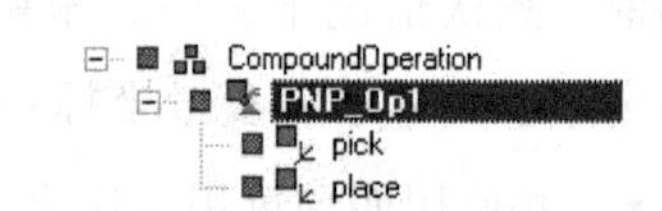

图7-16　新操作具有拾取和放置操作

如果选择拾取和操作之一，新操作将只有一个操作，即只有拾取或只有放置操作，如图7-17所示。

要使用现有路径，可选择使用现有路径单选按钮，然后从路径下拉列表中选择路径。选择使用Grip坐标系复选框，然后指定选定坐标系的确切位置，单击坐标系参考按钮旁边的下拉按钮，并使用四种可用方法之一指定坐标系的确切位置来指定抓手的偏移量。选定的Grip坐标系会在图形查看器中和对象树中的组合体下创建并显示。系统复制路径并将对象流路转换为机器人使用的路径。

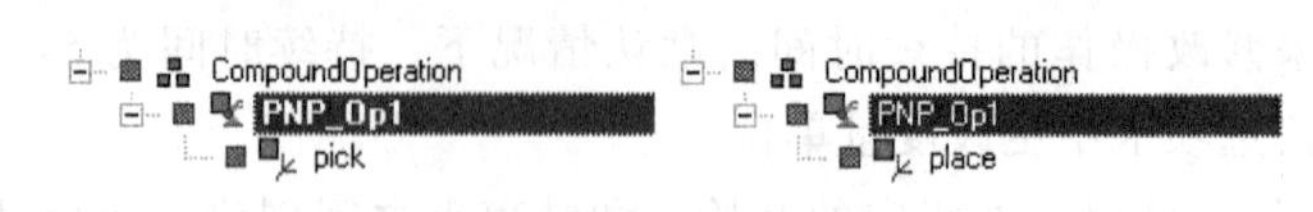

图7-17　只有一个操作

6）在描述选项中输入操作的描述。

7）要指定操作的更多详细信息，可单击按钮，展开新建拾取和放置操作对话框，如

图 7-18 所示。

8）在持续时间选项中，通过输入所需时间来修改操作的持续时间。

拾取和放置操作沿路径创建并显示在操作树中。新操作会自动设置为当前操作（如果当前操作尚不存在），并显示在序列编辑器和路径编辑器中。

当操作被设置为当前操作时，可以编辑新拾取和放置操作的路径。

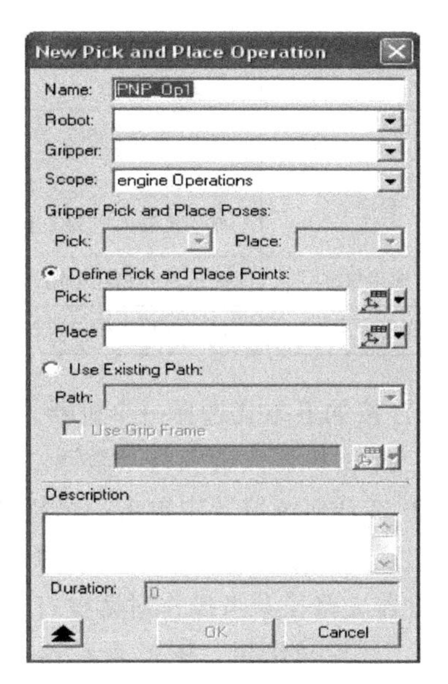

图 7-18 展开后的新建拾取和放置操作对话框

7.2.10 新建机器人路径参考操作

使用新建机器人路径参考操作选项，可以在线路仿真模式下执行机器人程序的机器人操作。机器人路径参考（RPR）操作通过路径编号激活机器人程序中的一个或多个特定操作。可以在线路仿真模式下执行机器人路径参考操作。由于 RPR 操作仅通过其路径编号引用机器人操作，因此可以通过将路径号重新分配给不同的机器人操作来更改 RPR 操作的目标。

对于同一仿真中引用相同路径号的机器人，不要创建多个 RPR 操作。除了随机选择的参考机器人的 RPR 操作之外，这样做可以使所有操作失效。

要创建新的机器人路径参考操作，可执行以下步骤：

1）确认在研究中定义了所需的机器人程序，并将其指定为机器人的默认程序。

该仿真仅执行涉及默认机器人程序的 RPR 操作。

2）选择操作选项卡→创建操作组→新建机器人路径参考操作选项，出现新建机器人路径参考操作对话框，如图 7-19 所示。

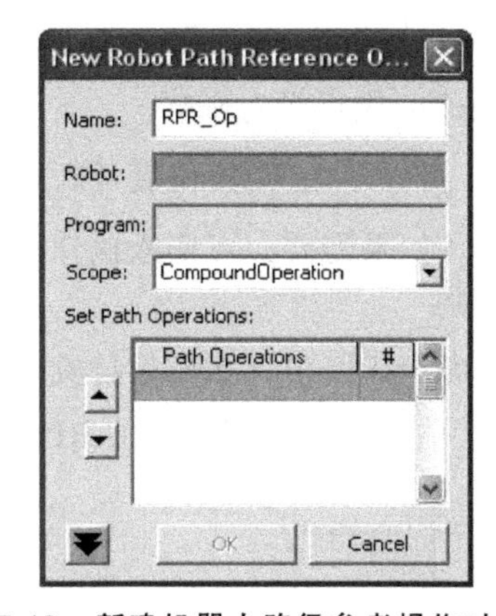

图 7-19 新建机器人路径参考操作对话框

新建机器人路径参考操作对话框包含的选项见表 7-2。

表 7-2 新建机器人路径参考操作对话框包含的选项

选项	描述
名称	新 RPR 操作的名称。默认名称可以是以下之一： 如果在未选择机器人的情况下打开新建机器人路径参考操作对话框，则默认名称为 RPR_Op 如果在打开新建机器人路径参考操作对话框之前选择机器人，则默认名称包括机名称，名称格式为<机器人名称> _RPR_Op 注意：如果有必要，可附加一个数字以使名称唯一，如 RPR_Op1、RPR_Op2

（续）

选项	描述
机器人	与 RPR 操作相关的机器人
程序	如果机器人只有一个程序，则程序名称将显示在此选项中 如果机器人定义了多个程序，则默认程序的名称将显示在此选项中
作用域	新机器人路径引用操作的父级
设置路径操作	机器人程序中的机器人操作在程序选项中指示。分配给每个操作的路径编号显示在#列中

3）按如下方式选择一个机器人：

① 单击机器人选项将其激活。

② 在任何浏览器中单击一个机器人，机器人名称出现在机器人选项中，机器人的默认程序出现在程序选项中。如果在执行新建机器人路径参考操作选项之前选择一个机器人，当新建机器人路径参考操作对话框打开时，机器人名称会出现在机器人选项中。

4）选择操作树、图形查看器或序列编辑器的路径选项卡中的操作，可将有效操作添加到路径操作字段（无效的操作不会添加到该字段中）。符合以下条件的操作被认为是有效的：

该操作包含在机器人程序中。该操作具有分配给它的路径编号，如图 7-20 所示。

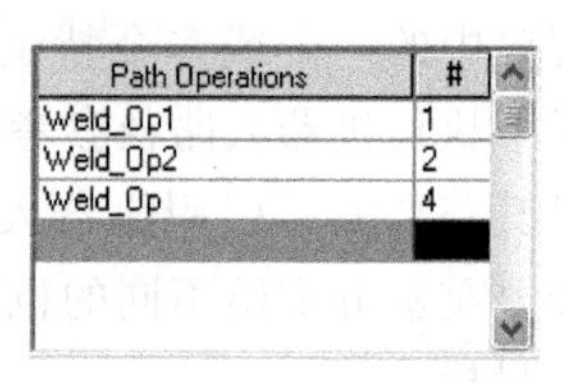

图 7-20　路径编号

5）可以单击▲和▼按钮重新排序路径操作列表。该选项对 RPR 操作的执行没有影响。

6）可以单击▼按钮展开新建机器人路径参考操作对话框。展开的对话框中有可选的描述选项。如果需要，可输入操作描述。展开新建机器人路径参考操作对话框的部分内容如图 7-21 所示。

扩展对话框包含非操作持续时间选项，显示 0。

7）单击确定按钮。新的 RPR 操作出现在操作树中，如图 7-22 所示。

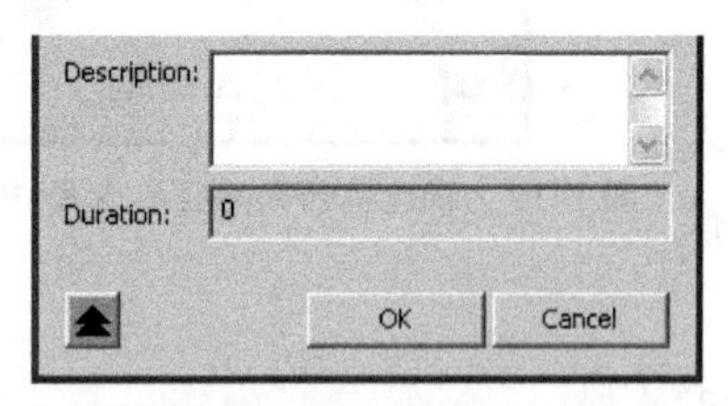

图 7-21　展开新建机器人路径参考操作对话框的部分内容

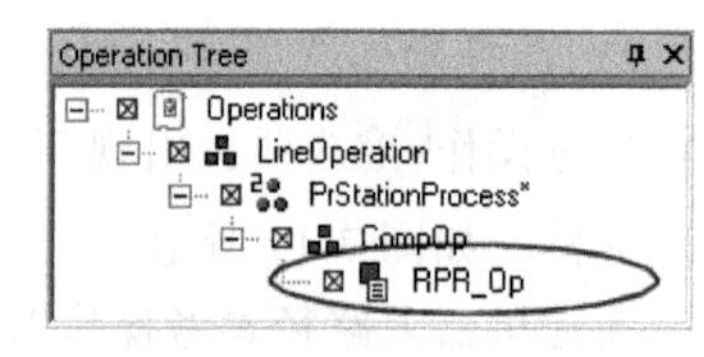

图 7-22　操作树

新操作自动设置为当前操作（如果当前操作尚不存在），并显示在序列编辑器中。

7.2.11　新建机器人程序

要新建机器人程序，可执行以下操作：

1）选择机械手选项卡→程序组→新机器人程序选项，或者选择操作选项卡→创建操作组→新操作→新机器人操作选项，显示新建机器人程序对话框，如图 7-23 所示。

2）在名称文本框中输入新程序的名称。

3）在机器人下拉列表中，选择新程序运行的机器人，也可以从图形查看器或对象树中选择机器人。

4）可以在可选的评论选项中添加评论。

5）单击确定按钮，关闭新建机器人程序对话框。

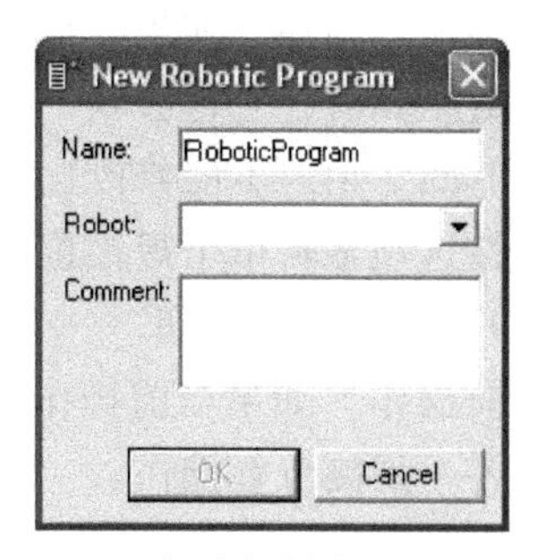

图 7-23 新建机器人程序对话框

7.2.12 新建焊接操作

焊接操作可以涉及以下内容：

- 将装有焊枪的机器人移动到工件上的焊接位置。
- 将装有工件的机器人移动到外部焊枪（外部 TCP）。
- 可以使用几何枪搜索为搜索操作选择最合适的焊枪。
- 确保在创建焊接位置操作之前，机器人可以到达焊接位置。

要创建新的焊接操作，可执行以下步骤：

1）选择图形查看器或对象树中的机器人，然后选择主页选项卡→操作组→新建焊接操作选项，或者选择操作选项卡→创建操作组→新操作→新建焊接操作选项，显示新建焊接操作对话框，如图 7-24 所示。

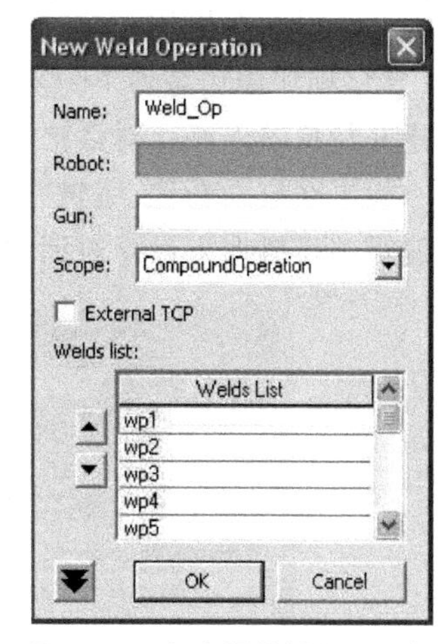

图 7-24 新建焊接操作对话框

单击机器人选项，在图形查看器或操作树中选择所需的机器人。

2）在名称文本框中输入操作的名称。默认情况下，所有焊接操作都被命名为 Weld_ Op#。如果用户愿意，可以修改默认名称。

3）在作用域下拉列表中可以选择操作树作为新焊接操作的父项，或通过单击操作树中的过程或操作选择。

如果在使用新建焊接操作选项之前已经选择了复合操作，那么该操作将自动插入为范围。

4）如果操作是外部 TCP，可选择外部 TCP 复选框。

5）在焊接列表框中，选择所选机器人的目标。可以通过在图形查看器或操作树中选择焊接位置来完成此操作。

在所需的焊接位置周围拖动选择框，可以在图形查看器中选择多个焊接位置。

6）单击向上和向下箭头，按照希望机器人执行焊接模拟的顺序，排列焊接列表框中的焊接位置。

7）要指定操作的更多详细信息，可单击按钮，新建焊接操作对话框被展开，如图 7-25 所示。

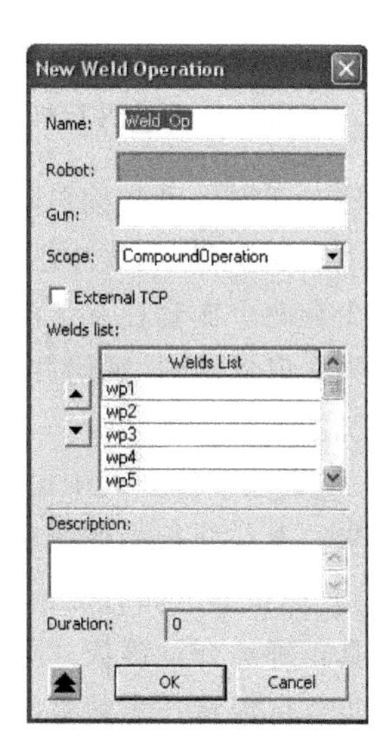

图 7-25 展开后的新建焊接操作对话框

8）如果需要，在描述选项中输入操作的描述。也可以不输入描述，如果在描述选项中输入描述，那么将出现在操作属性对话框中。在使用文本覆盖工具时，它也会以.avi电影文件中的文本标题显示。持续时间选项显示焊接操作的持续时间。用户不能修改这个选项。这是每个焊接位置操作的持续时间的组合。可以使用操作属性选项编辑单个焊接位置操作的持续时间。

9）单击确定按钮。一个新的焊接位置操作被创建并显示在操作树中。新操作自动设置为当前操作（如果当前操作尚不存在）。可以在序列编辑器的甘特图区域中看到组成焊接操作的各个焊接位置操作。

7.2.13 新建/编辑并行机器人操作

使用新建/编辑并行机器人操作选项可以将多个操作组合在一起，以便由双臂机器人或协作机器人执行。机器人可以使用的运动模式包括同步、异步、合作或负载共享。要新建/编辑并行机器人操作，可执行以下步骤：

1）选择操作选项卡→创建操作组→新操作→新建/编辑并行机器人操作选项，显示新建并行机器人操作对话框，如图7-26所示。

如果在启动新建/编辑并行机器人操作选项之前选择了现有的并行机器人操作，则会显示编辑并行机器人操作对话框，并显示选定的并行机器人操作的所有参数，如图7-27所示。

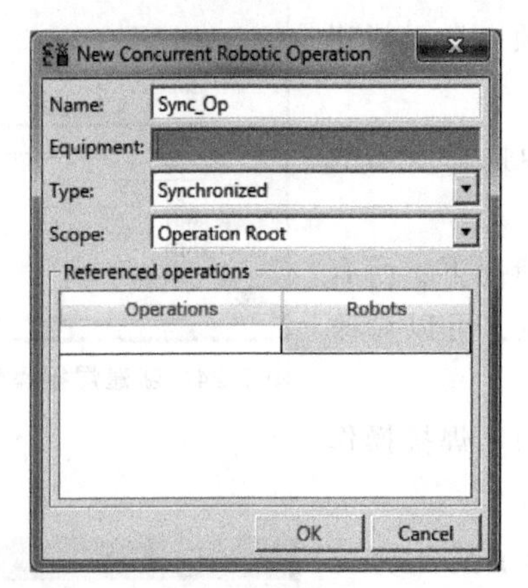

图7-26 新建并行机器人操作对话框

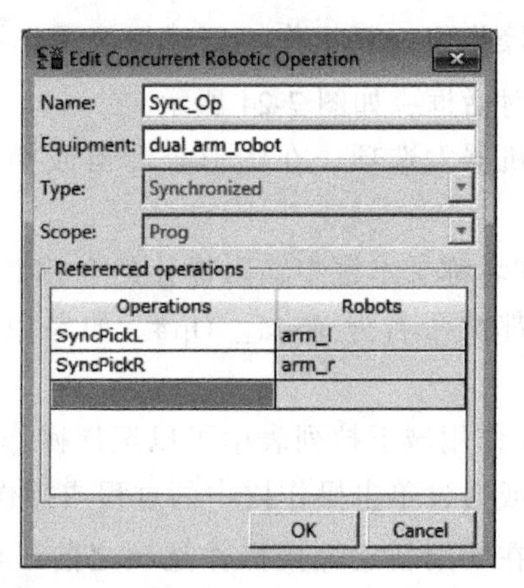

图7-27 编辑并行机器人操作对话框

在该对话框中可以编辑除类型和作用域之外的任何操作参数。

2）从设备下拉列表中选择要分配给新操作的机器人。机器人必须被定义为一个设备，并且至少有两个嵌套在其下的其他机器人。

如果在启动新建/编辑并行机器人操作选项之前预先选择了一个机器人，则此选项将显示所选机器人的名称。

3）从类型下拉列表中可选择以下运动模式：

同步：参与并行操作的所有机器人同时开始和结束每个操作段（它们都与最慢的机器人同步），但机器人路径之间没有几何约束。所有机器人路径必须具有相同数量的运动段才能使仿真正确运行。该模式可用于平行移动两个机器人手臂，以便同时触及一个零件。

异步：可以将任意数量的操作添加到任何机器人。所有机器人同时开始其初始操作，然后独立运行所有分配的操作，直到完成运行操作。

合作：参与并行操作的所有机器人同时开始和结束每个操作段，就像同步操作一样。然而，被定义为从属机器人的机器人的 TCP（工作点）也链接到主机器人的 TCP，并且除了遵循其自己的路径之外，从属机器人的 TCP 还跟踪主机器人的路径。一个机器人被定义为主机器人，而另一个机器人被定义为在主机器人坐标系中工作的从属机器人。所有机器人的路径必须具有相同数量的运动段才能使仿真正确运行。在这种模式下，机器人也同步。例如，主机器人可以携带一部分，而从属机器人跟踪主机器人，并在零件移动到其目的地时执行焊接。从属机器人决定运动约束，如速度和加速度。

负载共享：主机器人执行其程序，从属机器人跟踪主机器人的 TCPF（工作点坐标）。例如，两个机器人可能会将零件移动到一起。

4）在作用域下拉列表中将操作根设置为新操作的父级。

如果在使用新建/编辑并行机器人操作选项之前已经选择了复合操作，那么该操作将自动插入作用域。

5）在参考操作区域中按以下步骤操作：

① 如果将类型选项设置为同步，则参考操作区域如图 7-28 所示。

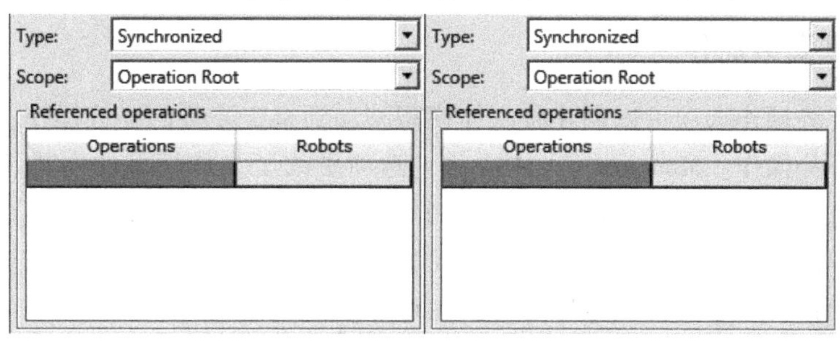

图 7-28　类型为同步时的参考操作区域

② 单击第一个操作单元并选择一个操作。相关的机器人单元格会自动显示分配给机器人设备后代的机器人的名称。重复此操作，直到选择了所有必需的操作。

③ 如果将类型选项设置为异步，则参考操作区域如图 7-29 所示。

④ 单击第一个操作单元并为所有机器人选择操作。相关的机器人单元格会自动显示分配给相关操作的机器人的名称。重复此操作，直到为所有机器人选择了所有必需的操作。选择操作后，单击右侧的箭头按钮设置操作的顺序。

⑤ 如果将类型选项设置为合作，则参考操作区域如图 7-30 所示。

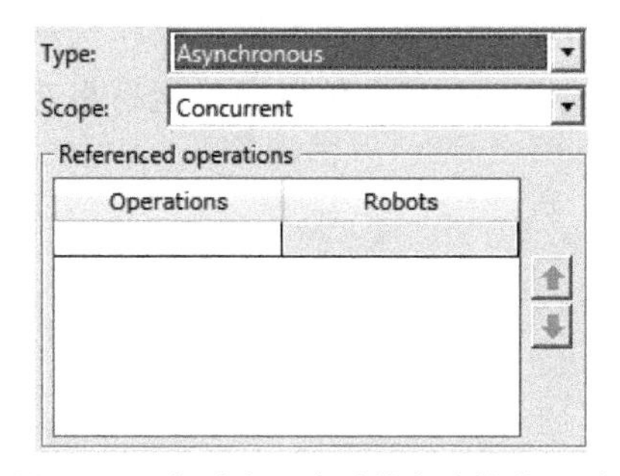

图 7-29　类型为异步时的参考操作区域

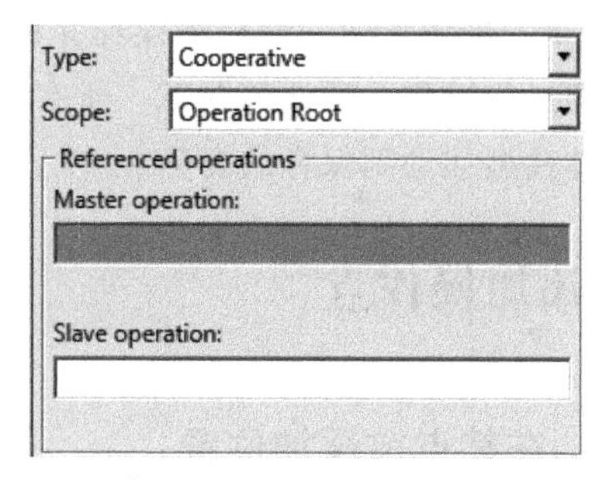

图 7-30　类型设置为合作时的参考操作区域

此时选择一个主操作，然后选择一个从操作。

⑥ 如果将类型选项设置为负载共享，则参考操作区域如图 7-31 所示。

此时选择一个主操作，然后选择一个从机器人。

6）单击确定按钮，保存新操作并关闭新建并行机器人操作对话框。新的并行机器人操作显示在操作树中，如图 7-32 所示。

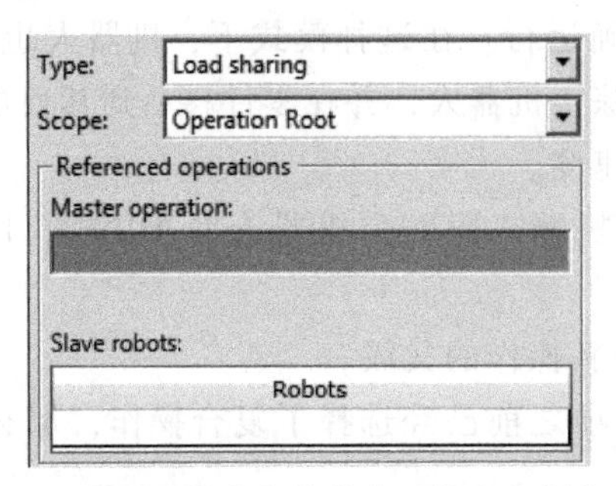

图 7-31　类型设置为负载共享时的参考操作区域

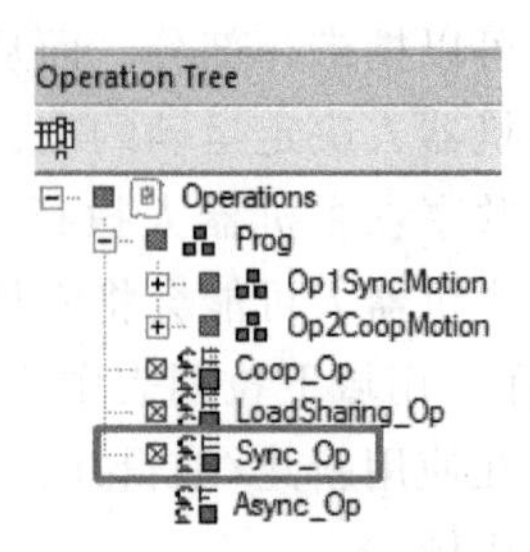

图 7-32　操作树

7）单击并行操作并访问关系查看器以查看所选并行操作的详细信息。

7.2.14　创建姿势操作

使用创建姿势操作选项可以创建将人体模型移动到指定姿势的姿势操作，可以随时将特定姿势保存为姿势操作。Man Jog（人体运动）选项更改了人体模型的姿势。将姿势保存为姿势操作可以将人体模型转换为特定姿势，例如，在执行任务时，将人体模型的姿势改变为假定工作环境中使用的姿势，这在设计人体模型的工作空间时特别有用。该模型旨在通过最大限度地减少操作员的疲劳和不适感来提高生产力。

要创建姿势操作，可执行以下步骤：

1）在图形查看器或对象树中选择要保存其姿势的人体模型。

2）选择人员选项卡→模拟组→创建姿势操作选项，或者选择操作选项卡→创建操作组→新操作→创建状态操作选项，显示操作作用域对话框，如图 7-33 所示。

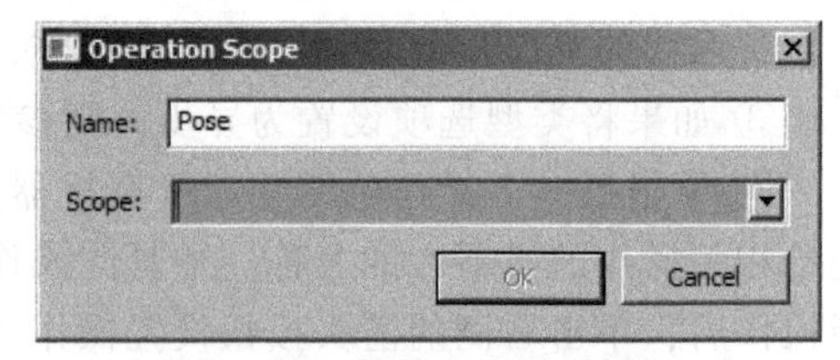

图 7-33　操作作用域对话框

3）在名称文本框中输入操作的名称。

4）从作用域下拉列表中选择父操作。

5）单击确定按钮，操作被保存并显示在序列编辑器和操作树中。可以使用操作选项卡中的选项运行操作。默认情况下，所有姿势操作都被命名为姿势。现在可以通过运行姿势操作将人体模型移动到保存的姿势。

7.3　添加操作点

7.3.1　在某点前添加位置

从焊接操作中删除最后一个焊接位置不会导致操作被删除。添加位置之前选项是一种路径编辑工具。使用该工具，可以在当前所选位置之前将路径位置添加到路径中，以避免碰撞。额外的过渡位置会使机器人改变其移动路径并避免碰撞区域。通常会在枪与零件之间，枪与机器人之间，零件与工作站夹具之间发生碰撞。通过添加额外的过渡位置，避免了碰撞，使机器人能够快速、高效地完成所有任务。

如果当前选择的是接缝位置，则在接缝结束之前创建新位置。要在某点添加位置，可执行以下步骤：

1）在图形查看器中选择要添加通过的位置。

2）选择操作选项卡→添加位置组→添加位置之前选项。在选定位置之前创建并添加经过点。机器人移动到该位置，并显示 Robot Jog（机器人运动）对话框，如图 7-34 所示。

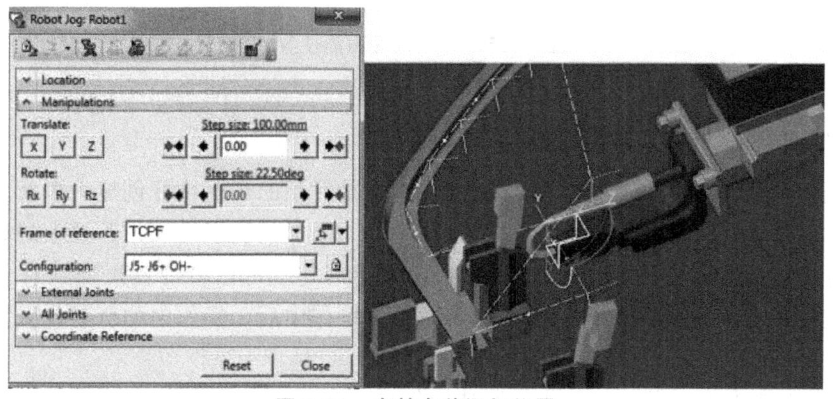

图 7-34　在某点前添加位置

3）使用机器人手动操纵器，通过在碰撞范围外移动 TCP 坐标系来微调位置。

4）如果对新位置感到满意，可单击关闭按钮。新通道位置在操作树的两个位置之间创建并显示。默认情况下，所有经过的位置都通过#（其中，#是用于创建唯一名称的递增符号）命名。

7.3.2　在某点后添加位置

添加位置后选项是一种路径编辑工具，使用该工具，可以在当前选定的位置之后将路径位置添加到路径中，以避免碰撞。额外的过渡位置会使机器人改变其移动路径并避免碰撞区域。通常会在枪与零件之间，枪与机器人之间，零件与工作站夹具之间发生碰撞。通过添加额外的过渡位置，避免了碰撞，使机器人能够快速、高效地完成所有任务。

如果当前选择的是接缝位置，则在接缝结束后创建新位置。要在某点后添加位置，可执行以下步骤：

1）在图形查看器中选择要添加通过的位置。

2）选择操作选项卡→添加位置组→添加位置之后选项，在选定的位置之后创建并添加经由点。机器人移动到该位置，并显示 Robot Jog（机器人运动）对话框，如图 7-35 所示。

3）使用机器人手动操纵器，通过在碰撞范围外移动 TCP 坐标系来微调位置。

4）如果对新位置感到满意，可单击关闭按钮。新通道位置在操作树的两个位置之间创建并显示。默认情况下，所有经过的位置都通过#（其中，#是用于创建唯一名称的递增符号）命名。

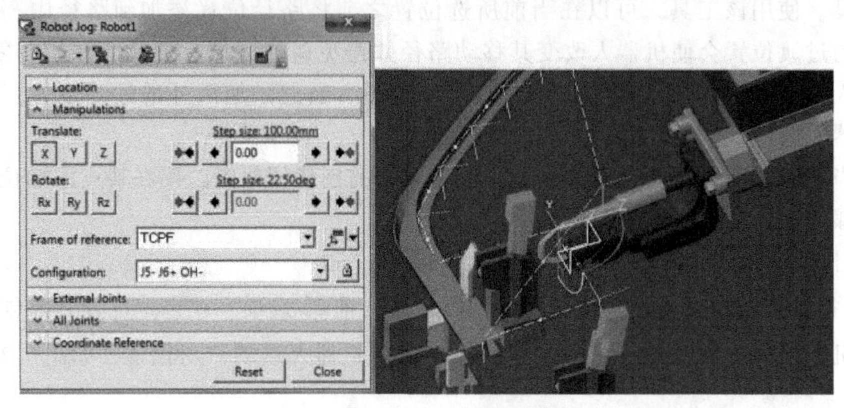

图 7-35　在某点后添加位置

7.3.3　添加当前位置

添加当前位置选项是一个路径编辑工具，能够在对象的当前位置创建一个新的位置。新位置将添加到当前操作路径中的最后一个位置之后。添加的位置始终是路径中的最后一个位置。要添加的位置在选定对象的 Grip 坐标系位置中创建。可以将位置添加到对象流操作中和所有类型的机器人操作中。将位置添加到对象流操作中后，操作中的所有位置都是对象流位置。要添加当前位置，可执行以下步骤：

1）在操作树中选择所需的操作。所选操作显示在图形查看器中。

2）将对象移至所需位置，然后选择操作选项卡→添加位置组→添加当前位置 选项，在选定对象的 Grip 坐标系中创建一个新位置，并将其添加到最后一个位置之后的路径中，并激活 Manipulate Location（操作位置）命令。

3）根据需要操作新位置。

7.3.4　通过选择添加位置

可由 PICK 命令添加多个位置，可以在选定位置后或在对象树中选择的定位操作之后，创建新的位置。

位置可以添加到对象流操作中和所有类型的机器人操作中。在对象流操作中，新位置会更改操作路径。添加之后，所有的位置都是对象流操作。在机器人操作中，新的位置会导致机器人绕过碰撞区域。

1. 通过挑选添加一个位置

1）在操作树中选择所需的对象流操作或任何机器人操作。所选操作显示在图形查看器中。

2）选择操作选项卡→添加位置组→按位置添加位置 选项，此时的鼠标指针形状为 。

3）单击两个位置之间现有路径上的任意位置，将创建一个新位置，将其添加到路径，并激活 Manipulate Location（操作位置）命令，效果如图 7-36 所示。

如果所选位置位于或接近现有路径，则新位置将在现有的路径上创建。如果所选位置不在现有路径附近，则按点选取位置选项的操作与添加当前位置选项的操作相同，并创建一个

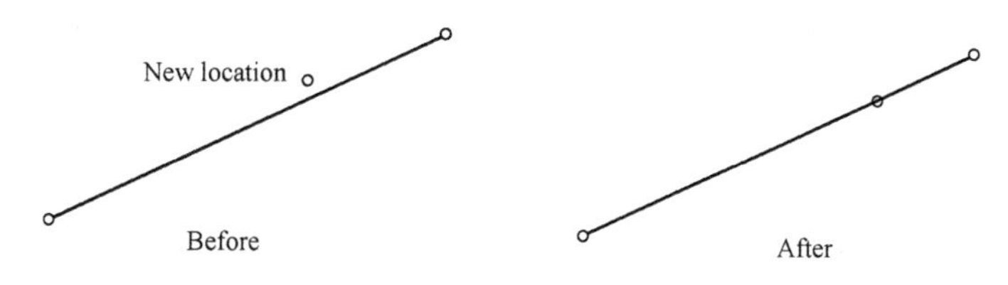

图 7-36　Manipulate Location 命令效果

新位置，该位置将添加到路径的末尾。也可以单击对象树中的一个坐标系来添加位置。在这种情况下，按位置添加位置选项的操作与添加当前位置选项的操作相同，并创建一个新位置，该位置将添加到路径末尾。

也可以在对象树中选择一个位置后，通过选取选项激活添加位置。使用该选项可在所选位置之后或接缝操作之后（如果所选位置是接缝位置）创建新位置。

4）根据需要操作新位置。

2. 通过选择添加多个位置

1）在操作树中选择所需的对象流操作或任何机器人操作，或者在对象树中选择一个位置。

2）选择操作选项卡→添加位置组→添加多个位置选项，此时的鼠标指针形状为。

3）在对象树中选择一个位置后，在图形查看器中再次单击以向路径添加新位置。

如果所选位置位于或接近现有路径，则新位置将在现有路径上创建。如果单击现有路径，则按位置添加多个位置选项的操作与添加当前位置选项的操作一样，并将新位置添加到路径末尾。

4）要停用该命令，可再次单击通过选择按钮添加多个位置图标或按<Esc>键。

7.3.5　以交互方式添加位置

交互添加位置选项是一种路径编辑工具，可以创建新位置并将新位置添加到对象流操作的中间位置。位置只能交互添加到对象流操作中。在对象流操作中，新添加的位置会更改对象的路径，并且对象流操作中的所有位置都是相同的。要以交互方式添加位置，可执行以下步骤：

1）在操作树中选择所需的对象流操作。所选操作显示在图形查看器中。

2）运行该操作，然后通过单击序列编辑器中的停止按钮■，将其停止在要添加新位置的位置。

3）选择操作选项卡→添加位置组→交互添加位置选项，在操作已停止且操作位置命令被激活的位置，路径中会添加新位置。

4）根据需要操作新位置。

7.4　路径编辑

7.4.1　操作位置

操作位置选项是一个路径编辑工具，可以使用放置操纵器工具操作选定位置。

1）选择所需的位置，然后选择操作选项卡→编辑路径组→操作位置选项，放置操纵器对话框如图 7-37 所示。

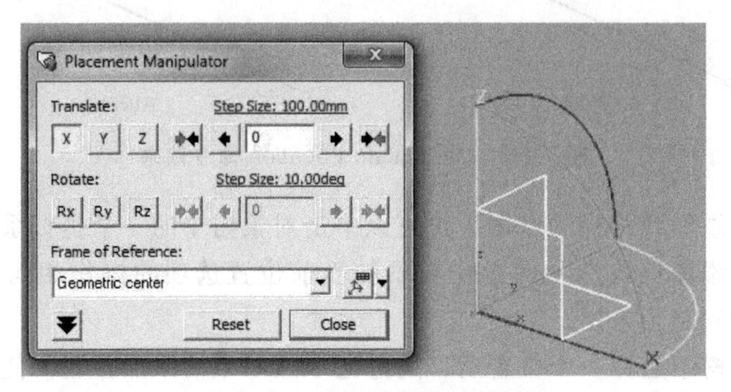

图 7-37　放置操纵器对话框

2）使用放置操纵器工具操作选定位置。

7.4.2　内插位置方向

使用内插位置方向选项可通过在两个参考位置之间进行插值来调整位置的方向。在选择两个参考位置和它们之间的一组位置之后，该选项相应地调整位置的方向。可以使用图形查看器或操作树来选择位置。内插位置方向对话框如图 7-38 所示。

如图 7-39 所示，路径中前两个位置之间的接近角度急剧转变，在第二个位置之后，不再需要调整接近角度。

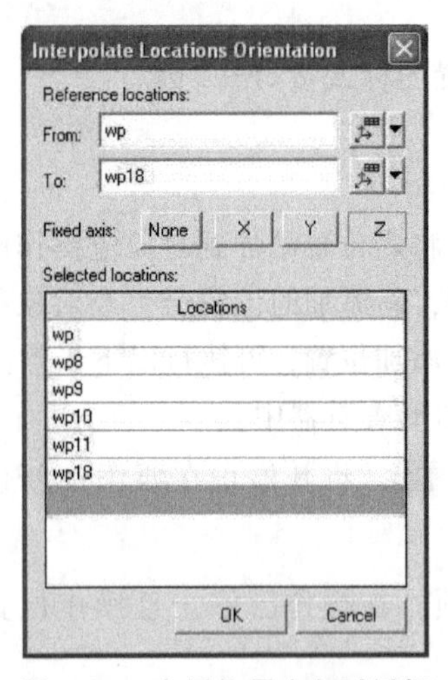

图 7-38　内插位置方向对话框

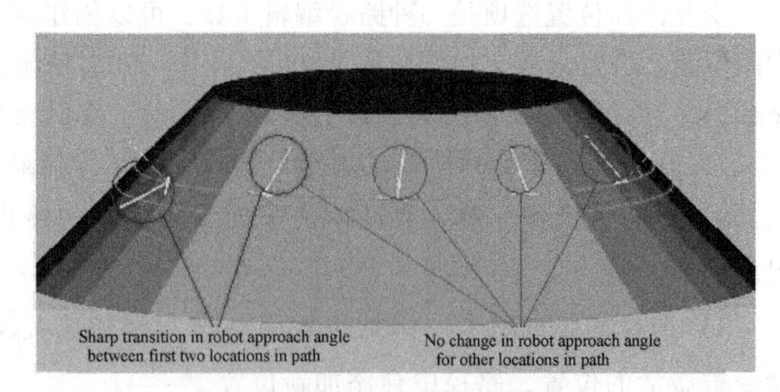

图 7-39　运行插补位置

执行内插位置方向选项后，进入的角度在转换路径中的所有位置之间平均分配。结果是机器人的平滑进场路径，如图 7-40 所示。

但是，对于焊缝和接缝位置，垂直线必须始终保持与投影位置的表面垂直。为确保在运行内插位置方向选项时出现这种情况，可以选择其中一个轴以保持固定。

要设置固定轴，可在内插位置方向对话框的固定轴区域中选择所需的轴。

注意：如果在选择的焊接选项卡中配置垂线以外的固定轴，那么系统会提示重新确认。

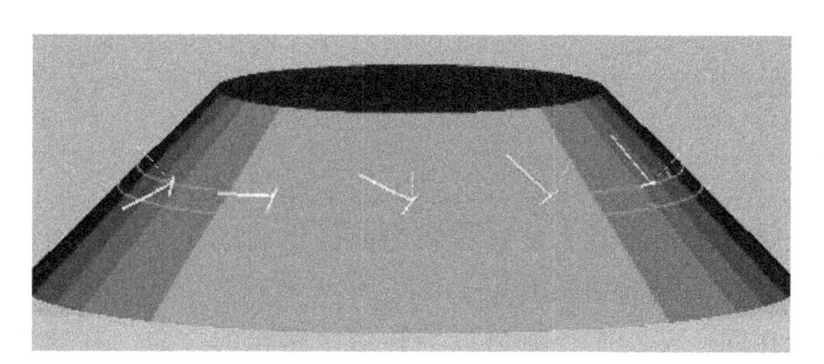

图 7-40　平滑进场路径

7.4.3　复制位置方向

使用复制位置方向选项，可通过复制参考位置的方向来调整位置的方向。可以选择一个或多个位置，然后选择一个参考位置，系统相应地调整位置的方向。可以使用图形查看器或操作树来选择位置。复制位置方向对话框如图 7-41 所示。

7.4.4　对齐位置

使用对齐位置选项可以将多个焊接位置的方向与另一参考焊接位置对齐，同时保持垂直轴与表面垂直。对齐对于确定所有位置的均匀焊接方向是有用的。要对齐位置，可执行以下步骤：

1）在图形查看器或操作树中选择一个或多个焊接位置。

2）选择操作选项卡→编辑路径组→对齐位置选项，显示对齐位置对话框，并在选定位置列表框中显示所选位置，如图 7-42 所示。

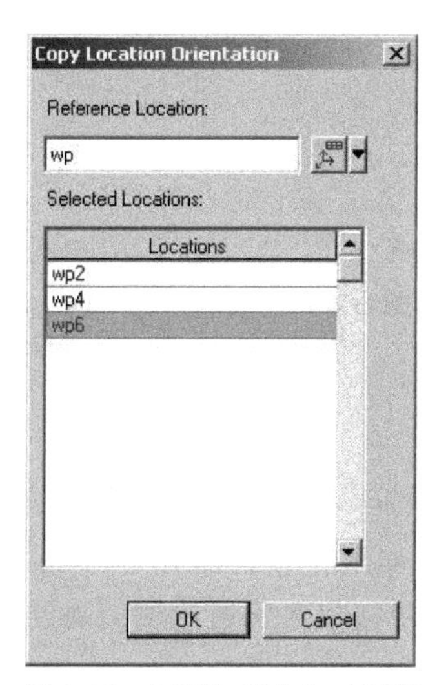

图 7-41　复制位置方向对话框

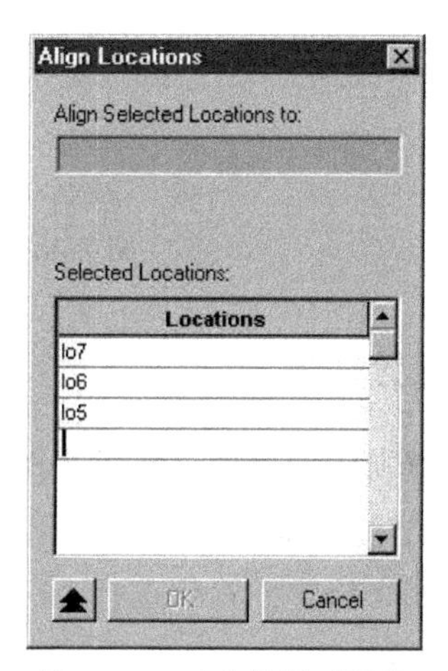

图 7-42　对齐位置对话框

3）选择对齐选定的位置以将其激活。

4）在图形查看器或操作树中选择一个参考位置，将所选位置对齐到该参考位置（在图形查看器中选择对象时，鼠标指针变为 + 形状）。参考位置的名称显示在对齐选定位置到选项中。

5）单击确定按钮，所选位置仅与垂直轴上的参考位置对齐。

7.4.5 反向操作

反向操作选项是路径编辑工具，能够扭转当前操作的路径的方向。当要查看程序集中组件的组装和反汇编路径时，此选项很有用。

如果它们都嵌套在同一父级下，则可以反转多个路径的方向。在这种情况下，所选路径中的所有位置都被视为单个路径。反转路径位置时，需要相应地反转运动类型参数。

可以为所有机器人操作反转所选路径的方向。要进行反向操作，可执行以下步骤：

1）在操作树中选择所需的操作（可以选择任何一种或多种支持的操作类型）。所选操作显示在图形查看器中。

2）选择操作选项卡→编辑路径组→反向操作选项，可使操作路径的方向反向。沿着路径的箭头改变方向，可指示操作路径的方向。在连续机器人操作中翻转路径时，所有操作位置（在接缝和过渡位置内）都被视为单一路径。

也可以扭转特定的接缝（选择接缝并执行反向操作选项）。反向路径时，OLP（离线编程）命令不受影响。必要时可手动调整方向。反向操作前后效果如图 7-43 所示。

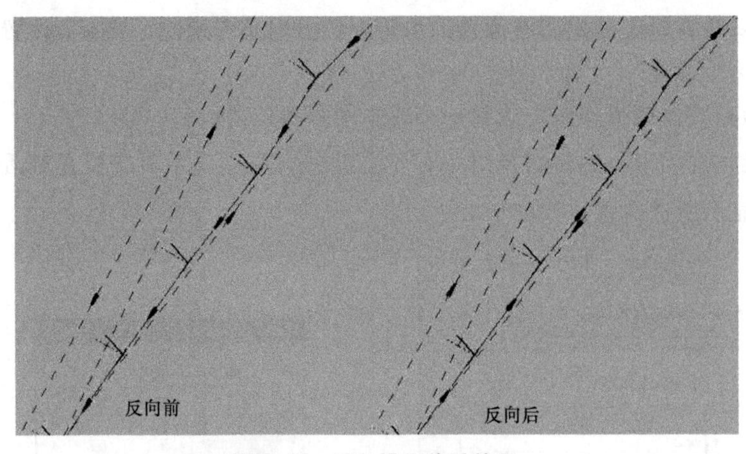

图 7-43 反向操作前后效果

7.4.6 转移位置后退

在路径中选择所需的位置，然后选择操作选项卡→编辑路径组→移动位置后退选项，路径上位置的顺序根据所选位置而变化。例如，如果在包含路径编号 loc1、loc2、loc3 和 loc4 的路径上有四个位置，然后选择 loc3 并执行转移位置后退选项，则位置顺序将更改为 loc1、loc3、loc2 和 loc4。

7.4.7 转移位置前进

在路径中选择所需的位置，然后选择操作选项卡→编辑路径组→移动位置前进选项，路径上位置的顺序根据所选位置而变化。例如，如果在包含路径编号 loc1、loc2、loc3 和

loc4 的路径上有四个位置，然后选择 loc2 并执行转移位置前进选项，则位置顺序将更改为 loc1、loc3、loc2 和 loc4。

7.4.8　翻转位置

使用翻转位置选项，可以在焊接位置的表面旋转 180°。接近轴在选项对话框的焊接选项卡中定义。也可以翻转实体上的焊接位置并指定翻转中包含的零件。翻转位置如图 7-44 所示。

要在表面上翻转接缝位置，可执行以下操作：

选择要翻转的接缝位置，然后选择操作选项卡→编辑路径组→翻转位置选项，选定的接缝位置沿其接近轴翻转。

要在实体上翻转焊接位置，可执行以下步骤：

1）选择要翻转的焊接位置，然后选择操作选项卡→编辑路径组→在实体上翻转位置选项，翻转焊接位置对话框出现，如图 7-45 所示。

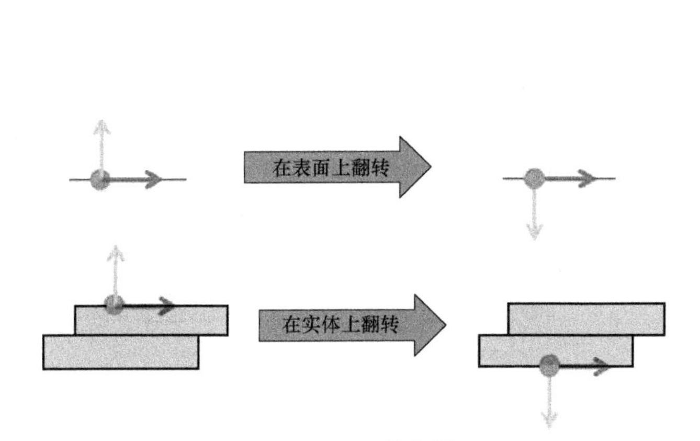

图 7-44　翻转位置

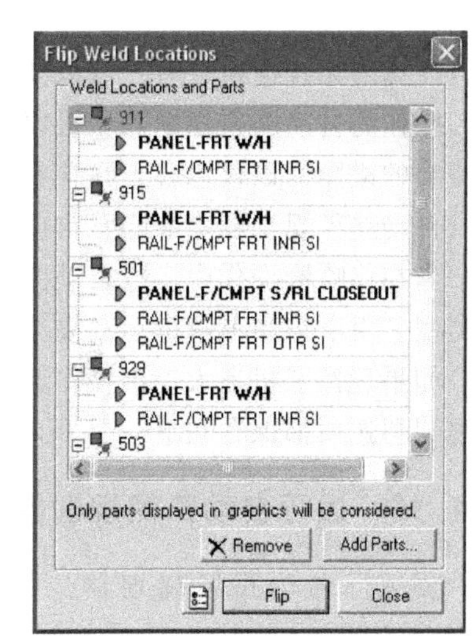

图 7-45　翻转焊接位置对话框

2）焊接位置和零件清单显示选定的焊接位置及其相关零件。要从焊接位置移除零件，可选择它们并单击移除按钮，由于焊接点投影、焊接位置附加在零件上，因此粗体显示的零件不能直接从列表中移除。要移除这样的零件，首先要翻转焊接位置以将其连接到另一个零件，然后移除粗体显示的零件。

要将零件添加到焊接位置，可在翻转焊接位置对话框中选择一个焊接位置，然后单击添加零件按钮，显示添加零件对话框，如图 7-46 所示。

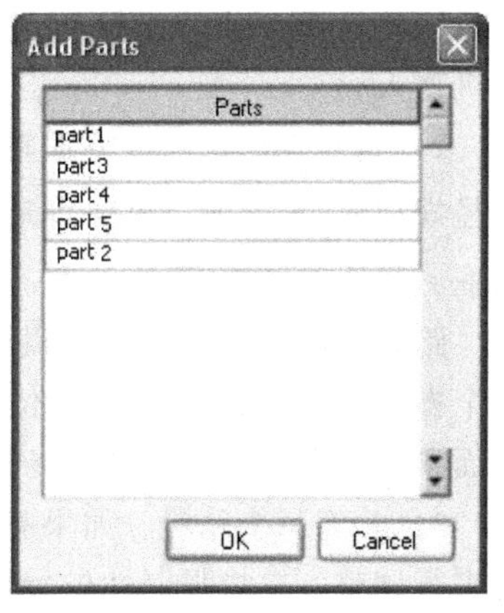

图 7-46　添加零件对话框

从图形查看器中选择零件或者选择要添加到焊接位置的树，单击确定按钮，零件被添加到选定的焊接位置下。

3）单击翻转焊接位置对话框中的翻转焊接位置，选定的焊接位置围绕它们的接近轴翻转，并沿着它们的垂直轴翻转到零件的另一侧。系统使用选项对话框的焊接选项卡中定义的方向标准翻转焊接位置。当在实体上执行翻转操作时，系统还使用部分之间允许的间隙参数来定义位置将被翻转的零件组。单击按钮可显示选项对话框并编辑这些设置。

7.4.9 自动计算和创建最佳无碰撞路径

在计算最佳路径时，自动路径规划器可以添加或删除经过位置，但每个运动段的第一个和最后一个位置保持不变。即使 OLP（离线编程）命令的位置已被移除，OLP 命令也会保留，并且包括附加、分离、抓取、释放 OLP 命令的位置会自动标记为固定。附件更改应在路径规划期间考虑在内，从而计算无碰撞路径。无碰撞意味着系统根据激活的碰撞集合执行自动路径规划器计算。

该自动路径规划的位置称为分段。每个分段包含固定的开始位置和结束位置，并可能包含中间的非固定位置。对于每个分段，自动路径规划器都会计划一条无碰撞路径，然后优化。

计算出无碰撞路径后，可以使用手动工具来微调最终结果。用于装配和拆卸过程以及机器人操作的自动路径规划器，可以使用现有的通道位置来指导解决方案所需的方向。可以定义特定的碰撞集以仅包含正在检查的相关对象。碰撞检测仅适用于显示的对象，因此可以在运行自动路径规划器之前隐藏与碰撞检测无关的对象。

当在仅喷枪操作中运行自动路径规划器时，系统根据工作坐标系确定喷枪移动的对象流动类型。由于将当前喷枪运动姿势用作参考，因此建议将喷枪姿势设置为打开。

如果选择了机器人焊接操作和人体焊接操作，则自动路径规划器将被禁用。所有自动路径规划器选项都保存在下一个 Process Simulate 会话中。

7.4.10 运行自动路径规划器

要运行自动路径规划器，可执行以下步骤：

1）从操作树中选择要运行自动路径规划器的对象流操作或焊接操作（其中指定了一个机器人）。

2）选择操作选项卡→编辑路径组→自动路径规划器选项，出现自动路径计划器对话框，如图 7-47 所示。

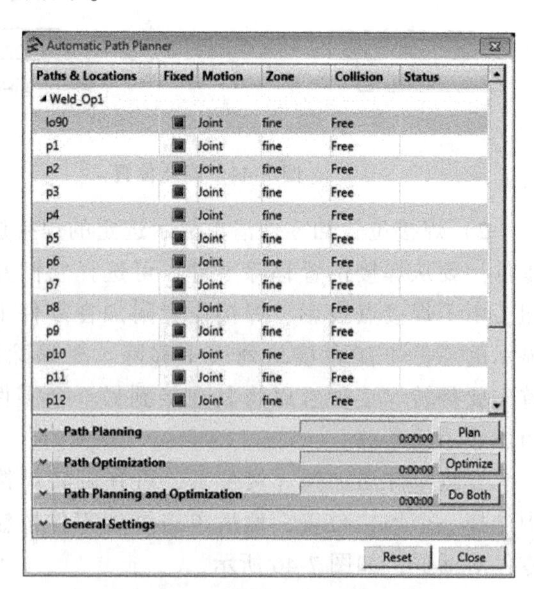

图 7-47 自动路径计划器对话框

路径和位置列显示选定操作的层次结构，每个操作的过渡位置和焊接位置都嵌套在其下面。对于多个操作，可以展开或折叠位置。

3）检查每个路径，如果有碰撞行为则及时进行调整。一些强制性位置默认是固定的，不能更改，如焊接位置，以及操作的第一个和最后一个位置。在计算无碰撞路径时，自动路径规划器会删除可选的通过路径（并用新的通过路径替换它们），但保留强制性位置。

一组非固定位置（默认包含操作中的所有通过路径）用于在路径规划过程中作为引导位置。自动路径规划器尝试在环境约束条件下尽可能在非固定位置附近建立新路径。

自我碰撞指机器人与其安装工具之间的碰撞，目前没有定义碰撞设置。自动路径规划器通过考虑除最后两个之外的所有机器人的运动学链路来计算自我碰撞，并检查它们是否附着在机器人上（例如焊枪）。

操作开始位置和结束位置（或操作中的每个分段，如果分段已定义），以及所有的流程和焊接位置都是强制性的。它们是灰色的，用户不能改变它们。

对于由于工作工具更改、工具坐标系更改或使用 Mount/Unmount OLP（连接/取消连接离线编程）选项而导致 TCP 坐标系发生更改的操作，可以使用自动路径规划器。在这些情况下，TCP 位置被锁定，以便与自动路径规划器配合使用。

如果更改是由于更换工具或更换工具坐标系引起的，插入两个固定位置（开始位置和结束位置）之间的新创建的位置使用结束位置的 TCP 坐标系。如果更改是由于使用 OLP 命令引起的，则使用开始位置的 TCP 坐标系（喷枪尚未安装）。

4）当自动路径规划器创建新的通过路径时，会根据添加它们的分段的运动模式来分配其运动类型（联合或线性）。分段的运动模式在运动模式列中定义，位于分段的目标位置旁边。要更改运动模式值，可使用鼠标右击一个或多个选定位置，然后从上下文菜单中选择所需值，由自动路径规划器添加。自动路径规划如图 7-48 所示。

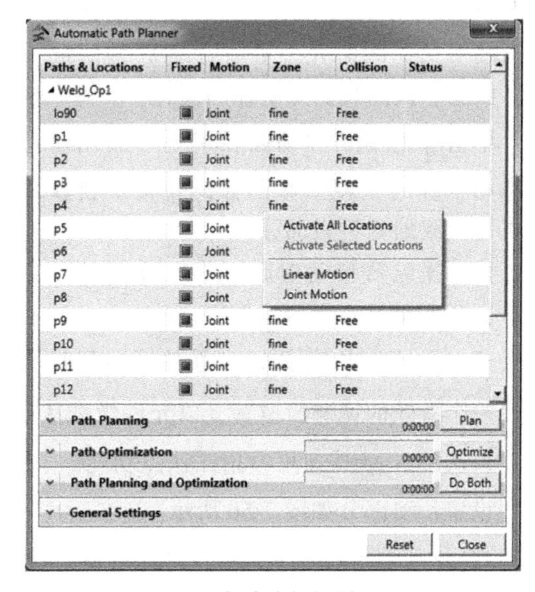

图 7-48　自动路径规划（一）

分段目标位置的运动类型不受此操作的影响。

运动栏仅可用于焊接操作。位置的运动类型显示在路径编辑器中。

5）默认情况下，自动路径规划器在完成操作时运行。如果希望调查路径的特定部分，则可以选择要运行自动路径规划器的特定分段（两个或多个位置的集合）。

① 选择希望运行自动路径规划器的分段。

② 使用鼠标右击选定的位置，并选择激活选定的位置选项。设置为活动的范围将突出显示，其他范围将显示为灰色。自动路径规划器将每个分段的第一个和最终位置设置为强制性（如果可选）。当运行自动路径规划器时，它只会检查选定的分段。

③ 使用鼠标右击任意位置，然后选择激活所有位置选项。当运行自动路径规划器时，它会检查完整的操作。

6）确定自动路径规划算法的精确度。精确度提供了无碰撞的最终结果，但它增加了计算时间。

① 如果分段由于碰撞而无效，则自动路径规划器会计算包含碰撞位置的路径。对于碰

撞位置，算法会找到最接近的无碰撞位置，并计算从该无碰撞位置开始的路径。最终路径包括碰撞位置和相应的无碰撞位置。

② 当允许碰撞固定位置被选中，自动路径规划器会试图找到附近的第一个无碰撞的位置。

③ 也可以通过创建配置 Create Section Volume（新建选项）来限制自动路径规划算法。如图 7-49 所示。

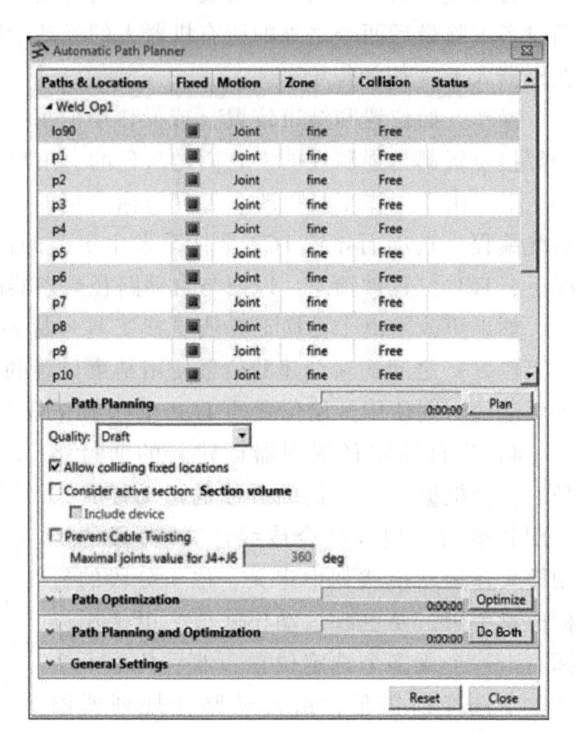

图 7-49　自动路径规划（二）

当考虑设置活动部分时，如果希望只包含机器人/设备在部分体积内的碰撞，则可以设置包含设备；如果希望在部分体积内部和外部包含机器人/设备的碰撞，那么需要清除此选项。

④ 对于对象流操作，路径规划部分显示磁铁点选项，以在解决方案非常复杂的情况下发现无障碍路径。更新显示复选框会自动激活，此时允许查看计划算法的进度，因为它试图找到无碰撞的路径。

单击按钮，自动路径规划器会创建要移动零件的重复重影图像，并将重新放置机器人附加到重影部分。

使用操纵器移动虚影部分（连同实际部分）以帮助发现无碰撞路径。

可以通过单击按钮将零件返回到其最后一个有效的无碰撞位置，以允许尝试从最后一个位置进行选择。

再次单击按钮可停用磁铁点功能。

设置活动部分如图 7-50 所示。

7）按计划在路径规划部分计算无碰撞路径。在第一次迭代中，自动路径规划器标识移动对象（或机器人）与组件碰撞的强制位置，并在状态列中使用图标标记它们。要标识分配的机器人无法到达的位置，可在状态列中使用图标标记它们。要标识移动对象（或机器人）与活动部分卷相碰撞的位置，可在状态列中使用图标标记它们。

如果检测到有问题的位置，则发出警告，如图 7-51 所示。

单击详细信息按钮可以查看违规位置，然后单击继续按钮可以继续计算。如果单击继续按钮，则自动路径规划器不会执行有问题的操作的分段，但会执行具有 OLP 命令的非固定位置的分段，然后将这些通过位置与相应的 OLP 命令一起删除。

在第二次迭代中，自动路径规划器计算选定操作中每对固定位置的无碰撞路径。

单击成功计算的图标✓标记对的第二个位置，必要时删除可选位置，添加地点。图 7-52 所示为碰撞被移除之前和之后的路径。

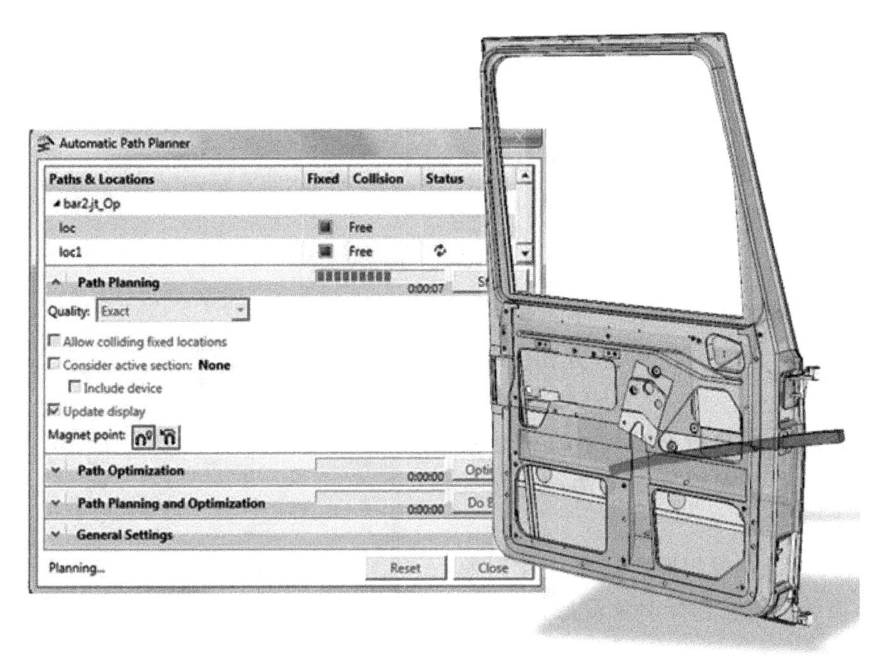

图 7-50　设置活动部分

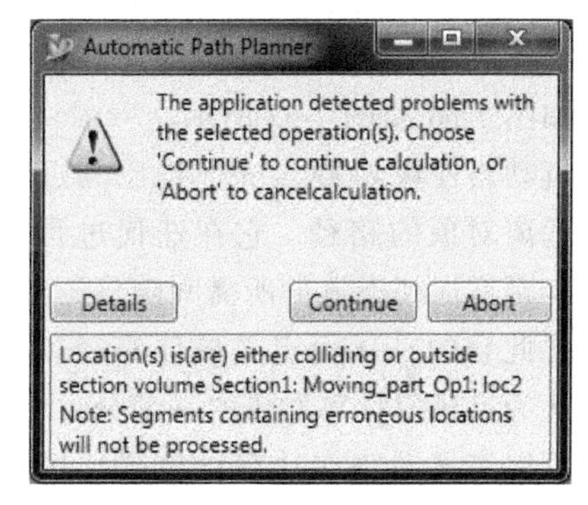

图 7-51　警告

为连续操作执行路径规划时，自动路径规划器不会更改接缝。它只通过位置添加以确保接缝之间没有碰撞。当前分段的计算进度显示在自动路径规划器的进度栏中，如图 7-53 所示。

8）如果希望在运行时停止自动路径规划器，可单击停止按钮，如图 7-54 所示。当前计算的状态用图标标记。再次单击计划按钮可以恢复当前计算。如果希望跳过特定分段的计算，可在计算过程中使用鼠标右击相应位置，然后选择跳过分段。

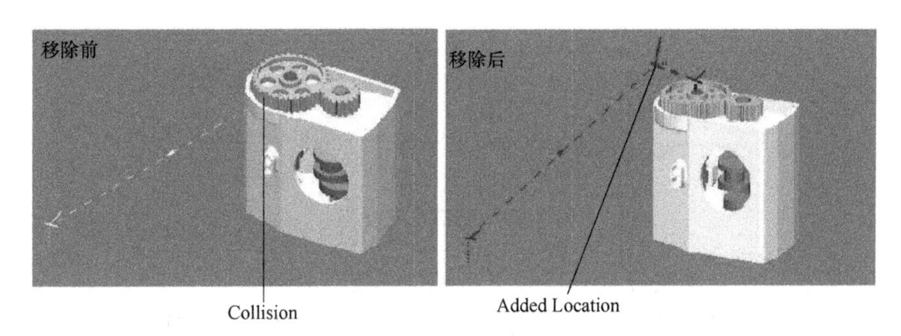

图 7-52　碰撞被移除之前和之后的路径

9）选择防止电缆扭曲复选框，可使系统确保 J4+J6 的绝对总和小于用户指定的值（默认值为 360°）。

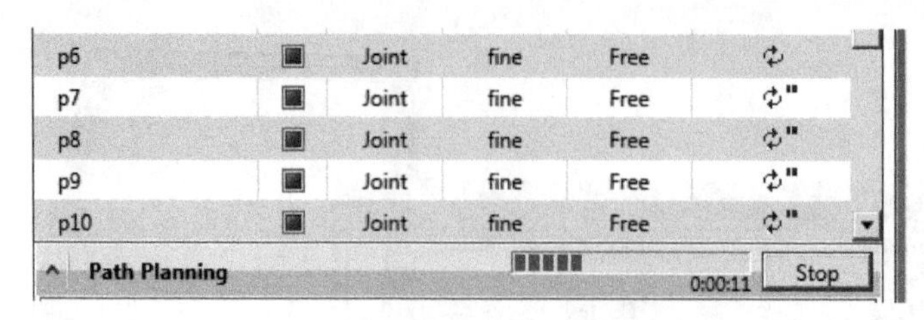

图 7-53　连续操作执行路径规划

自动路径规划器通过搜索没有奇点的机器人路径来避免奇异性。它找到 J5 超出±5°的解决方案。

10）打开路径优化折叠选项：在优化对象流操作时，自动路径规划器提供两种优化类型选择。

① 距离：尝试在规划路径时最小化对象行进的距离。该选项仅在选择对象流操作时显示，如图 7-55 所示。

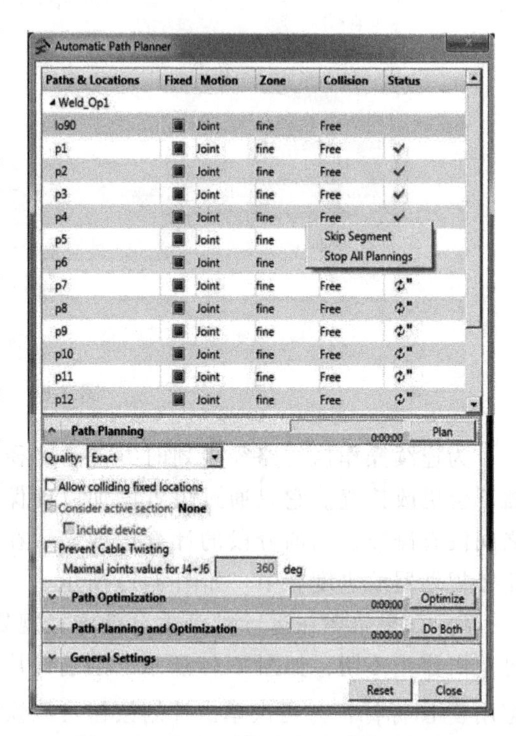

图 7-54　运行时停止自动路径规划器

在质量选项中，可选择快速或精确选项。

② 期望的间隙：试图在障碍物之间通过时集中物体所经过的路径期望的间隙优化类型和效果如图 7-56 和图 7-57 所示。

自动路径规划器尝试查找比其近似未命中值更远离对象的路径。它在迭代过程中通过将间隙步距增加到设置的所需间隙值（如果可能）来实现此目的，从而定义最佳路径。该间隙区域被认为是碰撞计算对象的一部分。

可以定义围绕在动态对象缓冲区自动路径规划。如果可能的话，路径确保围绕在移动物体缓冲区的期望间隙，不接触或进入静态物体周围的间隙区域。

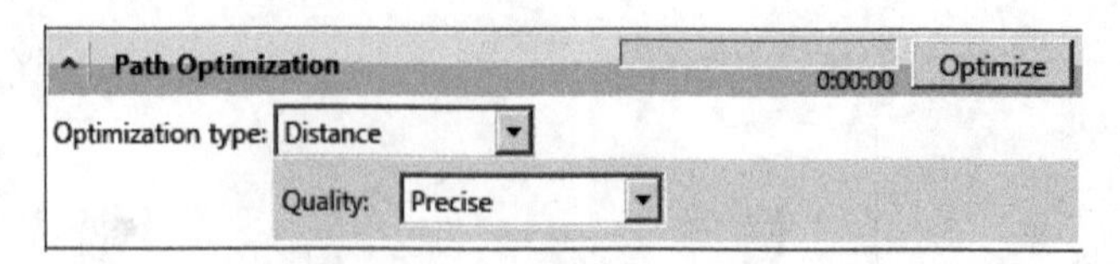

图 7-55　距离优化类型

优化焊接操作时，自动路径规划器提供三种优化类型选择：

① 关节调试：尝试在规划路径时最小化关节行进的距离。该选项仅在选择焊接操作时显示，如图 7-58 所示。

在质量选项中，选择精确选项可以为更高的精度添加更多位置，也可以选择快速选项以使用更少的位置。快速选项不太精确，但确保了更快的性能。激活快速选项时，系统会缩

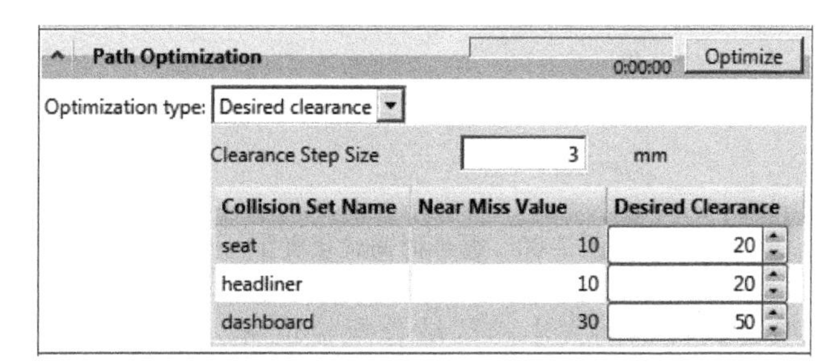

图 7-56　期望的间隙优化类型

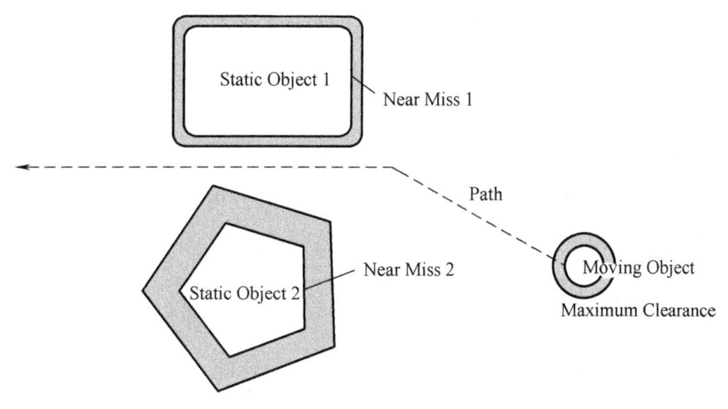

图 7-57　期望的间隙效果

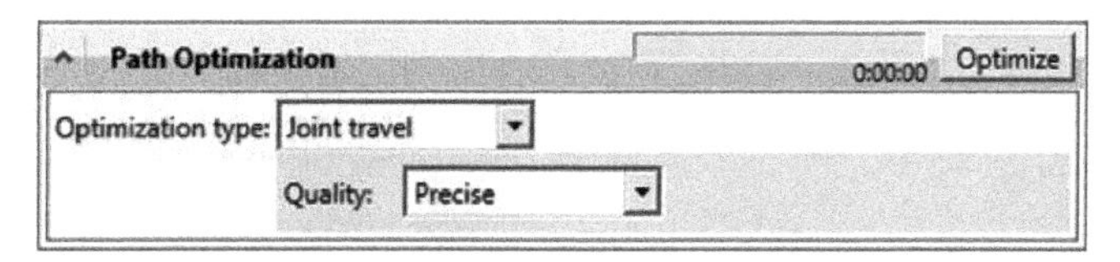

图 7-58　关节运动优化类型

短路径的长度，但增加了更多的中间位置，以适应障碍物的形状，如图 7-59 所示。

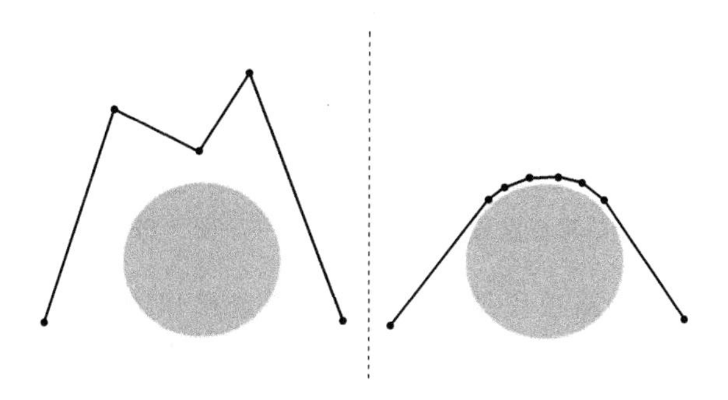

图 7-59　激活快速选项时的优化过程

② 期望间隙：试图在障碍物之间通过时集中物体所经过的路径。

③ 循环时间：指示系统在规划路径时使用时间优化，如图 7-60 所示。

循环时间优化类型又具有以下两种选项：

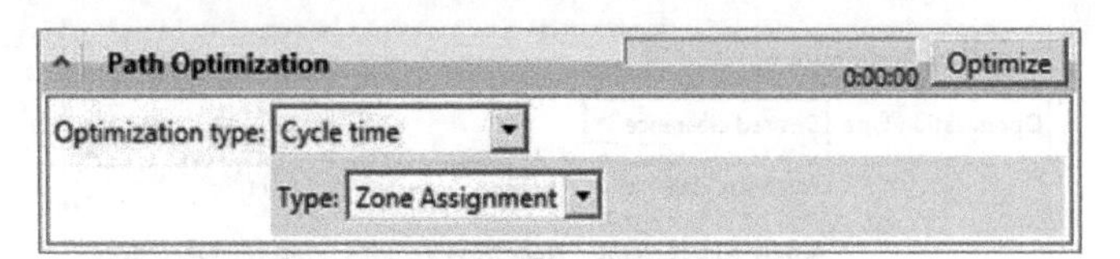

图 7-60　循环时间优化类型

区域分配：该选项尝试将不同大小的区域分配给位置，但不添加、删除或操作路径位置，还尝试缩短已无碰撞路径的周期时间。区域分配过程通常比完全优化运行速度快得多，并且消耗更少的系统资源。

全部：通过添加、移除和操作位置并分配各种大小的区域来优化路径周期时间。这个优化过程会在后台执行许多模拟（通常使用 RCS）。此过程可能非常耗时且优化的速度取决于与 RCS 服务器的连接质量。

11）如果希望放弃自动路径规划器的结果并恢复到初始路径配置，可单击重置按钮。

如果希望在一体化流程中执行路径规划和路径优化，可在路径规划和优化选项中单击执行这两个操作按钮，也可以先单击计划按钮，然后优化。

7.4.11　配置自动路径规划器常规设置

1）在自动路径规划器中展开常规设置选项。对于分配了机器人的操作，常规设置如图 7-61 所示。

对于对象流操作，常规设置如图 7-62 所示。

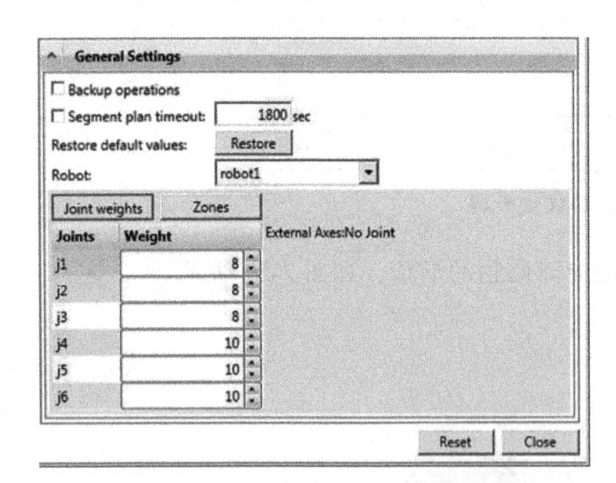

图 7-61　分配了机器人操作的常规设置

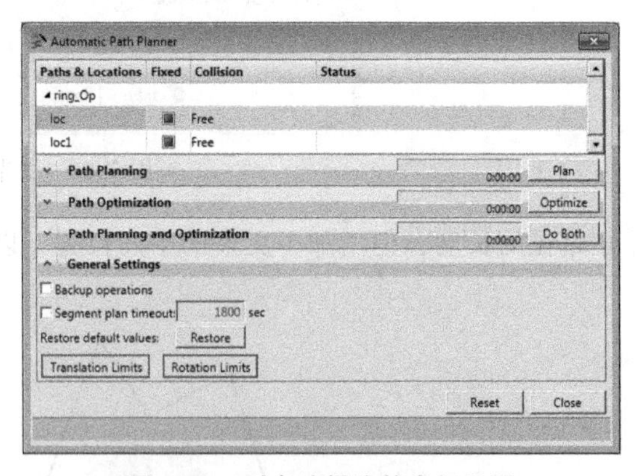

图 7-62　对象流操作的常规设置

2）如果希望在运行自动路径规划器之前创建所选操作的备份，可选择备份操作复选框。备份操作名格式为<原始_ 名称> _ backup，位于原始操作旁边。

重置不会恢复备份的操作。

3）如果希望为计算路径的每个分段设置时间限制，可设置分段计划超时时间。如果系统在这段时间结束时尚未对当前分段进行优化，则会放弃该分段并转到下一个分段。默认情况下，此设置未激活。检查分段计划超时，启用默认时间为 1800s，然后可以根据需要设置超时。

4）如果不满意，可单击还原按钮；如果完成，可单击关闭按钮。

5）从机器人下拉列表中选择想要配置关节的机器人。下拉列表显示分配给自动路径规划器中选择的操作的机器人。

6）将相对权重分配给所选机器人的关节。

关节权重选项还显示外部关节，并可以为它们配置相对权重。

这会导致自动路径规划器为较高的相对权重（0~10 之间的值）移动关节分配更高的优先级。例如，当工作流程需要在拥挤的环境中访问焊接点时，可以将较高的相对权重分配给机器人关节旋转焊枪。这会导致自动路径规划器在移动机器人手臂的相对权重较低的关节上进行选择，由此产生的路径更有可能避免在禁区内发生碰撞。

7）单击区域按钮。关节权重选项如图 7-63 所示。

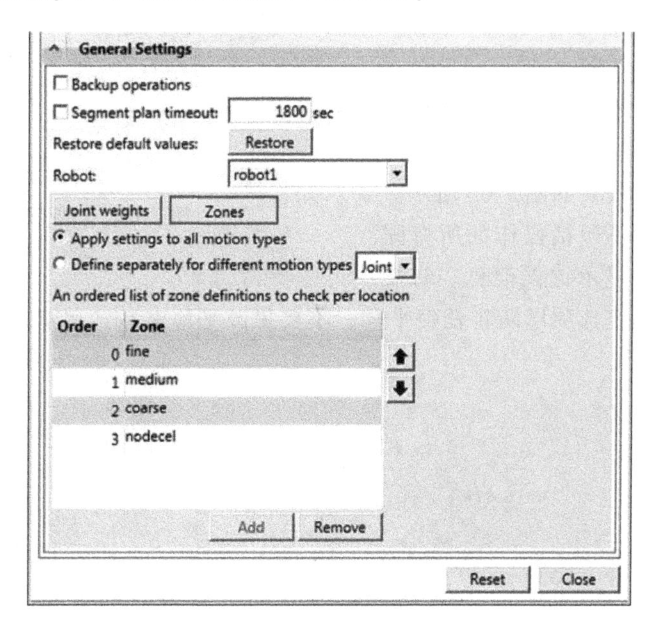

图 7-63　关节权重选项

8）接着选择以下选项之一：

将设置应用于所有运动类型：要添加的区域定义与线性运动和关节运动都有关。

分别为不同的运动类型定义：从下拉列表中选择运动类型（线性或关节），并为指定的运动类型添加区域定义。

9）添加区域定义：单击添加按钮，一个新行出现一个新的区域定义，从区域下拉列表中选择希望添加的区域定义即可。

10）如果有必要，可从区域列表中选择区域定义，然后单击移除按钮将其删除。

在区域列表中，第一个区域必须对应于“良好”区域。所有较大的区域必须按升序列出（从小到大）。列表中区域的数量影响计算时间。建议最多将四个区域添加到列表中。

下面介绍周期时间优化时需要重点考虑的因素。

当使用默认控制器时，循环时间优化过程在后台模拟，使用机器人特定控制器或 Process Simulate 引擎。对于这些模拟，系统使用当前的模拟时间间隔设置。为了创建无碰撞路径，有必要在执行计算之前调整模拟时间间隔和动态渗透值。

由于 Process Simulate 在后台执行，与关节优化相比，循环时间执行优化的持续时间通常较长。

11）对于对象流操作，可以在操作中的所有固定位置配置模拟零件的平移和旋转限制，如图 7-64 所示。

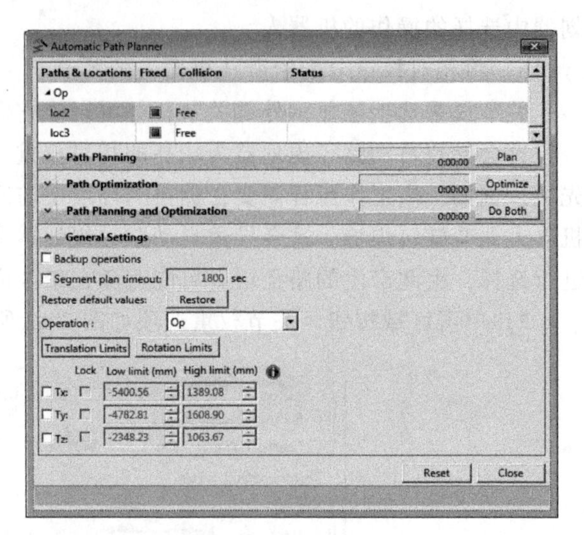

图 7-64　对象流操作

平移限制可以限制移动部分的范围。配置后，所有创建的位置都位于设置的平移限制内。当运动零件位于操作的第一个位置时，平移限制与操作的抓握坐标系有关，这意味着起始位置的 X、Y 和 Z 值为 0，0，0。X、Y 和 Z 轴的定位方式与第一个位置的抓握坐标系相同。

可以在 X 轴、Y 轴和 Z 轴上定义平移限制：检查 Tx 并配置下限和上限转换值。系统显示平移限制，效果如图 7-65 所示。

如果定义的限制不包括操作的所有固定位置，那么系统将显示错误消息。修复限制并继续，设置锁定选项以防止任何平移，不要更改平移参数。单击旋转限制按钮，显示的选项如图 7-66 所示。

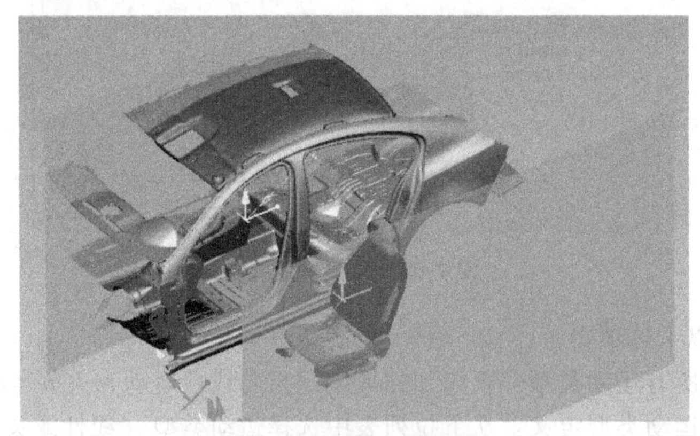
图 7-65　平移限制效果

所有旋转值都与操作中第一个位置的旋转状态有关。为每个旋转平面执行以下操作：检查 Rx 并配置下限和上限旋转值；单击预览按钮查看旋转效果，如图 7-67 所示。

设置锁定选项以防止旋转。不要更改旋转参数以防止任何旋转。

7.4.12　镜像

镜像命令可创建现有操作的镜像操作。

镜像命令可以为镜像反转指定一个平面，然后查找或创建属于源操作的对象（资源、焊接点、Mfg 和操作）的镜像等价物。可以搜索已存在于镜像位置的对象，并且如果有必要，可以在镜像位置创建新对象。

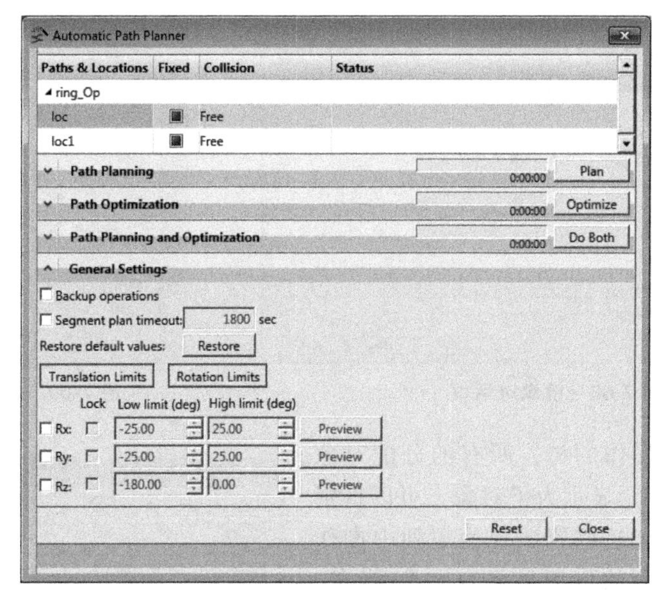

图 7-66　旋转限制选项

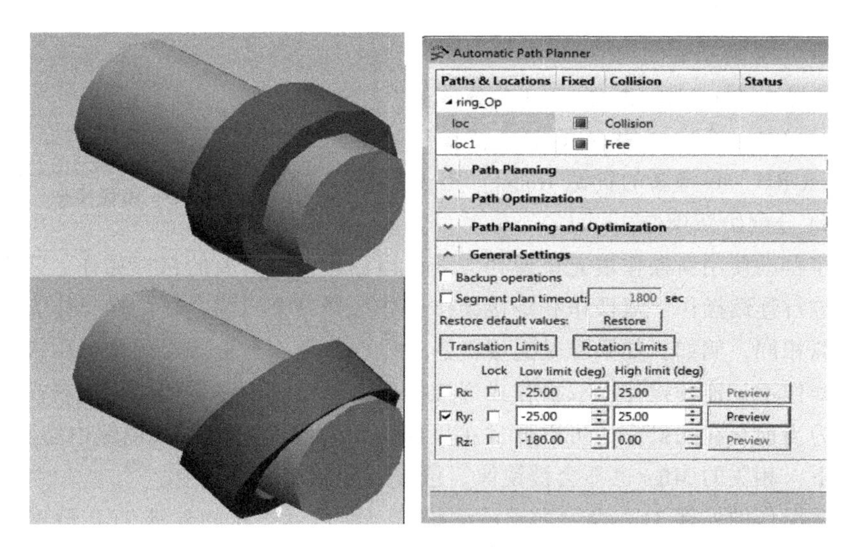

图 7-67　查看旋转效果

对于焊接点，可以搜索 Mfg 库中的对象以及已经加载到当前研究中的对象。对于资源，可以搜索当前的研究。

无法搜索及创建零件或资源（工厂、生产线、区域或工位资源），但是可以从研究中选择现有零件或资源以包含在镜像操作中，即使它们是相同的资源，对象或零件用于源操作。同样，无法为 Human（人因）资源、Twin（孪生）资源和 Twin 操作搜索及创建镜像对象。

可以对单个操作和双操作执行镜像命令，但不能对多个操作执行镜像命令。

1）选择想要镜像的操作，然后选择操作选项卡→编辑路径组→镜像选项，打开镜像对话框，如图 7-68 所示。

默认镜像平面显示在图形查看器中，如图 7-69 所示。

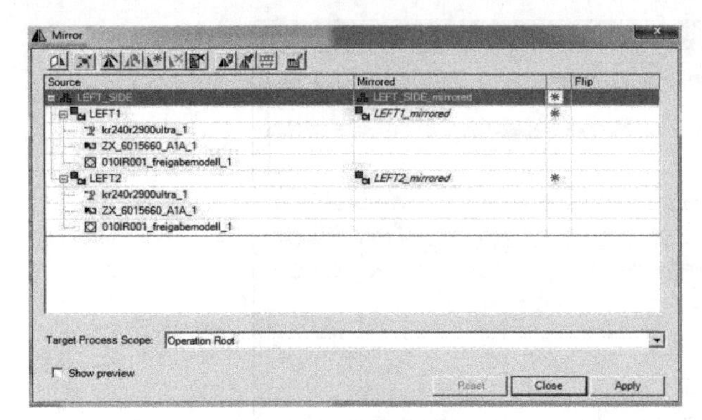

图 7-68　镜像对话框

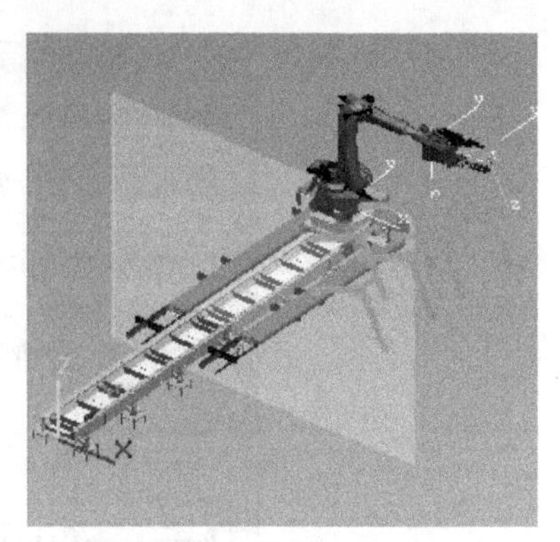

图 7-69　默认镜像平面

在源列显示源操作的树，所有的分配对象（包括资源、外轴等）显示为子对象。可以将资源分配给操作，并将这些资源视为源列中操作的子对象。如果分配的资源是复合资源/设备，则源列也显示其分层结构。另外，可以创建或选择镜像对象，系统会将它们分配给镜像操作。镜像操作如图 7-70 所示。

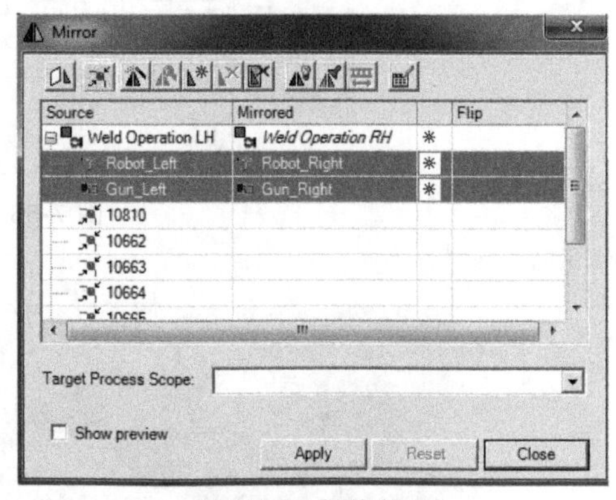

图 7-70　镜像操作

这里将资源 Robot_ left 和 Gun_ left 分配给 Weld Operation LH。镜像应用程序创建新操作 Weld Operation RH，并将新的资源 Robot_ Right 和 Gun_ Right 分配给新操作。

应用程序自动使用新操作填充镜像列，以充当创建镜像对象的目标操作。只能单击默认目标操作以进行连续操作、双操作和焊接操作，并选择一个当前存在的操作作为目标。目标操作必须与源相同，例如，如果源是通用机器人操作，那么目标也必须是通用机器人操作。

如果源操作不是连续操作、双操作或焊接操作，则系统在镜像列中显示新操作，不能将新操作替换为当前存在的操作。可以通过在目标单元中删除它们来从镜像中排除接缝操作。在这种情况下，相关的 Mfgs 也不会被镜像。位置不会显示在源列中。

如果焊接操作的外部 TCP 设置处于活动状态，则目标操作的外部 TCP 设置也处于活动状态，反之亦然。

如果目标操作已分配资源，则这些资源会在镜像列中自动与源操作资源相匹配。默认情况下，系统将外部轴位置上的值复制到目标位置。

镜像逻辑资源时，连接到信号的入口和出口被镜像，并连接到新的镜像信号。

2）如果不想使用默认设置或希望调整镜像平面，可单击按钮来调整镜像以定义镜像过程的反射平面。弹出的镜像平面调整对话框如图 7-71 所示。

① 在方向区域中，可选择 XY、YZ 或 XZ 平面。

② 在默认翻转轴区域中，选择要翻转的三个轴中的一个。其他两个轴将根据平面进行镜像。翻转轴被翻转以保持轴之间的关系。例如，如果选择 X 轴，那么 Y 轴和 Z 轴将根据平面镜像，并且根据 Y 轴和 Z 轴翻转 X 轴以保持方向。

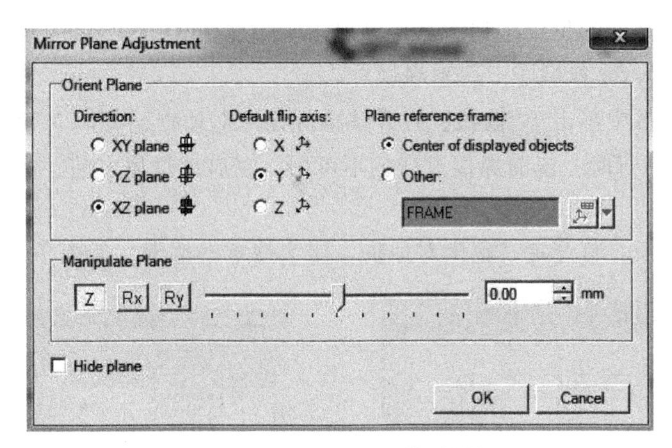

图 7-71 镜像平面调整对话框

如果希望覆盖默认的翻转轴，可在镜像对话框中选择对象，单击相关行中的翻转列，然后选择所需的轴。但是，如果在设置覆盖后更改默认翻转轴，那么覆盖将重置为全局值。

③ 在平面参考坐标系区域中，可指定希望定义镜像平面的参考坐标系。如果希望相对于研究中对象的边界框的中心定义平面，可选择显示对象的中心单选按钮。可选择其他单选按钮来定义一个替代参考坐标系。创建的平面出现在图形查看器中，如图 7-72 所示。

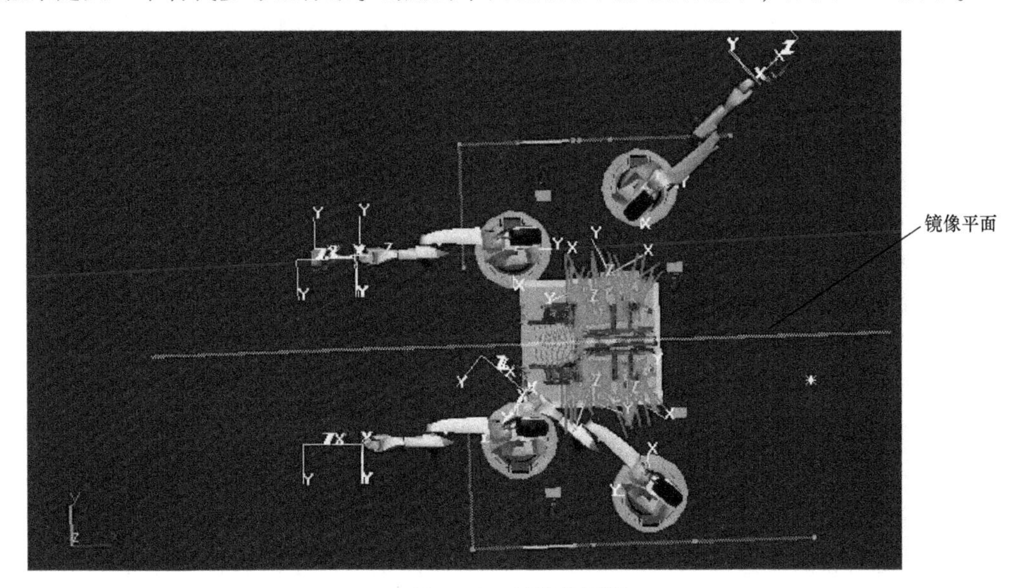

图 7-72 创建的平面

④ 使用镜像平面调整对话框的操纵平面区域可微调创建平面的位置，可以执行以下任何操作：

- 单击 Z 按钮可以沿 Z 轴平移平面。
- 单击 Rx 按钮可以旋转围绕 X 轴的平面。
- 单击 Ry 按钮可以围绕 Y 轴旋转平面。

⑤ 如果不希望平面在图形查看器中显示，可选中隐藏平面复选框。

⑥ 如果对镜像平面的位置感到满意，可单击确定按钮。

3）可以在 eMServer 数据库中搜索焊接点。

① 在镜像对话框中单击按钮，打开镜面焊接点对话框，如图 7-73 所示。

在独立模式下运行时，镜面焊接点命令不可用。在启动镜像之前，在研究中加载 Mfg 及其零件。

② 单击范围按钮，打开定义范围对话框。定义搜索的范围，如图 7-74 所示。

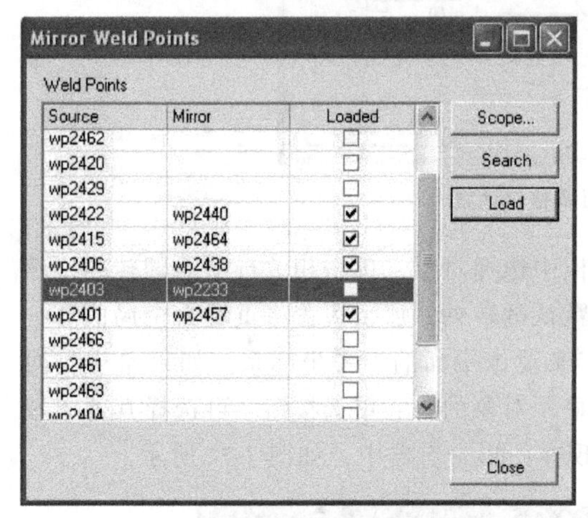

图 7-73 镜面焊接点对话框

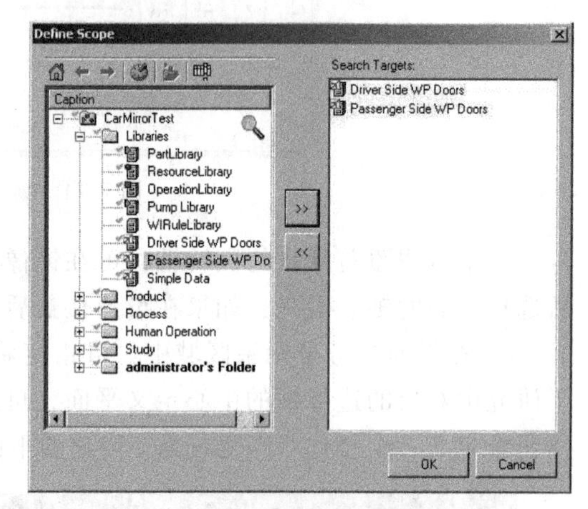

图 7-74 定义范围对话框

③ 在左侧区域选择要在其中搜索焊点的 Mfg 库。

④ 单击 » 按钮，可以将选定的 Mfg 库添加到搜索目标列表。

⑤ 单击确定按钮。

⑥ 在镜面焊接点对话框中，单击搜索按钮可以搜索每个源焊接点的有效候选镜像。候选镜像列在镜像列中。加载列中选项表示焊接点的候选镜像已经加载到当前研究中。

⑦ 通过选择候选镜像并单击加载按钮，可加载要加载到研究中的任何候选镜像。

⑧ 完成搜索镜像焊接点并将其加载到当前研究后，单击关闭按钮。

4）在镜像对话框中，使用以下选项的任意组合为剩余焊接点和其他源对象查找或创建镜像对象。

单击按钮可以执行自动镜像选项。自动镜像选项会在当前研究中搜索镜像列表中所有没有匹配的源对象的候选镜像。镜像列中出现的任何镜像对象的名称都会显示在镜像列中。对于所有操作以及在研究中未找到任何现有镜像对象的资源，自动镜像选项会为要创建的镜像对象提供建议的名称。建议的名称在镜像列中以斜体显示。在当前研究中找到的对象的名称不以斜体显示。

无法搜索及创建零件或资源（工厂、生产线、区域或工位资源），但可以从研究中选择现有零件或资源以包含在镜像中。现有镜像对象和建议的镜像对象的组合如图 7-75 所示。

镜像对象中的标记如下：

：新对象，文本以斜体字体显示。

：现有对象，文本以粗体显示。

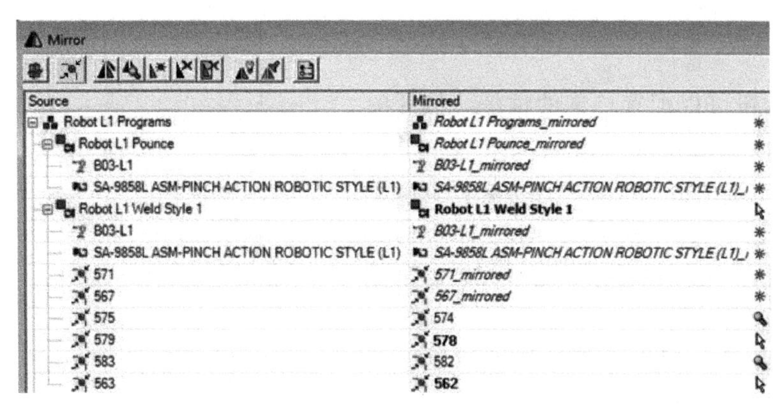

图 7-75　现有镜像对象和建议的镜像对象的组合

：该对象使用镜像搜索进行定位。

单击按钮可以搜索当前研究的镜像候选资源和焊接点。单击按钮之前可选择资源和焊接点。

单击按钮可以为每个选定的源对象创建一个新的镜像对象。要创建的镜像对象的名称以斜体显示在镜像列中。只有在此过程结束时单击应用按钮之后，才会创建对象。单击按钮可以清除镜像列中的选定对象。

单击按钮可以清除镜像列中的所有对象操作、接缝操作、双操作（所有其他操作保持原位）。单击按钮可以在图形查看器中显示选定的对象。单击按钮可以突出显示选定的一组对象。选择一对对象时，源对象的颜色为橙色，镜像对象的颜色为蓝色。

在有些情况下，希望使用外部轴调整镜像对象的位置或方向。如果将机器人安装在导轨上，并且目标位置存在障碍物，则可以单击按钮，打开导轨调整对话框，如图 7-76 所示。

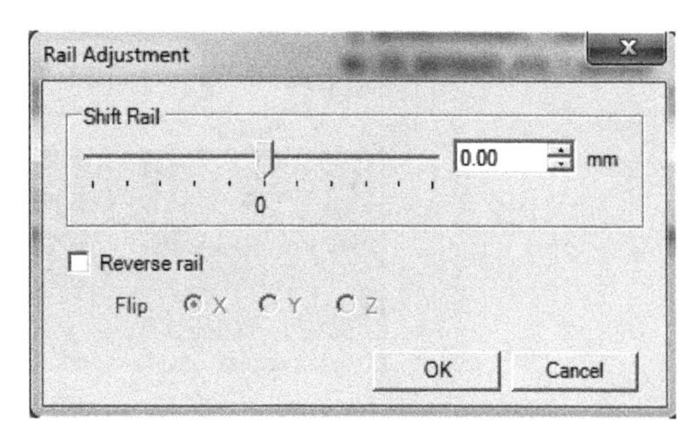

图 7-76　导轨调整对话框

如果修改 Shift Rail（变速杆）值，则会得到图 7-77 所示的效果。

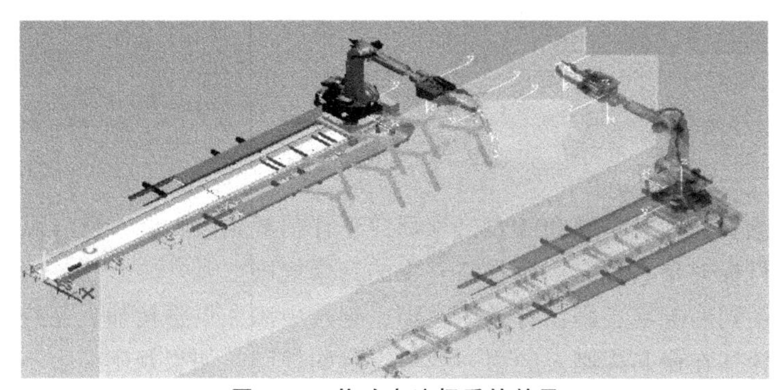

图 7-77　修改变速杆后的效果

也可以使用反向导轨设置来翻转镜像对象。系统会相应地修改外部轴的值，如图 7-78 所示。

单击按钮可以配置可选的镜像，打开的设置对话框如图 7-79 所示。

设置搜索范围的值。选择“仅考虑库范围中的 Mfgs，如果已定义”复选框，则将 Mfgs 的搜索限制为库范围。通过以下方式之一配置由镜像创建的组件的命名规则：

选择添加单选按钮以使用添加的源组件名称，之后选择后缀或前缀，并输入想要添加的文本。该系统对所有新组件都进行了相同的添加。激活命名规则表以使用具有修改文本的源组件名称。

Paths & Locations	Rail Value
LEFT_SIDE	
LEFT1	
V1	3200 mm
V2	2000 mm
V3	2000 mm
V4	3200 mm
LEFT2	
LEFT_SIDE_mirrored	
LEFT1_mirrored	
V1_mirrored	6044 mm
V2_mirrored	4844 mm
V3_mirrored	4844 mm
V4_mirrored	6044 mm
LEFT2_mirrored	

图 7-78　使用反向导轨设置来翻转镜像对象

单击 + 按钮可创建一个规则（单击 - 按钮可删除一个规划）。对于每个规则，可输入文本并进行修改，对修改后的文本，添加说明。可以单击和按钮在表格中选择。

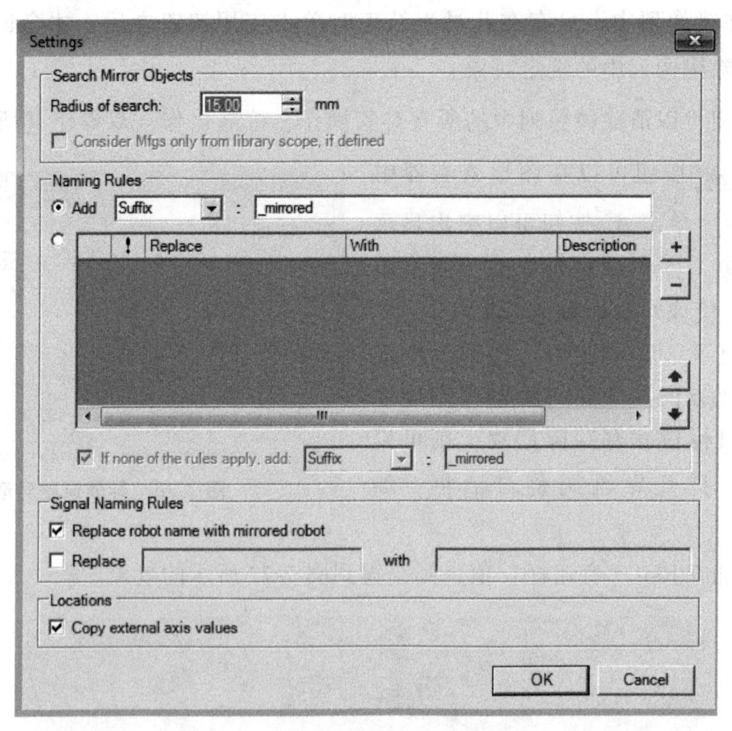

图 7-79　设置对话框

规则顺序很重要，因为系统会从表格顶部向下评估规则。如果系统与源对象名称中的规则替换，并替换目标对象名称，则会省略表中的其余规则。

如果系统找不到匹配项，即没有适用规则，则选中添加单选按钮，系统将按照配置添加前缀或后缀。只评估在命名规则表的第一列中设置的规则。如果规则配置不正确，那么系统

将在 ! 列中的规则旁边显示感叹号。

以下是可能的命名规则的示例：

Replace = 123，With = 456：系统将源名称中的 123 替换为目标中的 456。例如，Robot123 变成 Robot456。

Replace = （? <number> [0-9] [0-9] [0-9] ） _l，With = $ {number} _r：系统搜索一个由三个连续数字组成的字符串，并将_l 替换为_r，后跟相同的数字。

Replace =（? <string>\w +）[0-9] _l，With = $ {string} 6_r：系统搜索所有的至少包含一个字符的字符串，数字介于 0 和 9 之间，然后是_l，并用相同的字符串替换，使用 6_r，而不是 3_l。例如，Robot3_l 变成 Robot6_r。

Replace =（? <string1>\ w+\(）(?: R）(? <string2> [0-9] \))，With = $ {string1} L $ {string2}：系统保留字符串直到包括"（"，将 R 替换为 L，并保留字符串的其余部分，包括"）"和数字。例如，Robot12（R3）变成 Robot12（L3）。

通过以下方式为镜像创建的机器人信号配置信号命名规则：

要设置用镜像机器人名称替换机器人名称，作为源信号名称一部分的机器人的名称被替换为新机器人的名称。例如，如果机器人 Rob1 包含以 r1_为前缀并且镜像到机器人 Rob2 的信号，则所有目标信号将具有前缀 r2_，而不是 r1_。

复制外部轴值是默认设置的。如果不希望将外部轴值复制到镜像轴，则可以取消选择复制外部轴值复选框。

可随时单击重置按钮以删除所有新创建的对象。

5）如果要将对象包含在每个镜像部分源列，则选择部分源列，然后单击要在图形查看器或对象树使用的部分。也可以输入对象的名称，选择的零件名称出现在镜像列中。

6）如果系统在镜像列中列出了新资源，则可以单击资源，并从图形查看器或对象树中选择当前存在的资源（与源匹配）。

目标资源可能不是源操作的子项或另一个资源的目标。

如果选择当前存在的资源或操作，会导致该对象出现在新父项下，则当单击应用时，系统会阻止移动并显示无效数据检测消息，如图 7-80 所示。

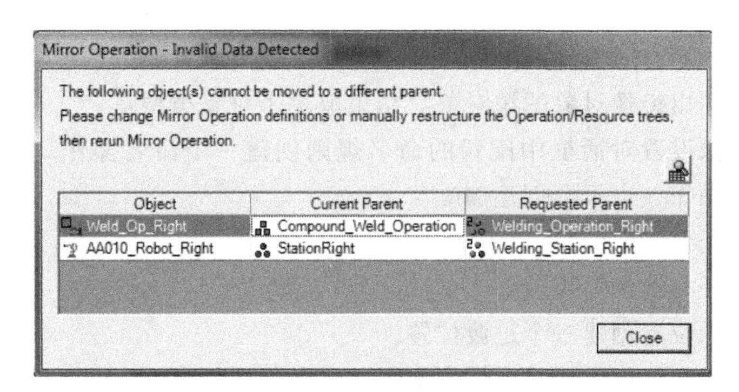

图 7-80　镜像操作

7）如果希望在除默认平面以外的平面上翻转对象，可单击相关对象的翻转列，如图 7-81 所示。

在这个例子中，Y 是默认的翻转平面，可选择 X 或 Z。也可以选择多个对象，然后右击一个对象的翻转列，以将其全部更改。

8）在目标进程范围框中，输入要在其下创建镜像操作的复合操作的名称。目标进程范围必须是一个复合操作，它不是源操作的子操作。

9）如果希望在更改数据库之前查看镜像操作，可选择显示预览复选框。源对象和现有目标对象在图形查看器中保持不变，新对象以透明模式显示，超出镜像范围的所有当前显示对象都以透明灰色显示，如图 7-82 所示。

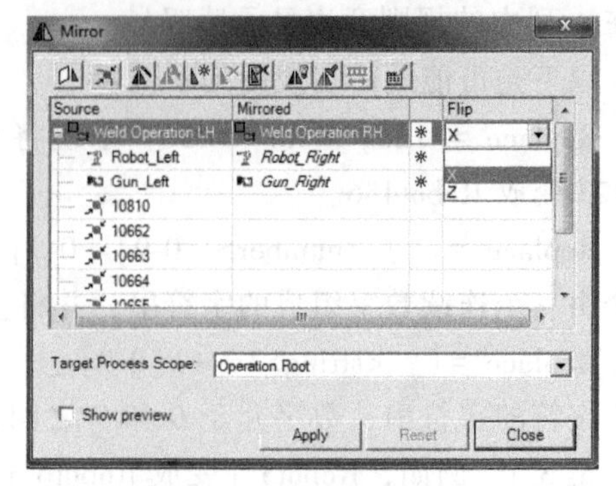

图 7-81　翻转对象

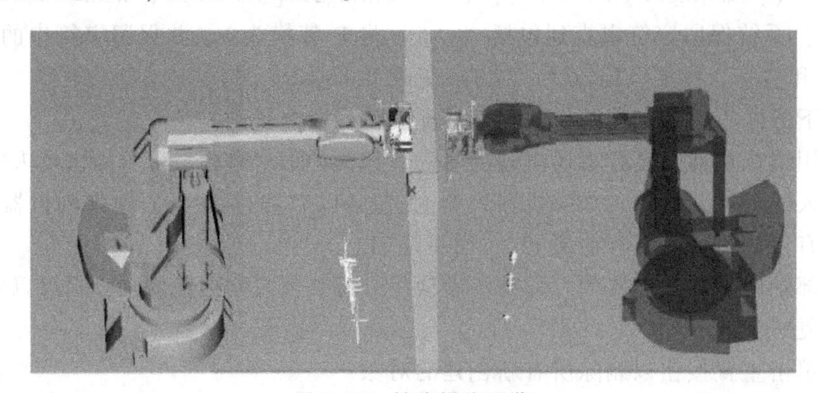

图 7-82　镜像操作预览

预览是动态的，在镜像对话框中所做的任何更改都会立即在图形查看器中实现。

如果在预览处于活动状态时单击按钮来突出显示选定的一对对象，则源对象将显示为蓝色，而镜像对象显示为黄色，在镜像对话框的网格中，这些对象的背景也会相应地着色。

如果单击应用按钮后预览仍然处于活动状态，则系统会自动关闭预览。

10）单击应用按钮可以执行镜像反转过程。镜像操作是在指定的目标进程范围下创建的，可将镜像列中的所有对象分配给镜像操作。建议创建所有镜像候选项，其名称不再以斜体显示。对于没有列出镜像对象的源对象，结果取决于对象类型：

操作：根据镜像设置对话框中配置的命名规则创建一个命名操作。在接缝操作的情况下，不会创建镜像操作，也不会创建 Mfg。

资源：不创建任何镜像资源。

零件：不创建任何镜像焊接点。

焊接点：在镜像位置创建一个过渡位置。

通过位置：根据在镜像设置对话框中配置的命名规则创建一个通过位置。

接缝操作：创建镜像接缝操作，包括制造和接缝位置。

如果在来源列中有一个装有枪的机器人，并且未在镜像列中的任何机器人上安装枪，则使用镜像命令将创建一个机器人，并将枪安装在新机器人上。用于安装的镜像机器人坐标系是一个工具坐标系。镜像目标中使用的枪架与源中使用的枪架相同。如果找不到任何一种枪，则枪未安装在机器人上。可以使用安装工具来安装该工具。

11）单击关闭按钮，镜像对话框关闭。

7.5 路径编辑器

7.5.1 使用路径编辑器

路径编辑器通过显示有关路径和位置的详细信息，提供了一种可视化和操作路径数据的简单方法。它支持不同类型的路径，包括 Assembly Studies（装配学习）、Human（人因）和 Weld（焊点）。在路径编辑器左侧包含一个树，在右侧包含一个值表。路径编辑器如图 7-83 所示。

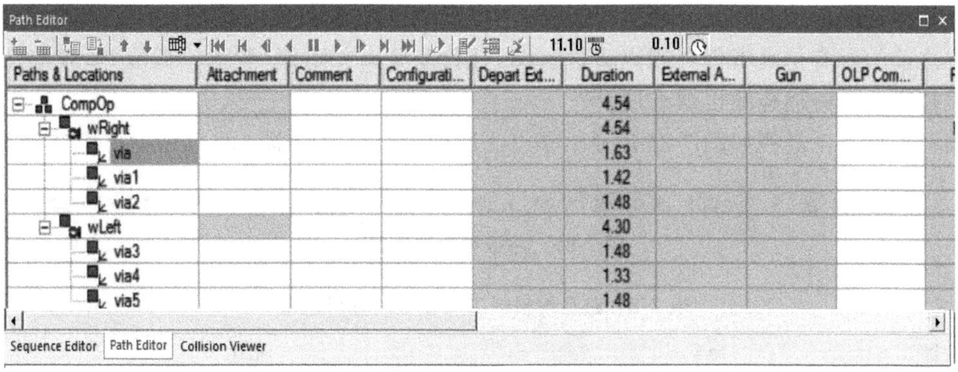

Paths & Locations	Attachment	Comment	Configurati...	Depart Ext...	Duration	External A...	Gun	OLP Com...	F
CompOp					4.54				
wRight					4.54				
via					1.63				
via1					1.42				
via2					1.48				
wLeft					4.30				
via3					1.48				
via4					1.33				
via5					1.48				

图 7-83 路径编辑器

将路径编辑器导出到 Excel 时，路径及位置列将始终在第一列被导出。类型列用于显示操作的类型，如图 7-84 所示。

树包含当前操作中路径和位置的层次结构。树的根部是当前操作的名称。在其中选择一个位置，将显示在图形查看器中。

Excel 表包含有关路径中每个位置的详细信息。例如，当选择一个操作时，Excel 表包含 Teach Pendant（示教器）期间定义的信息，如位置属性。可以根据需要直接单击表格单元格内的数据来更改数据。

在路径编辑器中，可以轻松添加、删除、复制、粘贴、重新排序路径、位置和操作。这可以在路径内和不同路径之间执行。可以从操作树、对象树或图形查看器中单击并拖动路径（只能将位置从图形查看器中拖出）为复合操作。

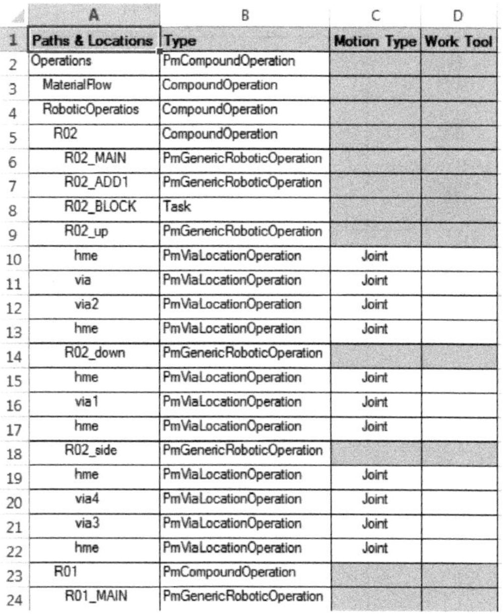

	A	B	C	D
1	Paths & Locations	Type	Motion Type	Work Tool
2	Operations	PmCompoundOperation		
3	MaterialFlow	CompoundOperation		
4	RoboticOperatios	CompoundOperation		
5	R02	CompoundOperation		
6	R02_MAIN	PmGenericRoboticOperation		
7	R02_ADD1	PmGenericRoboticOperation		
8	R02_BLOCK	Task		
9	R02_up	PmGenericRoboticOperation		
10	hme	PmViaLocationOperation	Joint	
11	via	PmViaLocationOperation	Joint	
12	via2	PmViaLocationOperation	Joint	
13	hme	PmViaLocationOperation	Joint	
14	R02_down	PmGenericRoboticOperation		
15	hme	PmViaLocationOperation	Joint	
16	via1	PmViaLocationOperation	Joint	
17	hme	PmViaLocationOperation	Joint	
18	R02_side	PmGenericRoboticOperation		
19	hme	PmViaLocationOperation	Joint	
20	via4	PmViaLocationOperation	Joint	
21	via3	PmViaLocationOperation	Joint	
22	hme	PmViaLocationOperation	Joint	
23	R01	PmCompoundOperation		
24	R01_MAIN	PmGenericRoboticOperation		

图 7-84 将路径编辑器导出到 Excel

可以将相同的操作添加到多个程序。可以在图形查看器中选择多个位置，然后将其拖放到路径编辑器中操作的任何位置。

在路径编辑器的路径和位置列中加载机器人路径时：

如果它是作为机器人操作加载的，则可以在加载的程序中引用其路径编号。如果它作为根加载或在复合操作中加载，则不会显示路径编号，也不能编辑它。

如果暂停模拟并对操作进行更改，那么模拟将在后台快速重置，在暂停时访问的位置处停止。当恢复模拟时，它从那个位置开始。可以使用工具栏中的任何播放前进控件恢复模拟。如果通过播放后退控制恢复模拟，则模拟中将会出现间隙。

但是，在线路仿真模式下运行时，仿真总是从运行开始启动。

可以在机器人操作中从选定位置运行仿真，并避免在后台运行重置和快进时的延迟：从工具→自定义中，将播放所选位置从当前机器人位置图标拖动到用户界面。选择一个位置，然后单击图标，从此处开始运行仿真。由此产生的仿真可能与预期不同，因为忽略了起始位置之前的所有仿真事件（视点事件、OLP附着/分离、隐藏/显示、抓取/释放等命令）。在非模拟段中，碰撞检测也被跳过。

路径编辑器工具栏如图7-85所示。表7-3所列为路径编辑器工具栏中的可用选项。

0.00 0.10

图7-85 路径编辑器工具栏

表7-3 路径编辑器工具栏中的可用选项

按键	命令	描述
	向编辑器添加操作	将对象树中的当前操作添加到路径编辑器
	从编辑器中删除项目	从路径编辑器中删除所选项目（此操作不会删除操作）
	将操作添加到路径编辑器	可以将操作添加到路径编辑器
	从路径编辑器中删除操作	可以从路径编辑器中删除操作
	提升	将一个或多个选定位置（顺序）向上移动到树中的结点，即更改操作的有序序列
	下移	将一个或多个选定位置（顺序）向下移动到树中的结点，即更改操作的有序序列
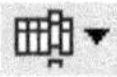	自定义列	可以选择要在路径编辑器表中显示的列 要加载现有的路径编辑器列集，可单击自定义列图标中的下拉按钮，然后选择预定义的列集 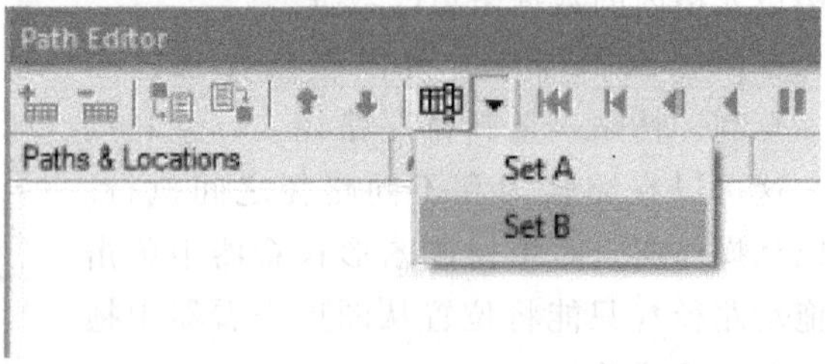 Path Editor Paths & Locations Set A Set B

（续）

按键	命令	描述
	设置位置参数	可以编辑多个位置的参数
	路径段模拟	可以选择路径的一部分(一组连续的位置)进行模拟参考
	将模拟设置为开始	将模拟设置为加载操作的开始。机器人跳转到分段范围的第一个位置
	播放模拟后退到操作开始	向后播放模拟,直到加载操作开始。图形显示仅在操作段范围内更新
	步骤模拟向后	向后步骤模拟。图形显示仅在操作段范围内更新
	向后播放模拟	向后播放模拟。图形显示仅在操作段范围内更新
	停止\暂停	停止模拟
	播放模拟前进	向前播放模拟。图形显示仅在操作段范围内更新
	步骤模拟转发	向前迈进模拟步骤。图形显示仅在操作段范围内更新
	播放模拟前进到操作开始	向前播放模拟直到加载操作结束。图形显示仅在操作段范围内更新
	从这个位置播放	选择位置操作后,使用此命令在后台运行模拟,直到到达所选位置。从那里,模拟继续明显地向用户运行
0.10	模拟设置	配置并显示当前模拟时间间隔。单击模拟设置按钮 将打开一个对话框,从中可以配置模拟时间间隔 Simulation Settings Simulation Accuracy Time Interval: 0.05 sec Simulation Speed Slow Fast 1:1 OK Cancel 使用滑块调整模拟速率:将其移动到最右边,能以最高速度运行;将其移动到中心(1∶1),模拟以其实际速度运行;将其移动到最左侧,则以最低转速运行 当前模拟时间间隔显示在按钮旁边的右侧 模拟时间间隔指定用于计算位置的采样间隔。更短的时间间隔提供更准确和更好的流动模拟。较长的时间间隔可利用较少的计算机资源,但会产生跳跃并降低模拟的查看质量
11.10	模拟时间	显示正在运行模拟的经过时间

（续）

按键	命令	描述
	真实的模拟速度	当模拟播放速度快于其实际速度时，可以激活此模式，以将其减慢到实际速度。实际速度定义为模拟对象的实际速度（流动操作、机器人运动等）。激活时，操作的模拟时间与实际相同 注意： 如果模拟速度比实际速度慢，则此命令不会加快速度。激活此模式后，模拟时间间隔定义仍然相关，并影响碰撞检测计算

7.5.2 在路径编辑器中编辑多个位置

要在路径编辑器中编辑多个位置，可执行以下步骤：

1）选择想要编辑其属性的位置或操作。

2）所有选定的位置必须分配给使用相同控制器的机器人。

3）单击按钮，弹出设置位置属性对话框，如图 7-86 所示。

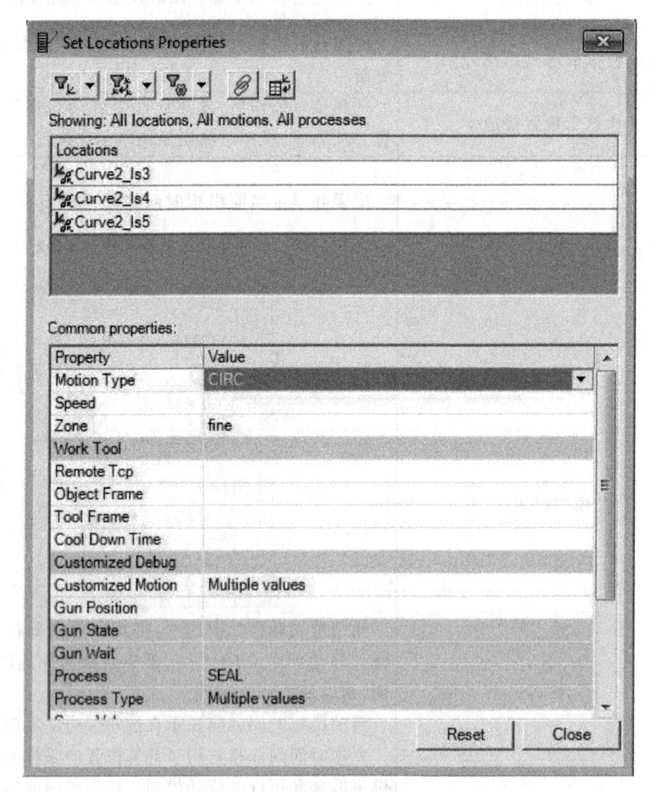

图 7-86　设置位置属性对话框

位置列表框中显示所有选定的位置。可以通过单击以下按钮之一来过滤此列表：

：按地点类型过滤。从全部、通过、通用、焊缝、缝、第一缝、最后缝和通过缝位置选择。

：按运动类型过滤。从全部、联合、线性和圆形运动中进行选择。

：按流程类型过滤。该列表根据自定义控制器上可用的流程类型动态填充。设置位置属性对话框列出所有位置共有的属性（及其值）。

公共属性的值对于所有选定的位置都是相同的。如果更改了值（通过编辑单元格或使用打开的外部对话框），则新值将应用于所有选定的位置。

如果使用过滤器更改位置列表框中的内容，则常用属性列表框中的内容将相应更改。

无法编辑的属性以灰色突出显示。这些文件是只读的，或者只能针对某些选定的位置进行编辑（但不是全部）。

如果其他属性依赖于编辑的属性，则会删除它们的值。例如，如果编辑时间，则速度值将被删除。

4）如果希望从现有源位置复制属性，而不是手动编辑它们，可单击按钮以展开设置位置属性对话框，如图 7-87 所示。

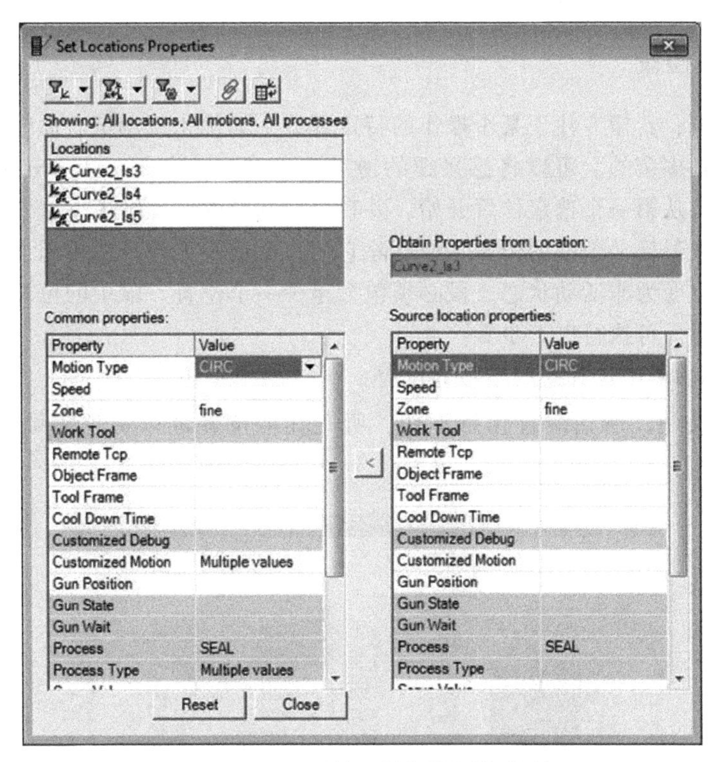

图 7-87　展开后的设置位置属性对话框

5）单击从位置获取属性选项并选择一个源位置，源位置属性列表框中列出所选位置的属性。无法在右侧窗格中编辑属性。

6）从源位置属性列表框中，选择要复制到位置的属性，然后单击 < 按钮，所有更改均实时应用。

7）如果正在编辑焊接位置并且已配置本地机器人参数，则这些参数将以斜体显示。如果它们与相应的映射焊接点属性值不同。可以单击按钮将所有焊接位置机器人参数重新链接到其对应的焊接点属性。重新链接参数后，它们不再以斜体显示，表明它们现在与其映射的 Mfg 属性值相同。也可以单击重新链接列中的图标，重新链接所选位置的单个参数，如图 7-88 所示。

Common properties:

Property	Value	Re-link
Config		
Motion Type	PTP	
Speed		
Zone	fine	
Work Tool	Tool2	
Remote Tcp		
Object Frame		
Tool Frame		
Cool Down Time	*Multiple values*	
Customized Debug		

图 7-88　设置位置属性

8）如果想放弃所做的更改，单击重置按钮即可。

7.5.3　模拟路径段

在有些情况下，希望专注于某个操作的特定部分，如优化或调试。此时，每次从头开始模拟操作是耗时且多余的。可以将感兴趣的地点定义为运营分部。当 Process Simulate 模拟一个段时，仿真将从第一个选定位置开始，并在最后选择的位置结束。

更改第一个或最后一个段的位置，或删除它们，会使段无效。使用添加或删除路径编辑器选项后，该段将变为非活动状态。段必须包含至少一个位置。段中的位置必须是连续的。

要模拟路径段，可执行以下步骤：

1）在路径编辑器中选择想要模拟的位置。

2）单击按钮，所选位置保持不变，所有其他位置都以灰色阴影显示，如图 7-89 所示。

Paths & Locations	Attachment	X	Y	Z	RX
Polyline1_op					
Polyline1_l...		5349.64	-4216.87	649.04	3.70
Polyline1_l...		5349.95	-4226.89	649.69	3.70
Polyline1_l...		5350.26	-4236.92	650.34	3.70
Polyline1_l...		5350.58	-4246.94	650.98	3.70
Polyline1_l...		5350.89	-4256.97	651.63	3.70
Polyline1_l...		5351.20	-4267.00	652.28	3.70
Polyline1_l...		5351.63	-4277.02	652.93	3.70
Polyline1_l...		5352.14	-4287.03	653.58	3.70
Polyline1_l...		5352.66	-4297.05	654.23	3.70
Polyline1_l...		5353.17	-4307.07	654.88	3.70
Polyline1_l...		5353.69	-4317.09	655.53	3.70
Polyline1_l...		5354.20	-4327.10	656.18	3.70

图 7-89　模拟路径段

3）运行模拟。

7.5.4　自定义路径表

可以在路径编辑器表格的列中选择显示的信息类型。要自定义路径表，可执行以下步骤：

1）单击按钮，显示自定义列对话框，如图 7-90 所示。

2）要选择在右侧列表框中显示的列，可执行以下任一操作：

① 从可用列列表中选择一个列并单击 > 按钮。

② 单击 >> 按钮以选择所有可用的列。

③ 在右侧列表中选择一列，然后单击 < 按钮将其删除。

④ 单击 << 按钮可删除所有列。

3）如果希望将其显示在路径表中，可单击↑和↓按钮按顺序排列显示列。

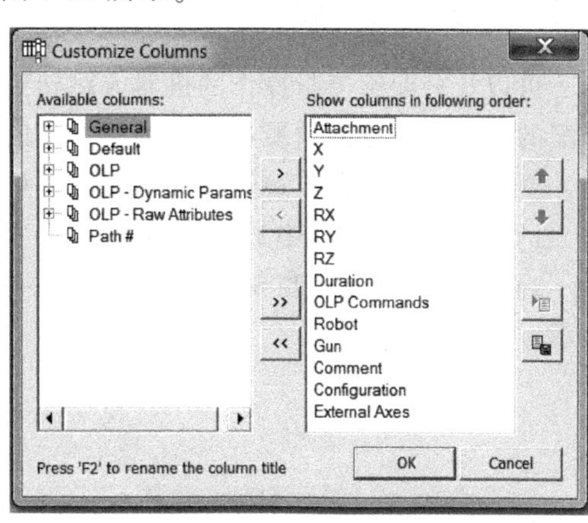

图 7-90　自定义列对话框

4）如果希望编辑可用列列表中列的标题，可选择该列并按<F2>键，列标题成为可编辑字段，编辑标题后按<Enter>键。

5）加载路径表中的现有列集：

① 单击按钮，出现载入列设置对话框，如图 7-91 所示。

② 在选择列设置为加载列表框中选择希望加载的列集。

③ 选中替换现有单选按钮，以删除路径表中当前显示的列并只加载新列。或者选中添加到现有单选按钮，以将当前显示的列保留在路径表中并添加新的列。

④ 也可以在选择列设置为加载列表框中选择一列，然后单击重命名按钮以编辑其名称，或选择删除按钮以删除列集。

⑤ 单击确定按钮。Process Simulate 加载列集并将其显示在路径表中。

6）单击按钮，可以将自定义列对话框中右侧列表中的当前显示列保存为列集，以便以后可以重新加载，出现保存列集对话框，如图 7-92 所示。

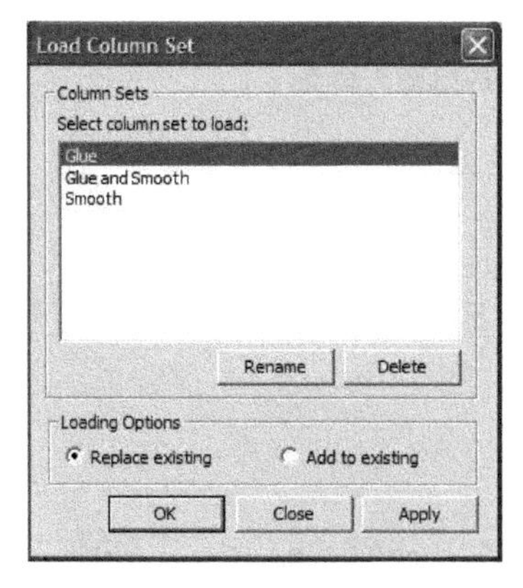

图 7-91　载入列设置对话框

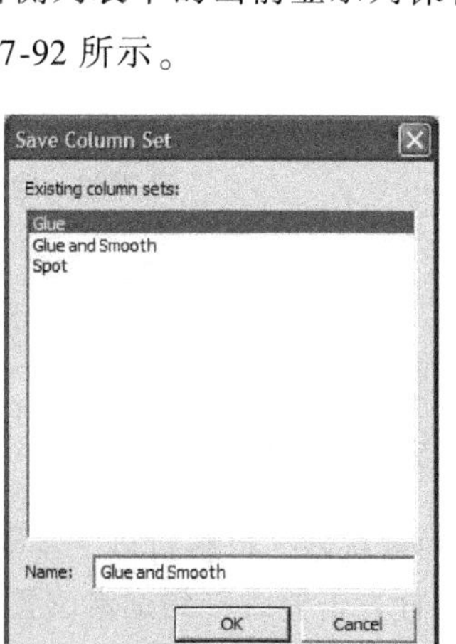

图 7-92　保存列集对话框

输入新列集的名称，然后单击确定按钮。

在自定义列对话框中单击确定按钮，关闭对话框，所选列出现在路径编辑器表格的列中。

7.5.5 机器人跳转

可以让分配给流量操作的机器人跳转到操作中的任何位置，以便调查所选位置的情况。分配的机器人是分配给所选位置的父操作的机器人。

要将分配的机器人跳转到某个位置，可执行以下步骤：

1）在路径编辑器中加载流操作。

2）使用鼠标右击想要跳转机器人的位置，然后选择跳转指定的机器人命令，如图 7-93 所示。

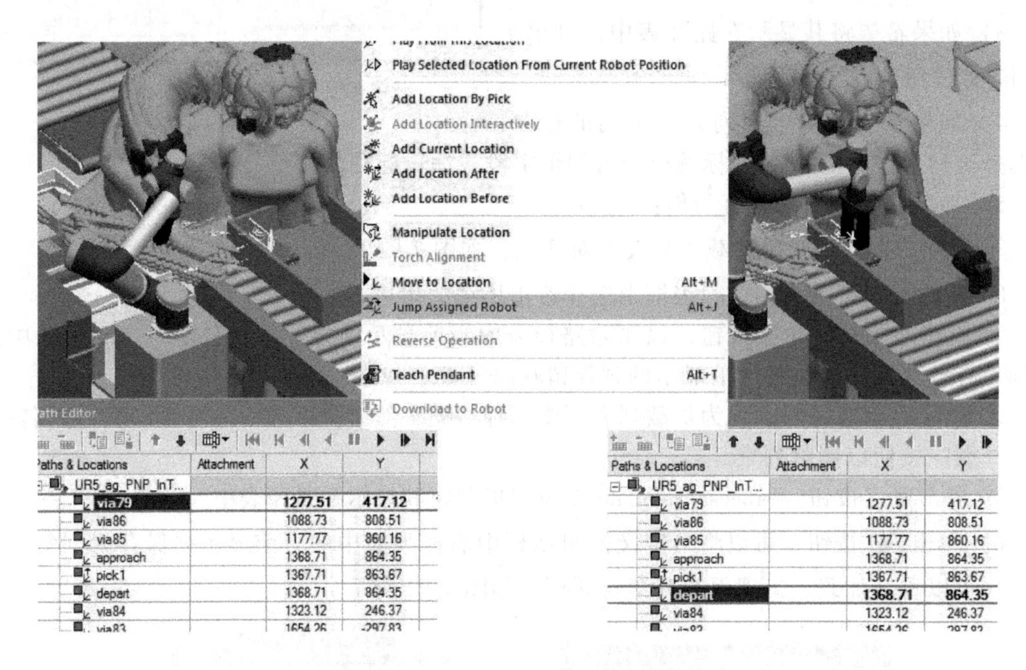

图 7-93 选择跳转指定的机器人命令

机器人跳转到目标位置。

7.5.6 指定对象跳转

要使指定对象跳转，可执行以下步骤：

1）使用鼠标右击要跳转到选定位置的对象。

2）在显示的菜单中，选择跳转指令的对象命令，如图 7-94 所示。此时，对象跳转到对象流操作的结束点位置。

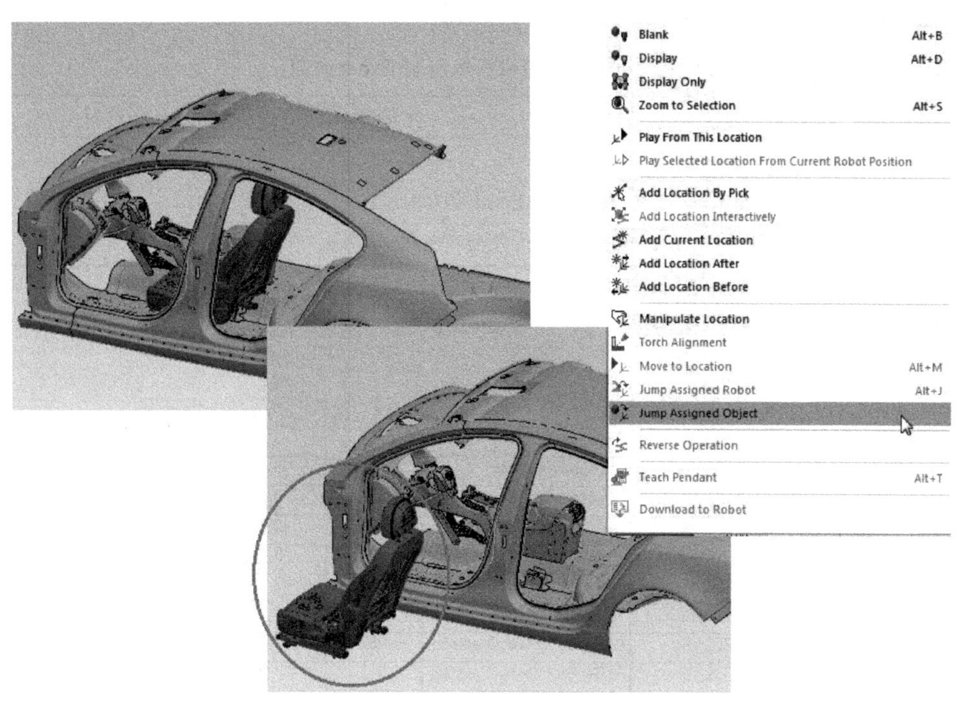

图 7-94 选择跳转指定的对象命令

7.6 序列编辑器

7.6.1 使用序列编辑器

序列编辑器显示当前操作的细节，在操作树中以粗体显示。要将操作设置为当前操作，可选择它并选择主页标签→操作组→设置当前操作选项。可以运行当前选定的操作并将事件添加到所选操作。

序列编辑器包含两个可调整大小的区域，左侧为树状区域，右侧为甘特图区域，如图7-95所示。

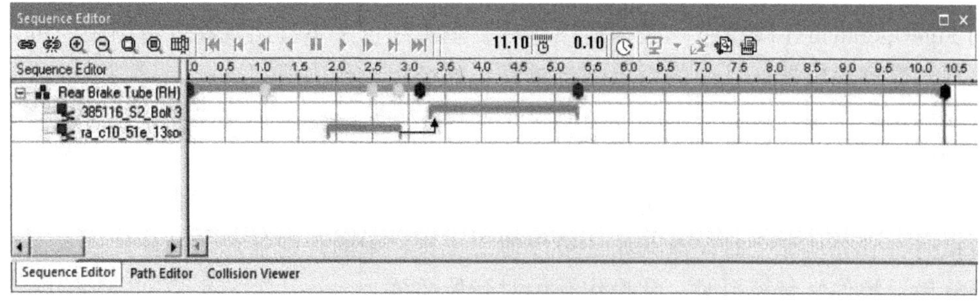

图 7-95 序列编辑器

树状区域显示当前操作的分层树。树的根部是当前操作的名称，如果操作是复合操作，则子操作显示在下面。例如，在对象流操作中，路径位置显示在操作名称下面的树中。将序列编辑器导出到 Excel 时，会导出表 7-4 所列的列。

表 7-4　序列编辑器导出到 Excel 的列

列名称	描述
类型	显示操作的类型
开始时间	显示操作相对于其所属复合操作的开始时间。它将在所有列后导出
持续时间	显示执行操作所需的实际时间。它将在所有列后导出

当前操作的分层树如图 7-96 所示。

	A	B	C	D	E
1	Sequence Editor	Type	Resources	Start Time	Duration
2	Operations	CompoundOperation		0	6
3	MaterialFlow	CompoundOperation		0	0
4	RoboticOperatios	CompoundOperation		0	6
5	R02	PmCompoundOperation		0	6
6	R02_MAIN	PmGenericRoboticOperation	R02	0	0
7	R02_ADD1	PmGenericRoboticOperation	R02	0	0
8	R02_BLOCK	Task		0	0
9	R02_up	PmGenericRoboticOperation	R02	0	1.68
10	R02_down	PmGenericRoboticOperation	R02	0	6
11	R02_side	PmGenericRoboticOperation	R02	0	2.37
12	R01	CompoundOperation		0	3
13	R01_MAIN	PmGenericRoboticOperation	R01	0	0
14	R01_ADD1	PmGenericRoboticOperation	R01	0	0
15	R01_BLOCK	Task		0	0
16	R01_up	PmGenericRoboticOperation	R01	0	1.68
17	R01_down	PmGenericRoboticOperation	R01	0	3
18	R01_back	PmGenericRoboticOperation	R01	0	2.47

图 7-96　当前操作的分层树

在甘特图区域显示的操作和子操作的甘特图，可说明它们的关系和运行它们所需的时间。

当模拟一个操作时，可以看到在图形查看器中执行的操作，并且一条垂直的红色条沿着甘特图中的操作移动。可以将垂直红色条拖动到操作中的任意点，并且图形查看器中的显示会相应地进行调整，以显示操作中的相同点。

当 LineOperation（线操作）是当前操作时，垂直红色条不会出现在甘特图中。可以按照链接序列对序列编辑器区域中的对象进行排序，如链接操作中所述。

在序列编辑器中，可以链接和取消链接子操作，并将事件附加到操作，还可以修改显示在甘特图中的事件和操作的颜色。

如果暂停模拟并对操作进行更改，那么模拟将在后台快速重置，直到将其暂停为止。当恢复模拟时，它会从那个时间点开始。可以使用工具栏中的任何播放前进控件恢复模拟。当使用播放后退控件恢复模拟时，从操作开始时开始播放。

在线路仿真模式下运行，仿真将始终从运行开始启动。序列编辑器工具栏如图 7-97 所示。

表 7-5 所列为序列编辑器工具栏中的可用选项。

图 7-97 序列编辑器工具栏

表 7-5 序列编辑器工具栏中的可用选项

按键	命令	描述
	链接	将一个子操作链接到复合操作中的另一个操作
	取消链接	取消链接选定的操作
	放大	调整甘特图中的图像以显示更短的时间段,从而可以更详细地查看操作的一部分
	缩小	调整甘特图中的图像以显示更长的时间段,从而可以查看整个操作
	缩放至适合	调整甘特图中的图像以在同一视图中显示所有操作
	缩放到选定的操作	调整甘特图中的图像以显示在树状区域中选择的操作
	跳转模拟开始	将图形查看器中当前操作的模拟从当前查看点跳回到操作开始
	向后播放操作开始	在图形查看器中将当前操作的模拟向后运行到操作的开头 注意:如果在选项对话框的运动选项卡中选中在模拟期间停止事件和位置复选框,则模拟将在事件和位置点停止,因为它向后运行到操作的开头 注意: 在线模拟期间,此按钮被禁用
	退后一步	向后逐步模拟图形查看器中的当前操作。间隔在选项对话框的运动选项卡的模拟时间间隔选项中指定 注意: 如果在选项对话框的运动选项卡中选中在模拟期间停止事件和位置复选框,则模拟将在事件和位置点停止,因为它向后退
	向后播放	向后运行图形查看器中当前操作的模拟
	暂停	在图形查看器中停止当前操作的模拟
	向前播放	在图形查看器中向前运行当前操作的模拟
	向前一步	模拟图形查看器中当前操作的间隔转发。间隔在选项对话框的运动选项卡的模拟时间间隔选项中指定 注意: 如果在选项对话框的运动选项卡中选中在模拟期间停止事件和位置复选框,则模拟将在事件和位置点停止,因为它向前迈进
	播放到操作结束	在图形查看器中运行当前操作的模拟,直到操作结束 注意: 如果在选项对话框的运动选项卡中选中在模拟期间停止事件和位置复选框,则模拟将在事件和位置点停止,因为它将向前运行到操作结束
	跳转模拟结束	将图形查看器中当前操作的模拟从当前查看点向前跳转到操作结束

（续）

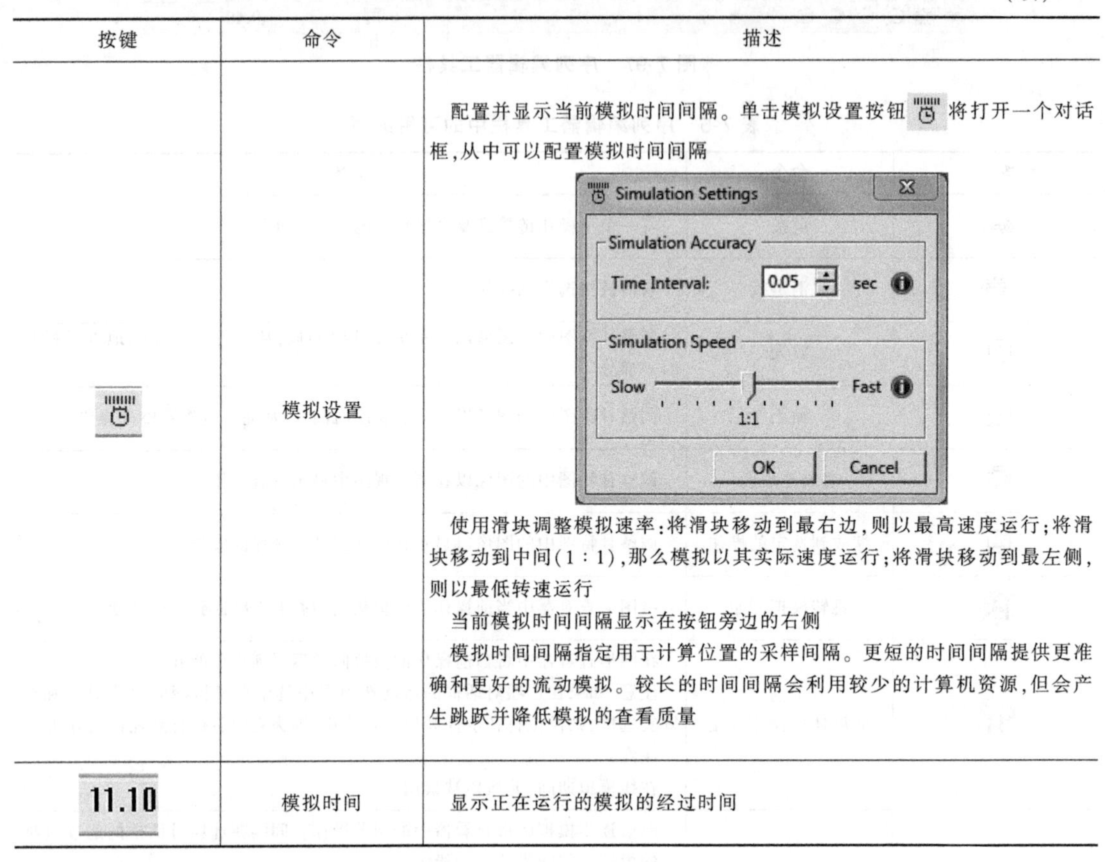

按键	命令	描述
	模拟设置	配置并显示当前模拟时间间隔。单击模拟设置按钮将打开一个对话框，从中可以配置模拟时间间隔 Simulation Settings Simulation Accuracy Time Interval: 0.05 sec Simulation Speed Slow Fast 1:1 OK Cancel 使用滑块调整模拟速率：将滑块移动到最右边，则以最高速度运行；将滑块移动到中间（1∶1），那么模拟以其实际速度运行；将滑块移动到最左侧，则以最低转速运行 当前模拟时间间隔显示在按钮旁边的右侧 模拟时间间隔指定用于计算位置的采样间隔。更短的时间间隔提供更准确和更好的流动模拟。较长的时间间隔会利用较少的计算机资源，但会产生跳跃并降低模拟的查看质量
11.10	模拟时间	显示正在运行的模拟的经过时间

可以从序列编辑器执行将机器人下载到机器人操作。

7.6.2 筛选序列编辑器树

可以使用过滤器来选择树状区域中显示的操作类型，从而可以轻松过滤大量数据，并可以仅查看选定类型的操作。通过筛选出可能会降低性能的数据，从而提高系统的性能。可以通过选择预定义的过滤器来选择显示或隐藏哪些级别和结点来过滤树。

要应用预定义的过滤器，可执行以下步骤：

1）使用鼠标右击序列编辑器树状区域中的空白区域，然后选择树过滤器编辑器命令，以显示序列编辑器过滤器对话框，如图 7-98 所示。

2）在按类型选项卡中，选择要在树中显示的操作类型和细节级别，并取消选择不想显示的操作类型和细节级别。这可以防止加载序列编辑器树中可能降低系统性能的不必要实体。

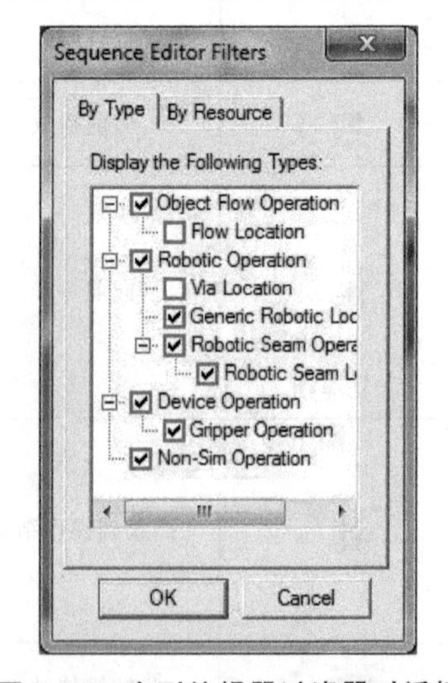

图 7-98　序列编辑器过滤器对话框

在序列编辑器过滤器对话框中选择或取消选择父结点，会自动选择或取消选择该结点的所有子结点，但是可以单独选择或取消选择独立于父结点的子结点。

3）要对按类型选项卡中选定的操作类型应用第二级过滤，只能选择与特定资源关联的操作：在图形查看器或对象树中选择所需的对象。

选择按资源选项卡，显示选定的资源。如图 7-99 所示。

在按类型选项卡中选择的操作，但不在按资源选项卡中选定，则不会显示在树中。

4）单击确定按钮，根据选定的操作和资源显示树状层次结构，并保存以用于未来的 Process Simulate 会话。

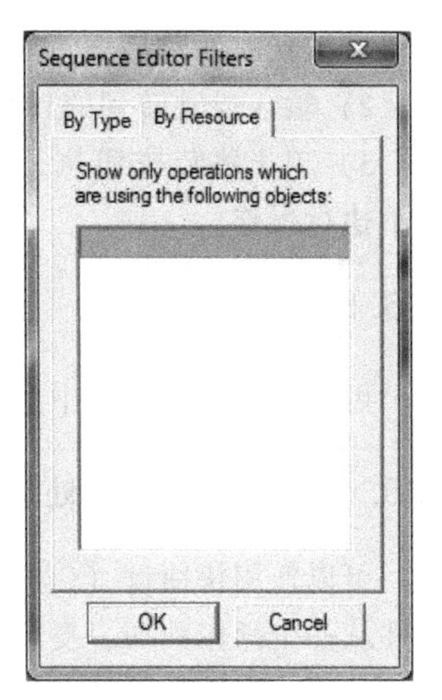

图 7-99　选定的资源

7.6.3　线路仿真序列编辑器

运行线路模拟时，序列编辑器可以显示与线路模拟相关的其他信息。要执行此操作，可单击按钮。

线路仿真也称为基于事件的仿真。在此环境中，时钟显示在序列编辑器中。时钟在仿真时运行。带线路仿真插件的序列编辑器如图 7-100 所示。

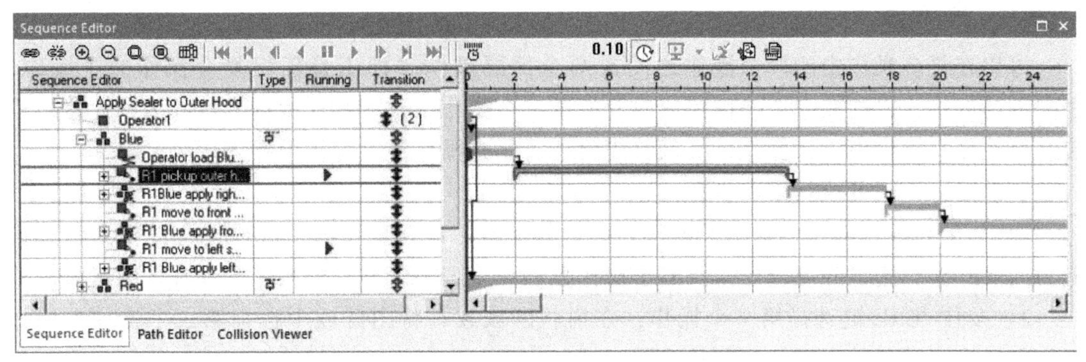

图 7-100　带线路仿真插件的序列编辑器

序列编辑器树状区域中的每个操作都定义了以下参数：

1）类型：过渡类型。该参数与多个孩子的操作相关。可能的类型包括：

：同时，操作由其子女跟随。

：替代方案，所有的孩子都不会遵守这项行动。

2）过渡：继续进行关联操作的条件。过渡图标包括：

：为转换定义了条件。

：没有为转换定义条件。双击序列编辑器的过渡列中的图标，将打开过渡编辑器。

7.6.4　模拟时间跳转

可以通过在甘特图上指定特定时间跳转到模拟中的选定点。要模拟时间跳转（仅限线路模拟模式），可执行以下步骤：

1）单击工具栏上的跳转模拟到时间按钮，显示跳转模拟到时间对话框，如图7-101所示。

2）输入要跳转到的甘特图上的时间。

3）单击跳转按钮执行操作，或单击取消按钮退出，而不执行操作。

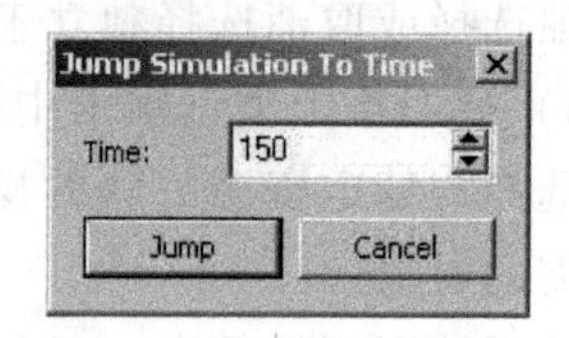

图7-101 跳转模拟到时间对话框

7.6.5 下载

可以在序列编辑器中选择机器人程序，然后单击按钮将它们下载到选定的机器人。

7.6.6 事件的操作处理

可以使用快捷键（Ctrl+X、Ctrl+C、Ctrl+V）或通过主页选项卡→编辑组将所有类型的事件从一个操作剪切、复制或粘贴到另一个操作。事件可以粘贴到序列编辑器中选定的操作上。如果将事件粘贴到序列编辑器中选定的操作上，那么系统会在操作开始时粘贴事件。如果将事件粘贴到序列编辑器的甘特图部分，则系统会将该事件粘贴到鼠标拾取位置。可以在图形查看器中选择多个位置，然后将其拖放到序列编辑器中操作的任何位置。

7.6.7 链接操作

可以在复合操作中的两个操作之间或两个顶层操作（即不是任何复合操作的子操作）之间创建链接，以便在一个操作完成时开始下一个操作。这些操作根据其选择的顺序进行链接。要在复合操作中链接操作，必须首先将所需复合操作设置为当前操作。

要链接操作，可执行以下步骤：

1）如果在复合操作的两个子操作之间进行链接，可在操作树中选择复合操作并将其设置为当前操作。选定的复合操作及其子操作显示在序列编辑器的树状区域和甘特图区域中。

2）按住<Ctrl>键选择第一个操作，在树状区域或甘特图区域中选择第二个操作。所选操作在树状区域显示为粗体，在甘特图区域以蓝色突出显示。在甘特图区域选择操作时，鼠标指针变为✥。

3）在甘特图区域，所选操作通过指示两个操作链接的时间点的箭头链接。

也可以通过将第一个操作的甘特图区域中的操作栏拖动到第二个操作的操作栏来链接操作。

7.6.8 重新排序

当在操作之间添加链接时，会导致操作按特定顺序进行。这不会自动更改操作树或序列编辑器中操作的显示顺序。可以根据链接顺序选择查看操作，这样可以更轻松地查看链接顺序的流程。

要查看按照链接顺序排序的操作，可使用鼠标右击序列编辑器中的任何操作，然后选择按链接重新排序命令。操作根据操作树和序列编辑器中的链接顺序进行重新排序。

还可以通过在操作树或序列编辑器中将操作拖放到任意顺序来重新排序操作。此时，不仅数据视图变化，而且复合操作中的操作顺序也变化。

7.6.9 取消关联操作

选择关联操作的任何一个操作，并单击取消链接按钮，即可取消关联操作。也可以使用鼠标右击将操作链接在一起的箭头，然后选择删除命令，从而取消关联操作。表示所选链接的箭头标记为蓝色，并且在甘特图中选择要删除的链接时，鼠标指针变为形状。

警告：取消关联操作之前，需要确保只选择操作中所需的链接，否则整个操作都将被删除。

7.7 碰撞检查

7.7.1 碰撞查看器

碰撞查看器是规划和优化装配过程的重要工具。可以使用碰撞查看器来检查装配过程中计划操作的可行性，并确保过程无碰撞。例如，在组装汽车车身时，可以使用碰撞查看器来回答以下问题：装配过程中，安装座椅的最佳时点是什么时候？在装配过程的建议阶段，是否有足够的空间获得座位？

可以使用“碰撞查看器”来显示碰撞集。例如，要将电源安装在PC机箱中，可以指定检查电源与PC机箱之间的碰撞，同时忽略硬盘与PC机箱之间的碰撞。

运行仿真时，碰撞查看器可以指示碰撞对象的碰撞曲线。可以在图形查看器中将碰撞视为报告或以图形方式查看。这可以进行交互式更正并优化过程以获得最佳结果。

在Line Simulation（线仿真）模式下工作时，碰撞查看器与标准模式下的零件相关。例如：

零件外观存在于碰撞集中。当碰撞集中包含特定的外观时，它会显示为它所代表的部分。系统可以检测与同一零件的任何其他外观的碰撞。切换回标准模式时，碰撞列表将显示零件名称，而不是零件外观。在标准模式下，系统检测与零件本身的碰撞。

7.7.2 碰撞查看器布局

使用碰撞查看器可以定义、检测和查看当前显示在对象树中数据的碰撞，以及查看碰撞报告。碰撞查看器布局如图7-102所示。

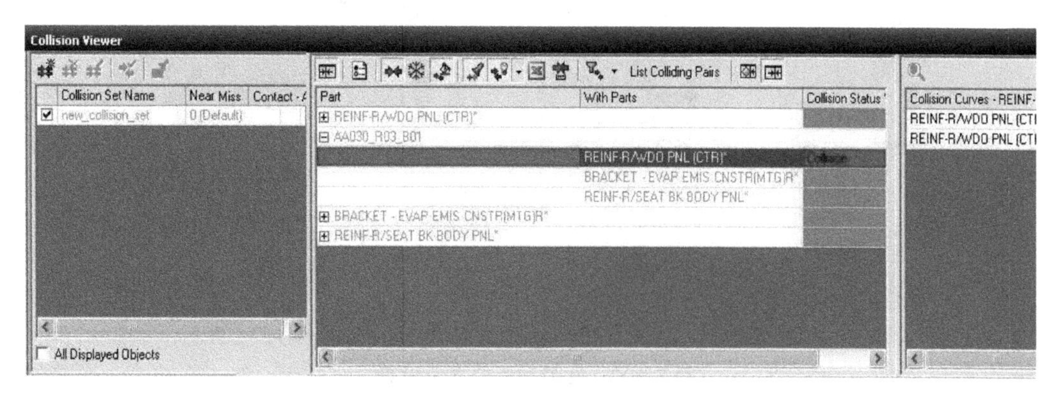

图7-102 碰撞查看器布局

碰撞查看器由三个窗格组成：

左侧窗格包含一个用于创建和管理碰撞集的编辑器。中间窗格显示碰撞结果并包含查看选项，主对象结点呈红色，碰撞对象呈蓝色。右侧窗格显示所选碰撞的碰撞曲线列表，每条曲线都以其碰撞对象命名。

碰撞查看器的左侧窗格包含以下选项，见表 7-6。

表 7-6　碰撞查看器左侧窗格中的选项

按键	工具	描述
	新的碰撞集	定义一个新的碰撞集
	删除碰撞集	删除以前创建的碰撞集
	编辑碰撞集	更改以前创建的碰撞集的定义
	快速碰撞	从所选对象快速创建碰撞集。该碰撞集显示在名称为 fast_collision_set 的碰撞查看器的左侧窗格中。使用此选项创建的碰撞集是一个自我集合，这意味着集合中的所有对象都会被检查是否相互碰撞。研究中可能只存在一个快速碰撞集。如果创建另一个，那么会替换之前的快速碰撞集。如果选定的对象仅由点云/点云图层组成，则快速碰撞被禁用。如果选定的对象包括点云/点云图层和其他对象，则所有的点云/点云图层均列在快速碰撞窗口的左侧窗格中
	强调碰撞集	强调在图形查看器中以黄色、蓝色和橙色设置的选定碰撞。在碰撞集编辑器的左侧、右侧或两列中列出的非碰撞实体用不同的颜色突出显示
☑ All Displayed Objects	所有显示的对象	激活后，检查图形查看器中显示的所有对象之间的碰撞。该选项忽略定义的碰撞集。启用此选项，可能会对系统性能产生重大影响。此选项不检查点云和点云图层

当强调碰撞设置被激活时，图形浏览器显示设置中选定的碰撞对象为黄色和蓝色（如果有碰撞，碰撞对象以红色突出显示，不论强调碰撞设置是否被激活），如图 7-103 所示。

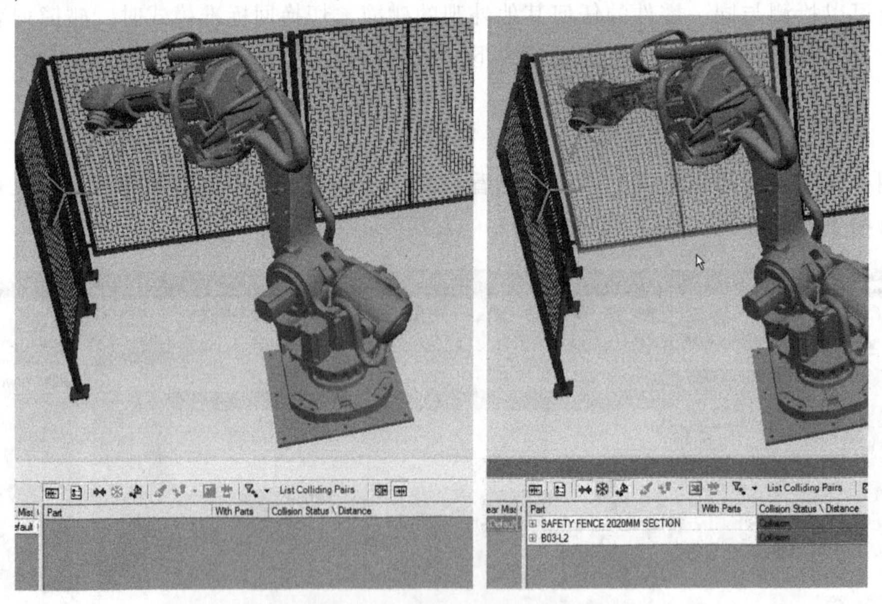

图 7-103　图形浏览器显示设置

碰撞查看器的中间窗格包含以下选项，见表 7-7。

表 7-7 碰撞查看器中间窗格中的选项

按键	工具	描述
	显示/隐藏碰撞集	显示/隐藏碰撞查看器的碰撞集编辑窗格
	碰撞模式打开/关闭	激活/取消激活碰撞模式
	冻结查看器	冻结碰撞查看器以防止在图形查看器中移动对象时动态更新碰撞报告
	碰撞选项	能够设置默认的碰撞选项
	显示碰撞曲线	切换图形显示中碰撞对象的碰撞曲线。不选中时，曲线显示为黄色。选中时，曲线显示为绿色。还可以在碰撞曲线窗格中使用鼠标右击曲线，然后选择缩放到命令，以放大碰撞曲线的显示。碰撞曲线不一定是连续的。它由多个段组成，当碰撞物体在某些地方相互接触但不接触其他物体时则会生成多个碰撞轮廓。点云和点云图层不会产生碰撞轮廓
	显示碰撞对	定义如何显示一对碰撞对象的碰撞状态。当没有单击按钮时，下拉选项被忽略，否则，应用以下选项之一。颜色选择对：所选对在图形查看器中被着色，主对象结点呈红色，碰撞对象呈透明蓝色，所有其他物体都是白色的。仅显示所选对：所选对显示在图形查看器中，所有其他项目不显示
	导出到 Excel	将信息保存在碰撞查看器中作为 . CSV 文件
	显示/隐藏碰撞曲线	显示/隐藏碰撞查看器的碰撞曲线窗格
	碰撞深度	计算碰撞物体的穿透深度
	颜色碰撞对象	切换碰撞对象的颜色突出显示，以便清晰查看碰撞对象。如果“显示碰撞线对”处于活动状态，那么此功能将在红色、透明蓝色和对象的原始颜色之间切换
	碰撞结果过滤器	过滤碰撞结果。选择以下选项之一：仅列出碰撞对（以红色突出显示），列出所有对（显示单元格中所有可见对象之间的距离）

碰撞查看器显示“零件”列中当前涉及碰撞的所有零件以及这些零件在“与零件”列中碰撞的零件。单击零件旁边的+号，可以查看与其碰撞的所有零件的列表，这些部分显示为正在查看部分的子代。选择父零件时，所有与子零件的碰撞都会突出显示。

碰撞曲线窗格可以选择在图形查看器中突出显示的曲线。也可以选择一条曲线，然后单击按钮以在图形查看器中对其进行缩放。在图形查看器中单击曲线，会在碰撞曲线窗格中自动选择该曲线。

图 7-104 所示为图形查看器中的碰撞。

图 7-105 所示为碰撞物体之间的碰撞曲线。

在运行模拟时，不会显示碰撞曲线，并且显示碰撞曲线图标变为不活动状态。但是，当模拟完成（或暂停）时，将再次显示碰撞曲线。

图 7-104　图形查看器中的碰撞

当使用碰撞设置选项卡中的最低可用级别选项时，碰撞查看器可以在链接和实体级别显示碰撞详细信息。按下碰撞查看器工具栏上的显示隐藏碰撞细节图标，可以打开碰撞细节窗格，如图 7-106 所示。

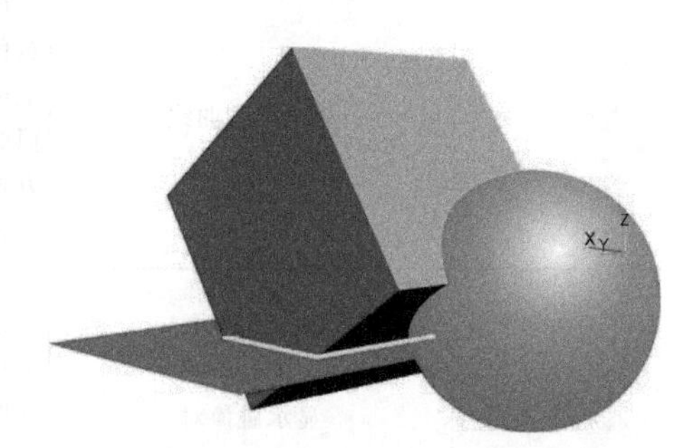

图 7-105　碰撞物体之间的碰撞曲线

7.7.3　新建及删除碰撞集

使用新建碰撞集选项可以在对象树或图形查看器中选择对象，并保存这些对象以检查碰撞或接近碰撞。

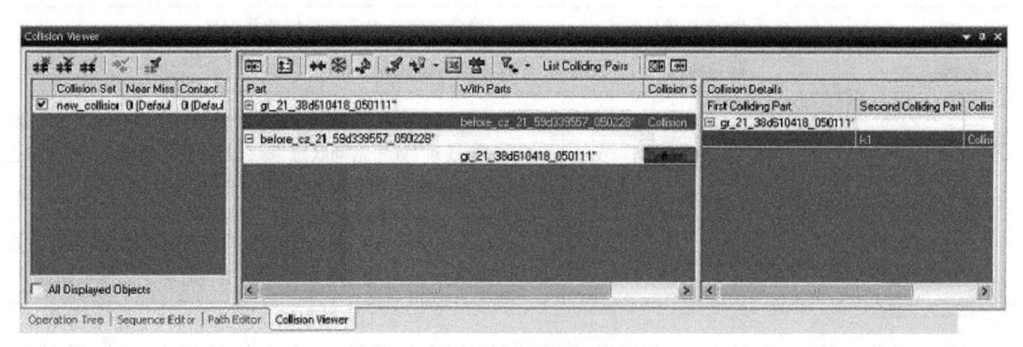

图 7-106　打开碰撞细节窗格

碰撞列表可以检查选定对象的列表，以便与另一组选定对象发生碰撞。自我设置检查集合中的每个对象，以便与集合中的其他对象发生碰撞。

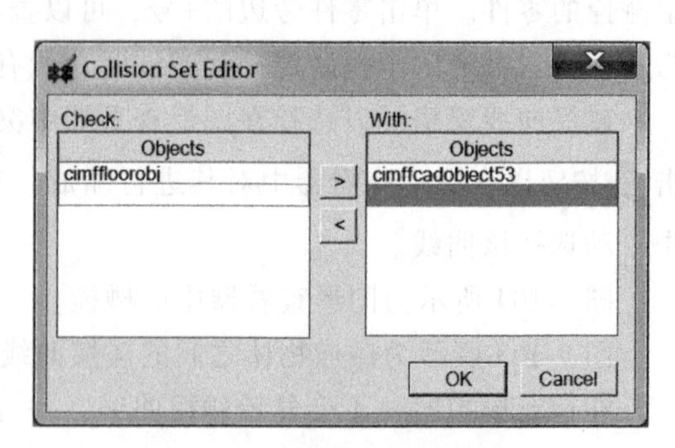

图 7-107　碰撞集编辑器对话框

1. 新建碰撞集

要新建碰撞集，可执行以下步骤：

1）在碰撞查看器中单击按钮，打开碰撞集编辑器对话框，如图 7-107 所示。

2）在对象树或图形查看器中选择对象，这些对象的名称显示在检查窗格中。

3）执行以下操作之一：

在创建自我设置时，每个对象都被检查是否与其他对象发生碰撞，将所有对象保留在检查窗格中。

创建碰撞列表时，选中的一个对象列表与另一个对象列表进行碰撞检查，单击 > 和 < 按钮可在检查窗格和With（共同）窗格之间交换对象，以选择对象进行碰撞检查。接下来，在检查窗格中选择一个对象，在With窗格中选择一个对象，然后单击确定按钮，该对象被添加到碰撞查看器作为碰撞集。

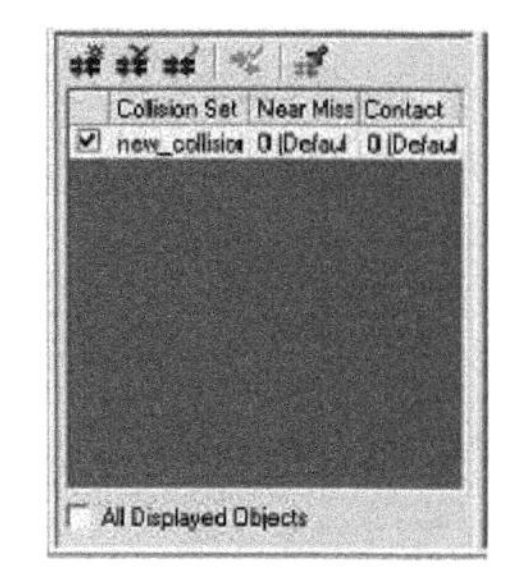

图 7-108　碰撞查看器的编辑窗格

4）在碰撞查看器中单击按钮，打开碰撞模式并检查与选定的一对物体的碰撞。当创建多个碰撞集时，它们将显示在碰撞查看器的编辑窗格中，如图7-108所示。

2. 删除碰撞集

使用删除碰撞集选项可以删除以前创建的碰撞集。要删除碰撞集，可执行以下步骤：

1）在碰撞查看器的编辑窗格中选择一个碰撞集。

2）单击按钮可以删除选定的碰撞集。

7.7.4　计算碰撞穿透深度

碰撞查看器可以计算出发生碰撞的物体的穿透深度。它使用穿透深度来显示一个向量，沿着这个向量来提取一个碰撞对象，从而解决碰撞。

系统无法计算碰撞状态接近错过或接触的物体的穿透深度。

要计算碰撞穿透深度并解决碰撞，可执行以下步骤：

1）在碰撞查看器的零件列表中，选择一个碰撞零件并单击按钮，出现碰撞深度对话框，如图7-109所示。

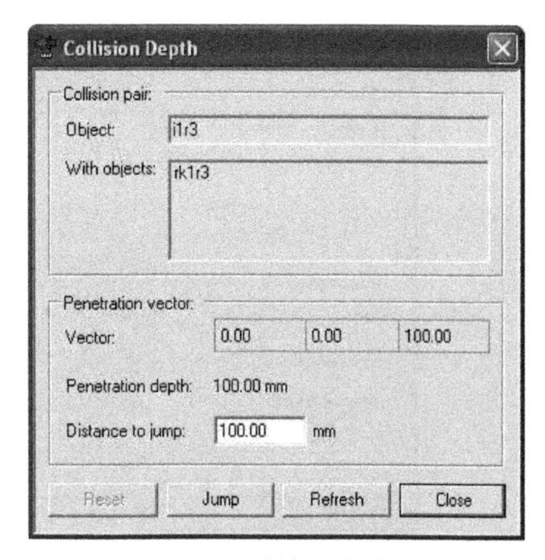

图 7-109　碰撞深度对话框

在碰撞对区域中，对象显示所选零件的名称，并且使用对象列出与选定零件相碰撞的所有零件。

在启动碰撞深度对话框之前，可以从碰撞查看器中的With Parts列表中选择一个零件。在这种情况下，With对象中只有一个条目。

在穿透矢量区域，矢量显示穿透矢量的x、y和z方向分量，穿透深度显示碰撞物体的穿透深度。

当碰撞深度对话框处于活动状态时，图形查看器将以红色显示碰撞对象，并以黄色显示碰撞穿透向量。向量的方向指向移动所选碰撞部分的方向，向量的大小为移动它以解决碰撞状态的距离。

可以配置穿透矢量的颜色，如图7-110所示。

碰撞深度不检查点云和点云图层。

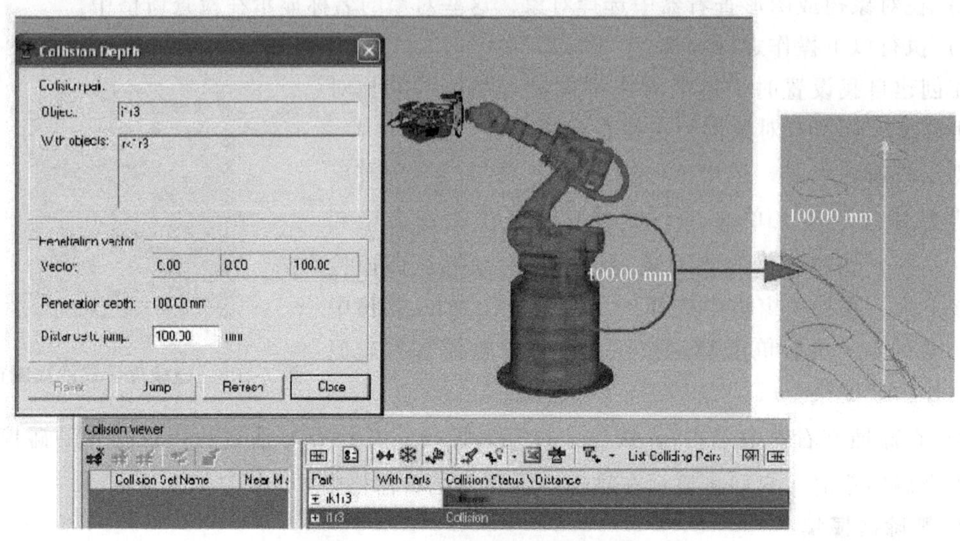

图 7-110　配置穿透矢量的颜色

2）默认情况下，跳跃距离显示碰撞对象的穿透深度。这是移动选定碰撞部分以解决碰撞状态所需的距离。在消除碰撞状态时，如果希望在碰撞物体之间创建额外间隙，那么更改此距离。

如果有多种解决方案来解决碰撞的状态，那么系统会选择最短的向量。

如果碰撞部分与多个物体发生碰撞，那么系统会计算出解决碰撞部分和与其碰撞的所有物体之间碰撞状态的最短向量。

3）单击跳转按钮。系统将选定的碰撞部分移动到碰撞物体切向量方向。碰撞已解决，图形查看器和碰撞查看器均显示新状态，即无碰撞，如图 7-111 所示。

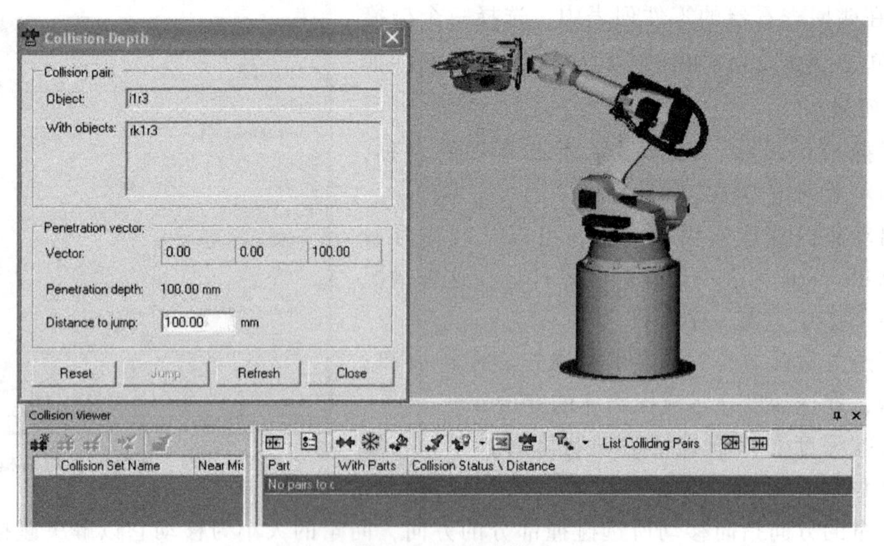

图 7-111　无碰撞

4）如果对解决方案不满意，可单击重置按钮以恢复到碰撞状态。

5）如果对碰撞状态进行了更改，可单击刷新按钮，再次进行穿透向量的计算。注意：

如果所做的更改已使碰撞得到解决，那么系统将显示“穿透不再处于活动状态”的信息。

6）单击关闭按钮，可以退出碰撞深度对话框。

7.7.5 添加激活碰撞集事件

可以创建激活碰撞集事件以激活模拟中选定点的碰撞集。将所需的碰撞集添加到事件后，激活碰撞集事件将在模拟所选操作时的配置时间激活碰撞集。要添加和配置激活碰撞集事件，可执行以下步骤：

1）使用鼠标右击对象树中的所需操作，然后选择激活碰撞集事件命令，显示激活碰撞集事件对话框，从中列出了当前研究中定义的碰撞集，如图7-112所示。

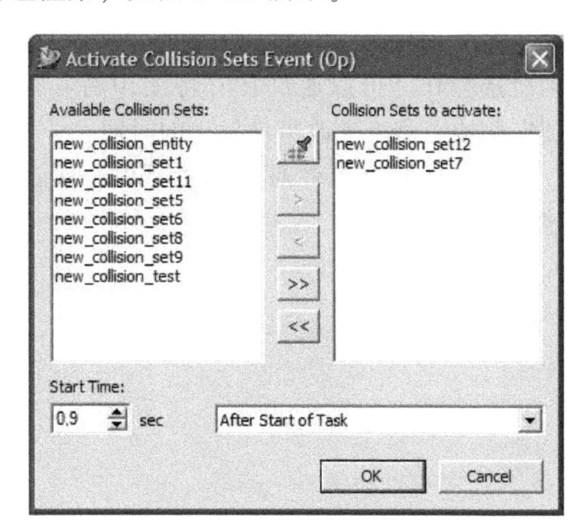

图7-112 激活碰撞集事件对话框

2）使用对话框中心的箭头按钮，将碰撞集配置为激活列表。激活碰撞集事件发生时，此列表中的碰撞组被激活，保留在可用碰撞集列表中的碰撞集不受影响。

3）如果无法识别特定碰撞，可选择它并单击强调碰撞集按钮。此时，图形查看器中的碰撞集以蓝色和黄色突出显示，再次单击强调碰撞集按钮，可恢复正常查看。当选择单个碰撞集时，强调碰撞组按钮被激活。当选择多个碰撞集时，它被禁用。

4）配置激活碰撞集事件相对于任务开始或结束的开始时间：选择开始时间值（以秒为单位），从下拉列表中可选择任务开始后或结束任务之前选项。

5）要配置现有的激活碰撞集事件，可双击它。

6）单击确定按钮。激活碰撞集事件（在甘特图中用红色标记指示）将在指定的时间添加到选定的操作中。可以通过在甘特图中将其拖动到左侧或右侧来更改事件发生的时间。

当激活碰撞集事件对话框打开时，不能创建和编辑碰撞集。

7.7.6 添加取消激活碰撞集事件

可以创建一个取消激活碰撞集事件，以停用仿真中选定点的碰撞集。将所需的碰撞集添加到事件后，取消激活碰撞集事件会在模拟所选操作时在配置的时间停用碰撞集。要添加和配置取消激活碰撞集事件，可执行以下步骤：

1）在操作树中使用鼠标右击所需的操作，然后选择取消激活碰撞集事件命令，将显示禁用碰撞集事件对话框，从中列出了当前研究中定义的碰撞集，如图7-113所示。

2）使用对话框中心的箭头按钮，将碰撞集配置为取消激活列表。发生禁用碰撞集事件时，此列表中的碰撞集将被禁用，保留在可用碰撞集列表中的碰撞集不受影响。

3）如果无法识别特定碰撞，可选择它并单击强调碰撞集按钮。此时，图形查看器中的碰撞集以蓝色和黄色突出显示，再次单击强调碰撞集按钮，可恢复正常查看。当选择单个碰撞集时，强调碰撞集按钮被激活。当选择多个碰撞集时，它被禁用。

4）配置禁用碰撞集事件相对于任务开始或结束的开始时间：选择开始时间值（以秒为单位），从下拉列表中可以选择任务开始后或结束任务之前选项。

5）要配置现有的禁用碰撞集事件，可双击它。

6）单击确定按钮。由甘特图中的红色标记指示的禁用碰撞集事件将在指定的时间添加到所选操作。可以通过在甘特图中将其拖动到左侧或右侧来更改事件发生的时间。

当禁用碰撞集事件对话框打开时，无法创建和编辑碰撞集。

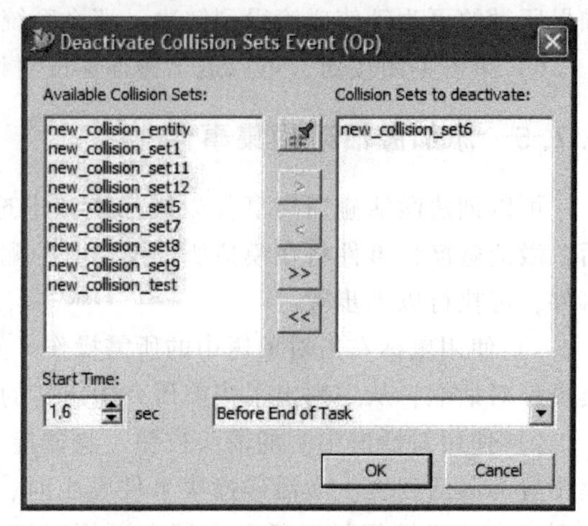

图 7-113　禁用碰撞集事件对话框

第8章

Process Simulate的机器人仿真

8.1 复制和移动位置

在路径编辑器和操作树中，可以使用复制、剪切或拖放来在操作之间复制或移动位置。系统在重新分配操作时保留尽可能多的位置信息。

图 8-1 所示为操作树中机器人 rob2 和 rob3 的匹配坐标系 kr2210_rob2. uf2 和 kr2210_rob3. uf2。

使用机器人工具箱工具对话框向机器人添加工具，会自动添加坐标系定义。将新机器人分配给操作时，会自动执行位置重新评估和系统坐标系更新。所有位置都分开处理。

如果没有匹配，那么系统坐标系信息将从该位置删除。

以下示例涉及 FANUC（发那科）机器人控制器，但同样适用于所有定制机器人控制器。如果为某个位置设置了特定的坐标系，如图 8-2 所示。

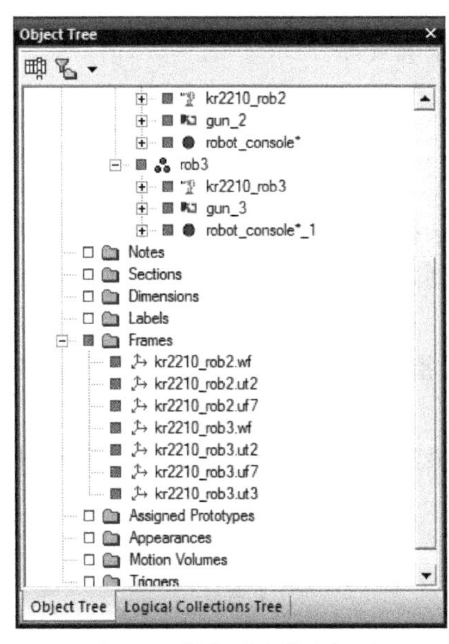

图 8-1 操作树中的坐标系

Path Editor

Paths & Locations	Uframe	Utool	Work Tool
Weld_Op_rob2			
via2			
via1	7	2 -- Frame	
via5		3 -- Work Tool	Tool3
via5			
wp4			
wp5			
via6			
via7			
wp6			
via8			
via1			

Sequence Editor | Path Editor | Collision Viewer

图 8-2 为某个位置设置了特定的坐标系

复制位置时，会保留坐标系信息，如图 8-3 所示。

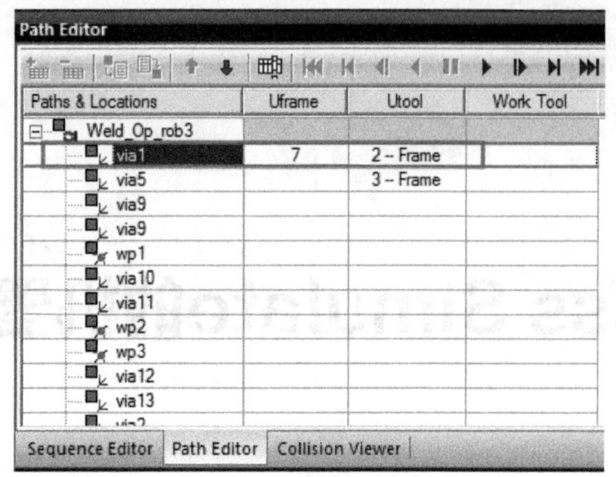

图 8-3　保留坐标系信息

8.2　主页

主页命令返回一个设备或机器人到原来的位置。

8.3　关节工作限制

关节工作限制命令切换限制计算的全局状态。此外，它可自动切换选项对话框的运动选项卡中的指示关节工作极限参数，而无须打开选项对话框。运行指示关节工作限制后，Process Simulate 计算并显示以下所有关节限制颜色指示：

首先打开图形查看器，利用自动接近角到达测试自动算出接近角，之后通过 Jog 饼形图判断机器人放置位置。

当指定关节工作限制时，Process Simulate 消耗大量系统资源。

8.4　跳转指定机器人

跳转指定机器人命令可以分配给当前操作跳转到所选择位置的机器人。可以使用此命令快速验证哪个机器人被分配到该操作，以及它是否可以到达选定的位置。要跳转到指定位置的机器人，可执行以下操作：

选择一个位置并选择机器人选项卡→到达组→跳转指定的机器人选项，指定的机器人（分配给包含选定位置的操作）跳转到选定的位置。

机器人根据安装的机器人控制器中的数据跳转。如果没有安装这样的控制器，则使用默认的机器人控制器。

8.5　跳转到位置

使用跳转到位置命令，可以为了一个机器人跳转到一个位置，看看机器人是否能达到所选位置。将机器人跳转到某个位置，可执行以下步骤：

1）选择一个机器人并选择机器人选项卡→到达组→跳转到位置选项，跳转到位置模式已激活，鼠标指针变为+形状。

也可以通过双击可达性测试对话框中的某个位置来跳转到位置。

2）在图形查看器或操作树中单击全局位置，机器人跳转到选定的位置。机器人 TCPF（工作坐标）的 z 轴与选定位置的 z 轴相匹配。如果无法到达所选位置，则状态栏中将显示机器人无法到达的位置信息。

3）根据需要将机器人跳转到更远的位置。

要将机器人返回到起始位置，可选择机器人选项卡→运动学组→主页选项，然后进行设置。

4）要离开跳转到位置模式并返回到选择模式，可选择查看选项卡→方向组→选择选项。

5）机器人根据安装的机器人控制器中的数据跳转。如果没有安装这样的控制器，则使用默认的机器人控制器。

8.6 限制关节运动

使用限制关节运动命令可切换关节活动受限的全局状态。图 8-4 所示为物理和工作限制。

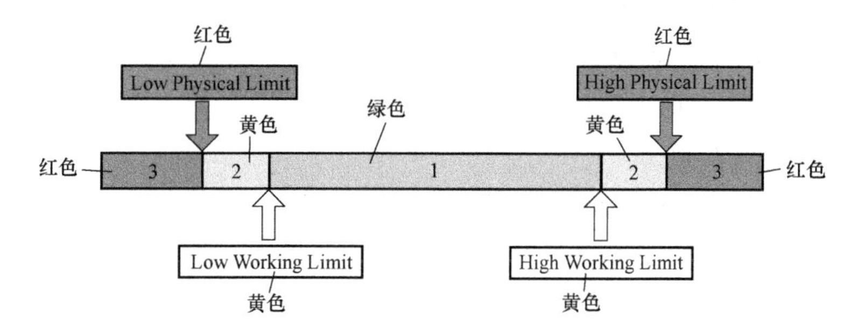

图 8-4 物理和工作限制

1）红色：物理关节限制。实际的设备关节不能超过此限制。物理关节限制由机器人 Mfg 定义。如果限制关节运动关闭，则关节超过此限制移动。

2）黄色：工作关节限制。可以扩展物理限制以确保关节不接近实际的物理限制。这种添加被称为工作极限，有利于延长机器人的使用寿命。可以随时调整工作限制以适应当前的限制。

3）绿色：工作区域。

单击按钮，可将关节运动限制在物理限制范围内（绿色和黄色）。此外，选项对话框的运动选项卡中的限制关节运动参数会自动设置，无须打开选项对话框。再次单击按钮，可取消限制关节运动。此外，选项对话框的运动选项卡中的限制关节运动参数会自动清除，无须打开选项对话框。

8.7 安装工具

使用安装工具命令，可以在机器人上安装工具和组件。可在连接到机器人的资源上安装工具和组件。

当安装具有工具坐标系的工具时，机器人的 TCPF 将移动到该坐标系。当机器人移动时，安装物体随着机器人的底座移动。

通常会安装一个工具来执行某些任务。例如，可以在机器人上安装焊枪，以便机器人可以在工作站的不同位置执行多个焊接任务。执行任务所需的工具可能太大而无法安装在机器人上。在这种情况下，待焊接的物体安装在机器人上，然后由机器人带到工具的位置，以执行所需的任务。默认情况下，在选择机器人之前，安装工具命令处于禁用状态。要安装工具，可执行以下步骤：

1）选择组件作为挑选等级。

2）选择一个机器人并选择机器人选项卡→工具和设备组→装载工具选项，系统显示安装工具对话框，如图 8-5 所示。

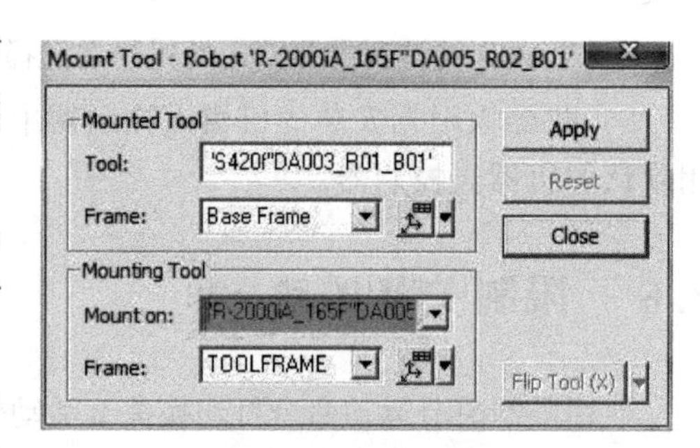

图 8-5　安装工具对话框

3）在图形查看器或对象树中选择一个工具。当在图形查看器中选择对象时，鼠标指针变为+形状。系统在工具栏中显示工具的名称。

4）从已安装工具区域的坐标系下拉列表中选择参考坐标系。参考坐标系确定如何将工具安装到目标机器人（或已安装的资源）上。可以单击参考坐标系按钮旁边的下拉按钮，并使用四种可用方法之一指定坐标系的新位置来临时修改所选坐标系的位置。

5）在目标机器人或资源上选择一个安装坐标系：

① 从安装工具区域的安装在下拉列表中选择包含安装坐标系的机器人或资源。

系统只显示至少有一个可用坐标系的资源。

② 从安装工具区域的坐标系下拉列表中选择坐标系。

6）单击应用按钮。

如果工具安装不正确，可单击重置按钮，将工具返回到其先前位置，并更改工具参考坐标系的位置。如果工具安装在正确位置但方向错误，可单击翻转工具按钮，从下拉列表中选择一个轴，该工具可以在所有方向（x、y 和 z）上以 90°增量翻转。

安装的工具在对象树中的标记如图 8-6 所示。

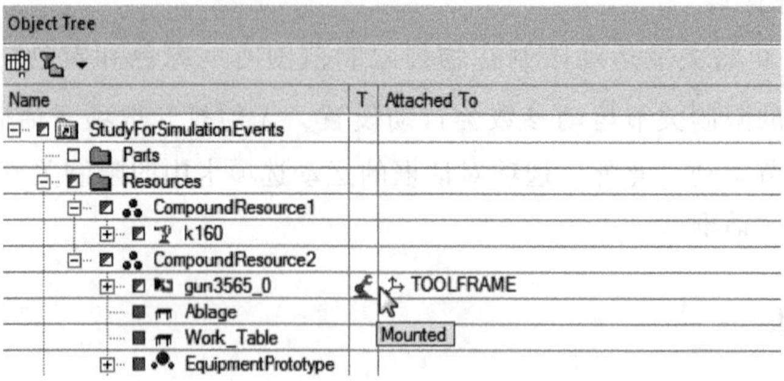

图 8-6　标记

7）当对安装工具的位置感到满意时，可单击关闭按钮。

在机器人上安装伺服枪，会自动将伺服枪关节添加到机器人外轴列表中。

8.8 到达测试

使用到达测试命令，可以测试机器人是否能到达所有的地点，以及优化单元布局。打开机器人的位置控制器，并打开机器人的测量范围对话框，可以观察移动机器人或位置时如何更新达到指示。

图 8-7 到达测试对话框

要进行到达测试，可执行以下步骤：

1）选择图形查看器或对象树中的机器人，然后选择机器人选项卡→到达组→到达测试选项，显示到达测试对话框，如图 8-7 所示。

所选机器人的名称显示在机器人选项中。

2）单击按钮可展开到达测试对话框，如图 8-8 所示。

3）选择位置选项，然后在图形查看器中选择要测试的位置（当在图形查看器中选择位置时，鼠标指针变为+形状），所选的要测试的位置显示在展开后的到达测试对话框的位置选项中，符号显示在 R 字段中，指示机器人是否可以到达位置。符号描述见表 8-1。

也可以在图形查看器或操作树中选择位置，然后选择机器人选项卡→到达组→到达测试选项，显示到达测试对话框，其中已显示在位置选项中选定的位置。当双击某个位置时，如果可以到达，那么机器人会跳转到该位置。

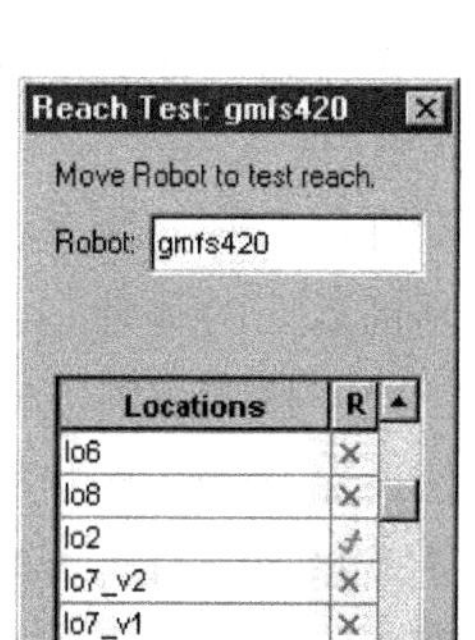

图 8-8 展开后的到达测试对话框

4）单击关闭按钮，关闭到达测试对话框。

当从 Process Designer 访问 Process Simulate 并更改了位置属性时，应使用更新数据更改为 eMServer 命令来更新 eMServer 数据库。否则，Process Simulate 中所做的更改将不会存储在 eMServer 中。

表 8-1 符号描述

符号	描述
✓	机器人可以到达该位置。图形查看器中的位置为蓝色
	机器人部分可到达的位置。机器人到达该位置，但必须旋转其 TCPF（工作坐标）以匹配目标位置的 TCPF
	机器人在其工作限制之外（但在其物理限制内）具有可达性
	机器人部分可达性超出其工作限制（但在其物理限制内）。机器人到达该位置，但必须旋转其 TCPF 以匹配目标位置的 TCPF
	机器人完全可到达超出其物理限制的位置
	机器人部分可到达超出其物理限制的位置。机器人到达该位置，但必须旋转其 TCPF 以匹配目标位置的 TCPF

（续）

符号	描述
✕	机器人根本无法到达该位置。图形查看器中的位置以红色显示
[空白]	空白单元格表示机器人的可达性与以下原因之一无关： 该位置不投影到任何部分

注意：到达测试能找到最佳的可达性解决方案。例如，机器人工作限制内的部分可达性优于工作限制以外的完全可达性，而工作限制之外的部分可达性优于物理限制之外的完全可达性。

8.9 机器人移动

使用机器人移动选项可以操纵机器人及其位置。它包含许多扩展区，可以方便地访问操作机器人所需的命令。机器人移动对话框如图 8-9 所示。

机器人移动对话框可以操纵以下几个方面的机器人：

推动机器人时，通过将其锁定到选定的配置来限制机器人的移动。将机器人 TCPF 锁定在特定位置。移动机器人时，其所有关节都会进行补偿以保持 TCPF 位置。当机器人底座锁定在沿轨道移动的滑轨上时也是如此，也可以从机架释放机器人底座。

显示并移动机器人的所有关节，既可以是内部的（如关节点动命令），也可以是外部的。

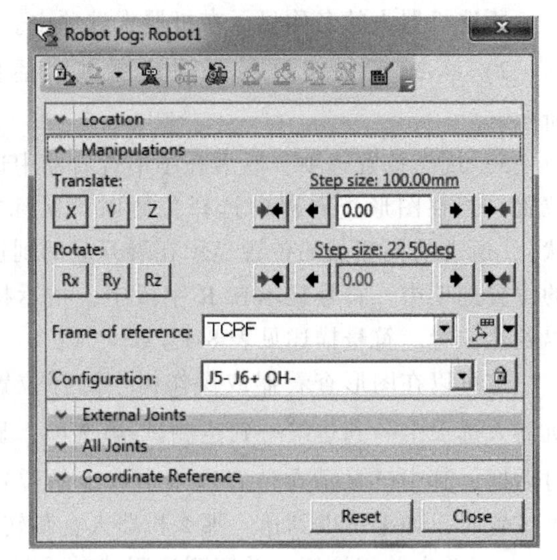

图 8-9 机器人移动对话框

如果正在操作嵌在设备下的机器人，并且机器人 TCPF 被锁定，那么移动机器人或其关节（包括外部关节）会导致设备的所有嵌套组件与机器人一起移动。另外，没有嵌套在机器人的父设备下但是连接到机器人或其连接的组件也与机器人一起移动。此功能有助于使用包含机器人本身及其所有附件的机器人设备。当机器人移动或旋转到碰撞中时，将考虑整个设备以及连接到机器人本身或机器人连接的所有组件。

如果打开设备进行建模，机器人将单独移动。在这种情况下，设备嵌套组件位置的任何变化都会传播到同一设备原型的所有其他实例。

双臂：如果选择了一台带有两个或更多机器人的设备原型，执行机器人移动选项将打开“机器人移动：双臂机器人”对话框。这可以将一个机器人定义为主机，将另一个（或其他）定义为从机。启用主从模式，从机器人的动作跟踪主机器人的动作。不能点动从机器人。

要移动机器人，可执行以下步骤：

1）选择 Component（组件）作为 Pick Level（选择点）（参考在图形查看器中选择对象）。

2）选择分配给机器人的机器人或位置，然后选择机器人选项卡→到达组→机器人移动选项，显示机器人移动对话框，如图 8-10 所示。

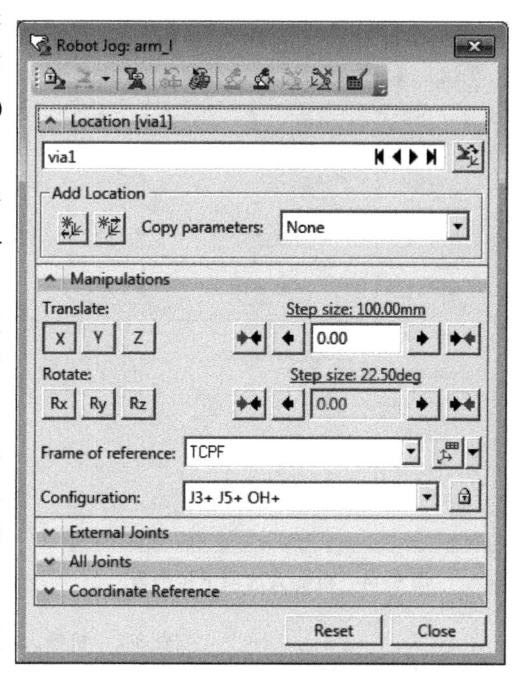

图 8-10 机器人移动对话框

默认情况下，操纵区域展开，系统在机器人的工具框上放置一个操纵器坐标系，如图 8-11 所示。

如果在启动机器人移动之前选择了某个位置，则位置区域也会展开并填充所选位置。当选择具有两个或更多个机器人的设备原型时，启动机器人移动将打开“机器人移动：双臂机器人”对话框（在这种情况下，没有位置区域），如图 8-12 所示，双臂机器人如图 8-13 所示。

“机器人移动：双臂机器人”对话框包含顶部的机器人选项和机器人角色选项。它还具有附加的启用主从模式按钮。

在机器人选项下拉列表中，包含嵌套在设备原型下的机器人选项。使用该选项可选择想要移动的机器人，或者在该选项处于活动状态时，从任何查看器或树中选择嵌套在设备原型下的机器人。机器人选项下拉列表如图 8-14 所示。

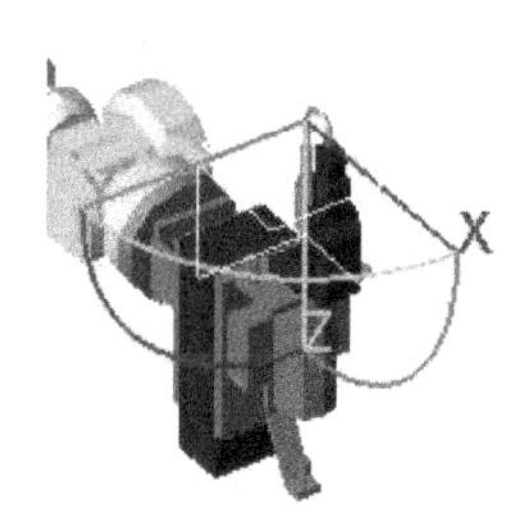

图 8-11 操纵器坐标系

在机器人角色下拉列表中，可将一个机器人定义为主机，将一个或多个其他机器人定义为从机。首先在机器人选项下拉列表中选择机器人，然后定义每个机器人的角色，如图 8-15 所示。

3）在机器人操控栏，各图标功能介绍见表 8-2。

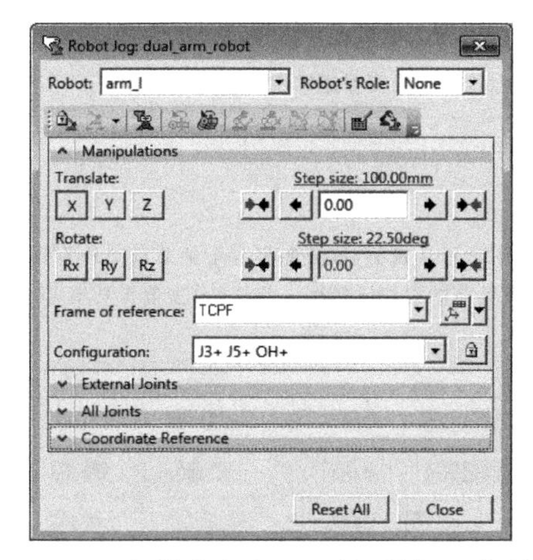

图 8-12 “机器人移动：双臂机器人”对话框

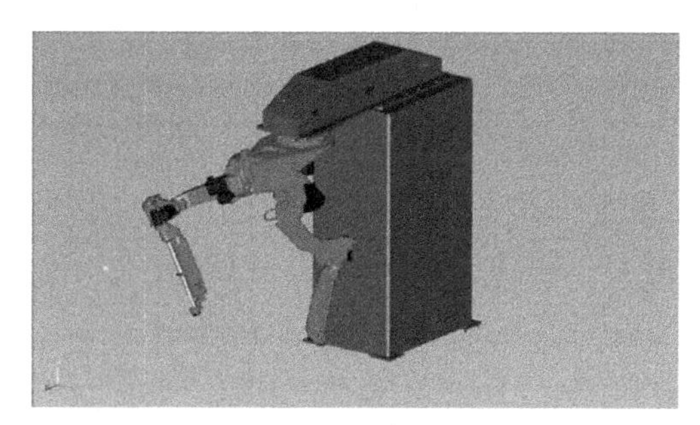
图 8-13 双臂机器人

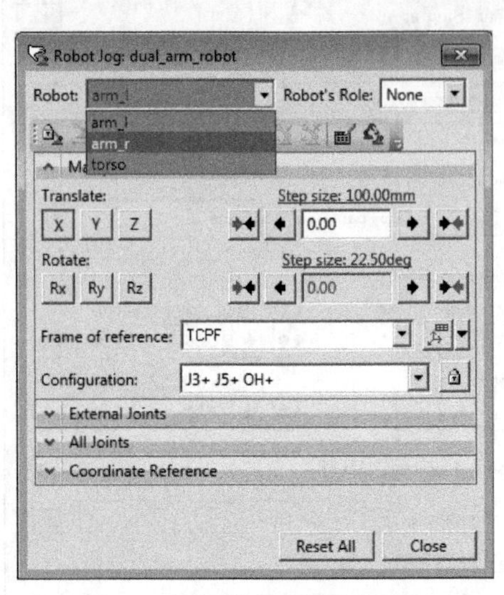

图 8-14　机器人选项下拉列表

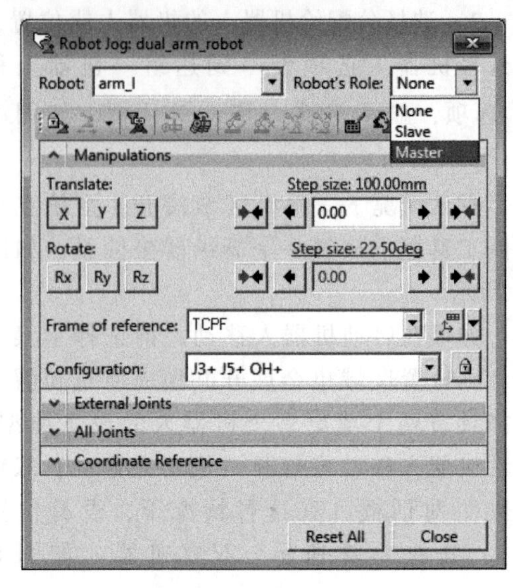

图 8-15　定义机器人角色

表 8-2　机器人操控栏中的各图标功能

<table>
<tr><th>图标</th><th>名称</th><th>功能</th></tr>
<tr><td></td><td>锁定 TCPF</td><td>将机器人的 TCPF 锁定在当前位置。当机器人移动时，它调整关节以补偿移动并确保机器人 TCPF 保持在其当前位置。注意：锁定机器人的 TCPF 将删除放置操纵器并折叠机器人移动对话框中的操纵区域。如果机器人拥有外部轴，则外部接头区域将展开</td></tr>
<tr><td></td><td>启用机器人放置，
并启用机器人和附件链放置</td><td>默认情况下，机器人的基本坐标系被锁定在当前位置。因此，当此选项激活时，机器人安装在滑轨上并沿滑轨移动时，机器人将调整其关节以补偿移动，并确保机器人 TCPF 保持其当前位置
如果想释放机器人底座并更改机器人的位置，可设置启用机器人放置。注意：该功能在机器人的底座上应用放置操作器，并展开机器人移动对话框中的操作区域。单击图标右侧的箭头按钮并选择启用机器人和附件链放置，可以将机器人与所有连接的对象（如滑轨）一起移动</td></tr>
<tr><td></td><td>设置位置的
外部轴值</td><td>能够配置和存储当前位置上机器人关节的外部轴的逼近值。双击此图标将自动设置所选位置上的外部轴的值。注意：该功能仅在跟随模式打开时可用</td></tr>
<tr><td></td><td>清除位置的
外部轴值</td><td>清除当前位置的外部轴值</td></tr>
<tr><td></td><td>显示从属关节</td><td>默认情况下，机器人调整对话框不显示从属关节（复制另一个关节运动的关节）。单击此图标可显示从属关节。依赖关节的滑块已禁用。此外，无法重置其值、下限和上限
<table>
<tr><th>Joint</th><th>Value</th><th></th><th></th><th></th></tr>
<tr><td>j1</td><td></td><td>0.00</td><td>-180.00</td><td>180.00</td></tr>
<tr><td>j2</td><td></td><td>0.00</td><td>-65.00</td><td>85.00</td></tr>
<tr><td>sub1</td><td></td><td>0.00</td><td>-180.00</td><td>70.00</td></tr>
<tr><td>j6</td><td></td><td></td><td></td><td></td></tr>
<tr><td>j1 (empty)</td><td></td><td>0.00</td><td>(None)</td><td>(None)</td></tr>
</table></td></tr>
</table>

（续）

图标	名称	功能
	将所选软限制重置为硬限制	将选定的软限制重置为关节的硬限制
	将所有软限制重置为硬限制	将所有软限制重置为其关节的硬限制
	示教位置	将以下内容应用于所选位置： • 当前机器人配置（分配给嵌套位置的操作的机器人） • 当前位置（将位置存储为示教位置的参数，以便将其用于模拟）
	清除示教位置	从所选位置删除配置和示教位置
	机器人调整设置	提供列管理和关节选项（用于外部关节和所有关节区域） 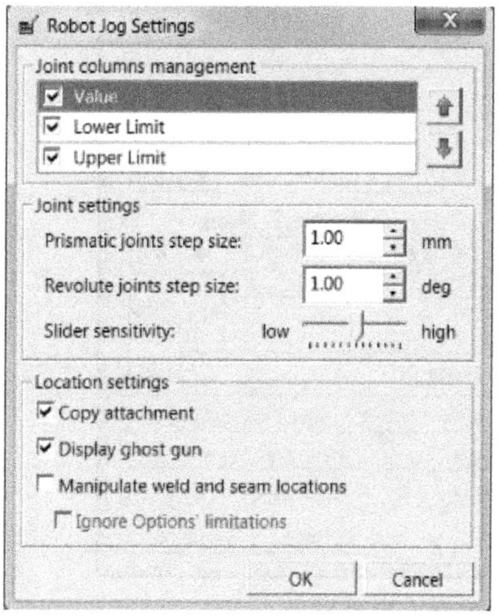 • 在关节列管理区域中，选中要显示的列并清除要隐藏的列 注意：该关节列是强制性的，总是在左边第一列。它未在选项对话框中列出 • 选择一列，然后设置所需的顺序 • 配置移动关节步长（对于伸缩关节）和回转关节步长（对于旋转关节），以在单击值列右侧的箭头时配置步长 可以在机器人移动调整对话框的数值列中配置滑块的灵敏度 • 如果要将参考位置的附件复制到新位置，可选择复制附件复选框 • 当不使用跟随模式时，可以设置显示重影以显示一个焊枪，显示焊枪在跟踪位置时的行为方式。如果机器人无法到达该位置，则会创建一个重影枪并放置在该位置。当所选位置在机器人范围内时，重影枪消失，机器人跳到选定位置 • 如果要在跟随模式处于活动状态时移动过程操作位置，可单击操作焊缝和接缝位置（默认情况下未选中）选项。可以选择忽略选项限制复选框以阻止在选项对话框的焊接和连续选项卡中设置的限制
	启用主从模式，仅在“机器人点动：双臂机器人”对话框中可用	单击主从模式按钮可打开或关闭模式。启用后，所有从机器人操纵器均被禁用。此外还可以在跟踪期间锁定任何机器人的配置或 TCPF

4）展开操纵区域，如图 8-16 所示。

执行以下任何操作：

① 使用操纵器或机器人移动对话框的操纵区域中的控件移动和操作机器人。

② 默认情况下，参考坐标系是机器人的 TCPF。可以将参考坐标系更改为其他坐标系：从参考坐标系下拉列表中选择一个坐标系。也可以单击按钮，创建一个新的参考坐标系。

5）可以单击按钮，并从配置下拉列表中选择一个配置，来将机器人锁定在单个配置中。

机器人的当前位置决定配置下拉列表中显示哪些配置。

当机器人未锁定在单个配置中时，当前机器人配置会持续显示和更新。

6）在所有的关节区可以调整机器人的关节值，而不必访问 Joint Jog（关节运动），如图 8-17 所示。

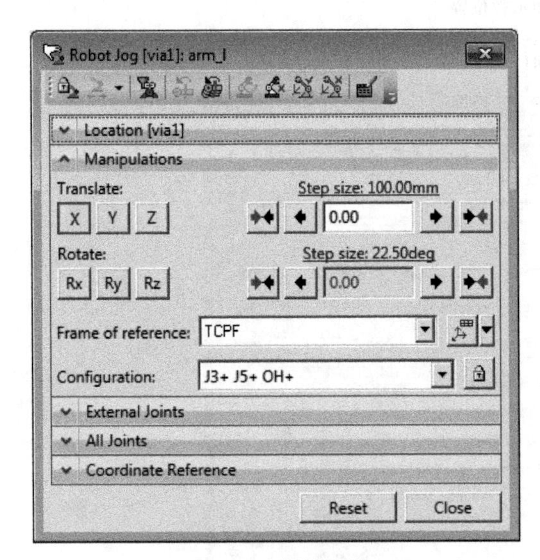

图 8-16 操纵区域

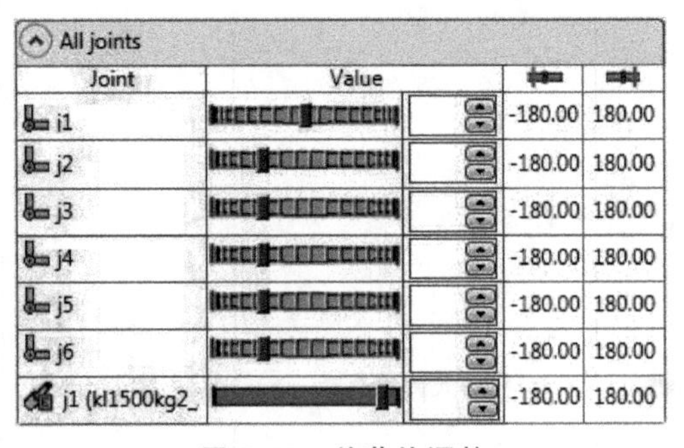

图 8-17 关节值调整

可以在机器人移动对话框中将关节的软限制设置为高于硬限制的值。该对话框将黄色背景添加到超过软限制值的单元格，并在该值处悬停显示工具提示，如图 8-18 所示。

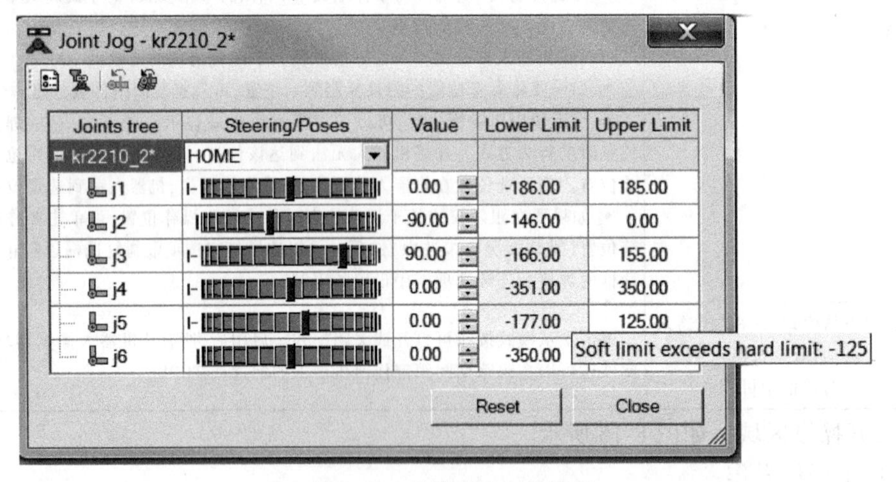

图 8-18 悬停显示工具提示

也可以调整机器人的外部轴的值。

手动调整关节值可以让应用配置锁定约束，这些约束在使用关节点动时无法应用。

7）可以使用外部关节区域来调整机器人外部关节的值，而不必访问关节点动，如图 8-19 所示。

8）可以使用坐标参照区域来测量所选位置相对于不同坐标系的位置，如图 8-20 所示。

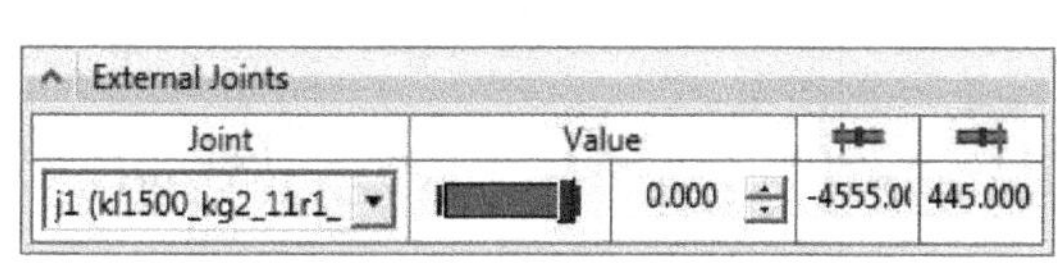

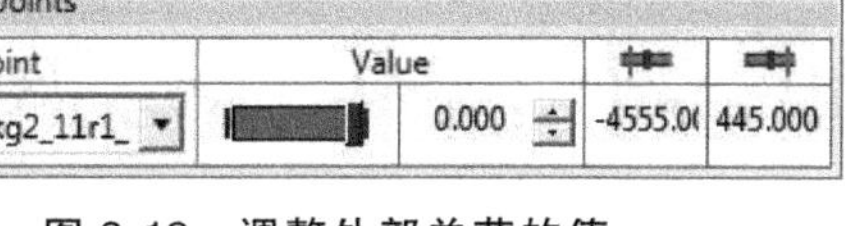

图 8-19 调整外部关节的值

图 8-20 坐标参照区域

① 从位置相对下拉列表中选择一个坐标系（默认情况下为工作坐标系）。

坐标参考区域更新原始坐标系（顶部行）和参考坐标系（底部行）的值。

② 选择按步骤大小捕捉复选框以增加或减少操纵区域中步长设置的增量。

9）可以使用机器人移动对话框将机器人操纵到所需的位置，并将位置保存为新的机器人姿势。

① 操作机器人后，单击按钮，显示标记姿势对话框，如图 8-21 所示。

② 编辑姿势名称并单击确定按钮。

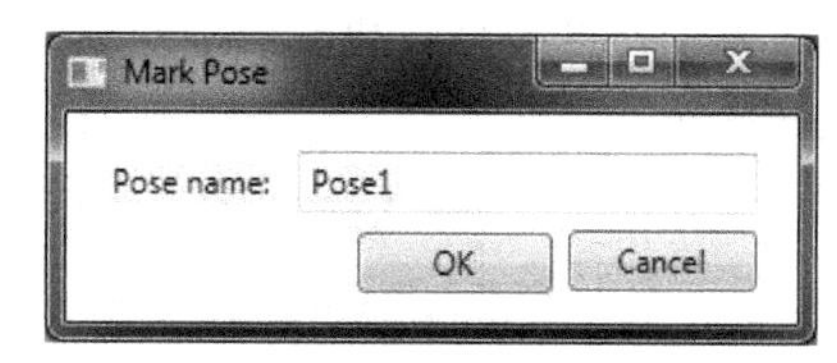

图 8-21 标记姿势对话框

10）单击重置按钮旁边的箭头，然后选择以下选项之一：

重置当前位置：撤销自启动机器人移动以来对当前位置所做的更改。

重置所有编辑的位置：撤销自启动机器人移动以来对所有位置所做的更改。在撤销更改之前，系统会提示进行确认。

11）可以单击重置按钮以撤销使用机器人手动进行的更改。自启动机器人移动后，系统将回滚对当前位置所做的更改，并将所有内部和外部关节重置为初始值。

12）单击关闭按钮关闭对话框，并结束机器人手动会话。

8.10 智能放置

使用智能放置选项能够找到机器人和固定装置的最佳位置。它可以使用以下两种模式之一：

1）机器人布局：能够确定机器人可以完全、部分或碰撞到达选定组位置的点的范围。这能够优化定位机器人。

选择机器人和位置后，定义一个搜索区域（2D 或 3D），指定希望系统检查的点数。Process Simulate 检查网格中的每个目标点（建议的机器人位置），并计算机器人是否可以从建议的机器人位置到达所有定义的位置。

在此模式下，还可以使用智能放置选项创建碰撞集。

2）夹具放置：能够确定选定的一组机器人在执行关联操作时可以完全、部分或碰撞到达选定夹具（零件和资源）的点的范围。这可以最佳地定位夹具，同时保持机器人的可达性。

选择机器人及其相关操作和固定装置后，定义一个搜索区域（2D 或 3D），指定希望系统检查的点数。Process Simulate 检查网格中的每个目标点（建议的夹具位置），并计算机器人在执行操作时是否可达到建议的夹具位置。

如果在嵌套在设备下的机器人上或固定装置上运行该命令，那么智能位置可达性和碰撞计算会考虑整个设备。机器人的自身坐标系被用作参考坐标系。

如果机器人/夹具的父级设备打开建模（设置建模范围），那么智能位置可达性和碰撞计算仅基于机器人/夹具。

当选择了多个夹具时，系统与包含所有定义的夹具的边界框的几何中心点相关。

对于机器人和夹具放置，系统会通过显示结果的颜色编码图形表示。然后，可以找到最佳位置的机器人或固定装置，确保所有机器人完全可以连接到所有固定装置和位置。

要执行机器人智能放置，可执行以下步骤：

1）选择机器人选项卡→工具组→智能放置选项，显示智能放置对话框，并在图形查看器中标记默认搜索区域。

为了简单起见，智能放置对话框打开时为空，网格的默认尺寸显示在搜索区域中，如图 8-22 所示。

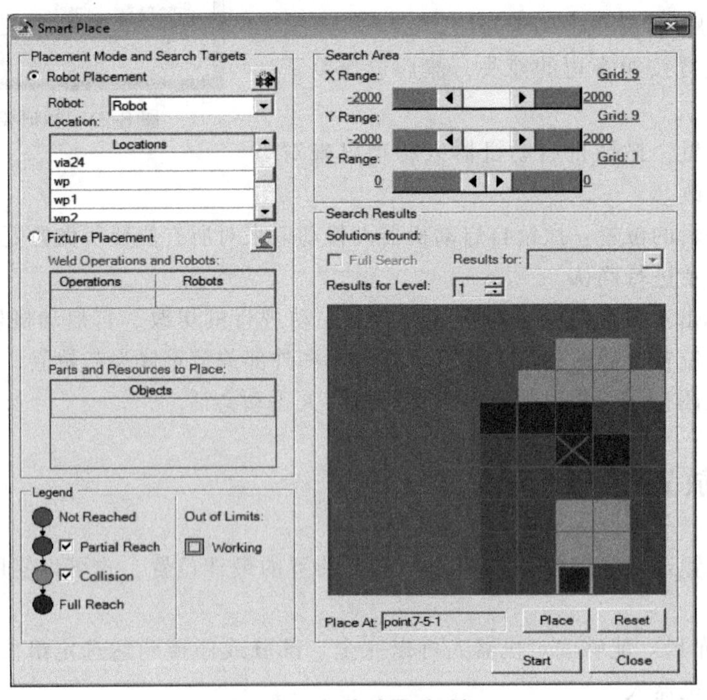

图 8-22　智能放置对话框

2）执行以下操作之一：

① 选择机器人放置。选择机器人选项，然后在图形查看器或对象树中选择所需的机器人。单击位置列表并从图形查看器或对象树中选择所需的位置。

② 选择夹具放置。单击焊接操作和机器人列表，然后从图形查看器、操作树或序列编辑器中选择所需的焊接操作。每个操作都与其分配的机器人一起列出。如果希望使用不同的机器人来检查操作，可执行以下操作：

① 选择焊接操作和机器人列表中的相关行。

② 单击按钮，出现替换机器人以检查操作对话框，如图 8-23 所示。

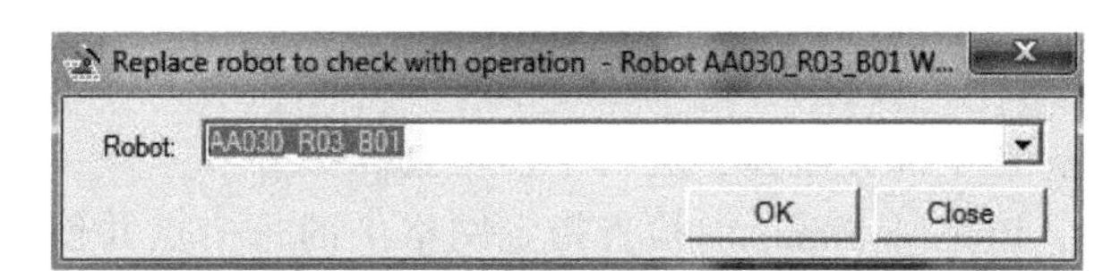

图 8-23 替换机器人以检查操作对话框

③ 从机器人下拉列表中选择所需的机器人，然后单击确定按钮。

在智能放置对话框中单击零件和资源放置列表，并从图形查看器或对象树中选择所需的夹具。

3）在机器人放置模式中，单击自动创建碰撞设置图标，可以使用当前机器人放置数据创建碰撞集。碰撞集出现在碰撞查看器中，并根据在选项对话框的碰撞设置选项卡中设置的高级选项进行配置，如图 8-24 所示。

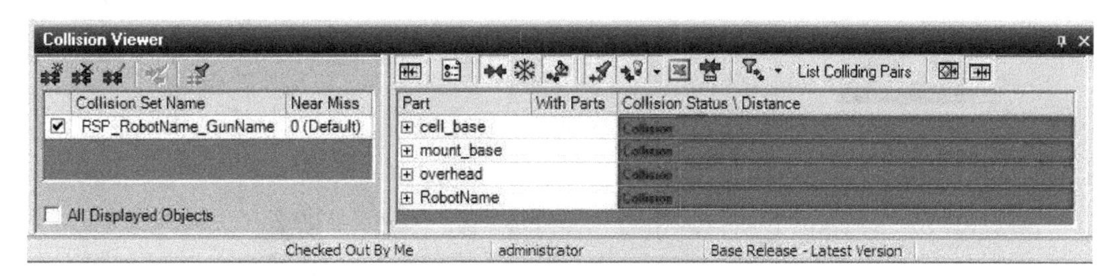

图 8-24 碰撞查看器中的碰撞集

如果在高级选项中启用了碰撞查看器激活集，则自动创建碰撞设置功能被禁用。碰撞集基于整个运动链和附加组件（对于设备中的机器人，所有设备子组件都会添加，并附加或安装所有组件），并按照以下约定命名：RSP_<robot_name> <gun_name>。

如果机器人/夹具嵌套在设备下，则使用设备名称而不是机器人名称，命名格式为：RSP_<设备名称>。

4）在搜索区域部分中，可定义要检查可访问性的网格或区域。可以通过以下方式之一来定义区域的大小和区域中的点（网格）的数量：

① 拖动滑动条。

② 单击其中一个超链接以显示网格区域定义对话框，如图 8-25 所示。

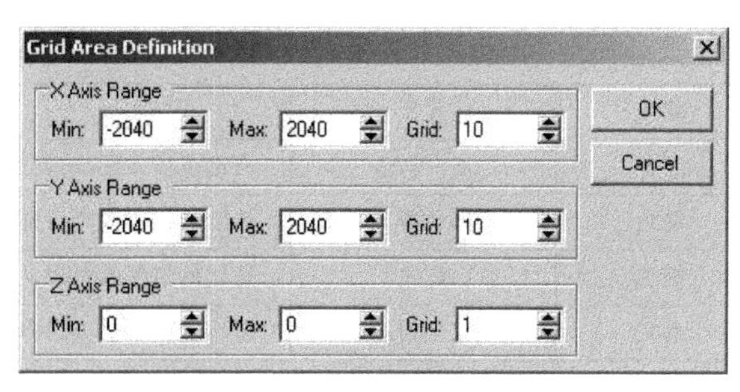

图 8-25 网格区域定义对话框

指定 X、Y 和 Z 轴的范围，即网格覆盖的轴的长度以及要检查的轴上的点数。

例如，X 轴的范围为-100~100，共 10 个点，Y 轴的范围为-100~100，共 5 个点，而 Z 轴的范围为 0~10，共 2 个点，系统将检查的点总数为 10×10×2，这里为 100 个点。Process Simulate 检查每个点以查看选定的机器人是否可以从每个点到达选定的目标。

如果在网格区域定义对话框中指定了不正确的值，则会禁用确定按钮，并显示错误消息。

搜索区域尺寸是相对于所选机器人的位置。

5）在搜索区域中，选中部分碰撞，进行干涉检查。

6）单击开始按钮，Process Simulate 检查指定网格中的每个点并创建结果的映射，系统显示机器人可达性的图形表示，如图 8-26 所示。

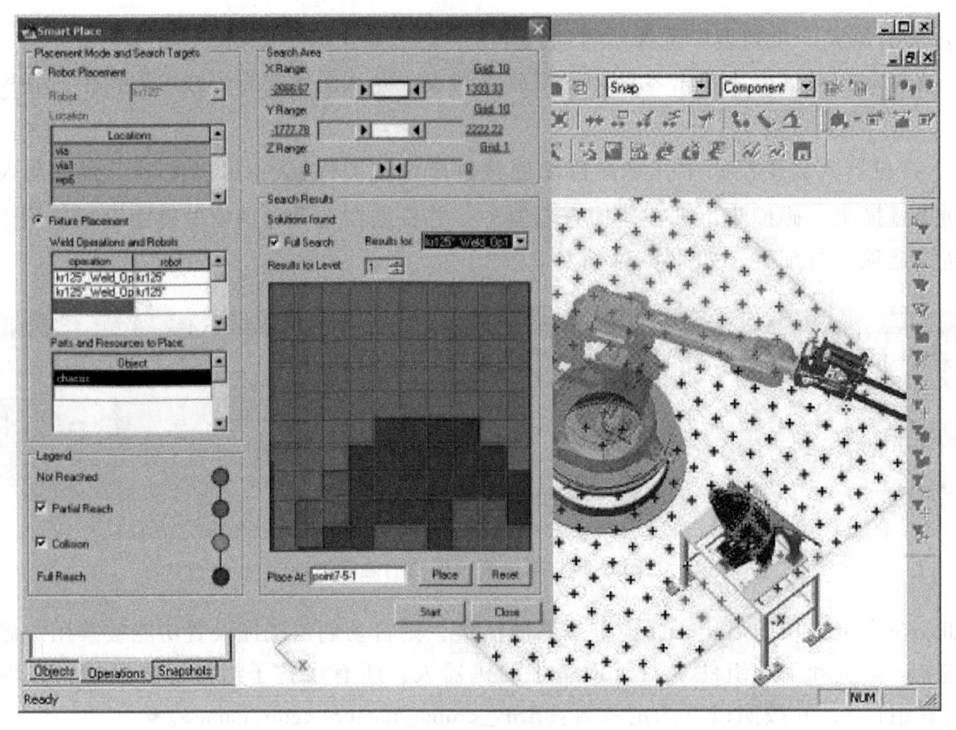

图 8-26　创建结果的映射

在智能放置对话框和图形查看器中，图形中点的颜色介绍见表 8-3。

表 8-3　图形中点的颜色介绍

颜色	含义	描述
红色	还没到达	所选机器人无法到达此位置的选定位置或固定装置
绿色	部分到达	选定的机器人可以部分地从此位置到达选定的位置或固定装置
橙色	碰撞	选定的机器人可以从这一位置到达选定的位置或固定装置，但会发生碰撞
蓝色	完全到达	所选择的机器人可以从该位置到达选定的位置或固定装置

对于完全到达位置和部分到达位置，系统还会将机器人关节限制状态显示为围绕该位置的范围，物理关节范围颜色见表 8-4。

表 8-4　物理关节范围颜色

颜色	描述
紫色	机器人超出了其物理关节限制
	机器人超出其工作关节限制，但仍处于其物理关节限制范围内
	机器人保持在其工作关节范围内

解决方案选项显示搜索过程中找到的解决方案的总数。

超出限制图例只有在选中指定工作限制选项或限制关节运动未选中时才会出现。

如果指示关节工作限制清晰，则不会显示机器人关节工作限制状态。

如果限制关节运动清晰，则考虑机器人关节物理限制。

7）完全搜索选项仅在执行夹具放置时启用。如果选择了两个或多个操作（及其指定的机器人），并且 Process Simulate 检测到指定给第一个操作的机器人无法到达夹具，则它会立即将当前网格点标记为无法检查其他机器人。如果希望 Process Simulate 检查所有机器人的每个网格点，则可使用完整搜索选项。在这种情况下，Results for 选项已启用，此时可以显示任何单个机器人的结果或所有机器人的综合结果。

8）从级别结果选项中设置要显示的级别，该级别对应于 Z 网格值，如图 8-27 所示。

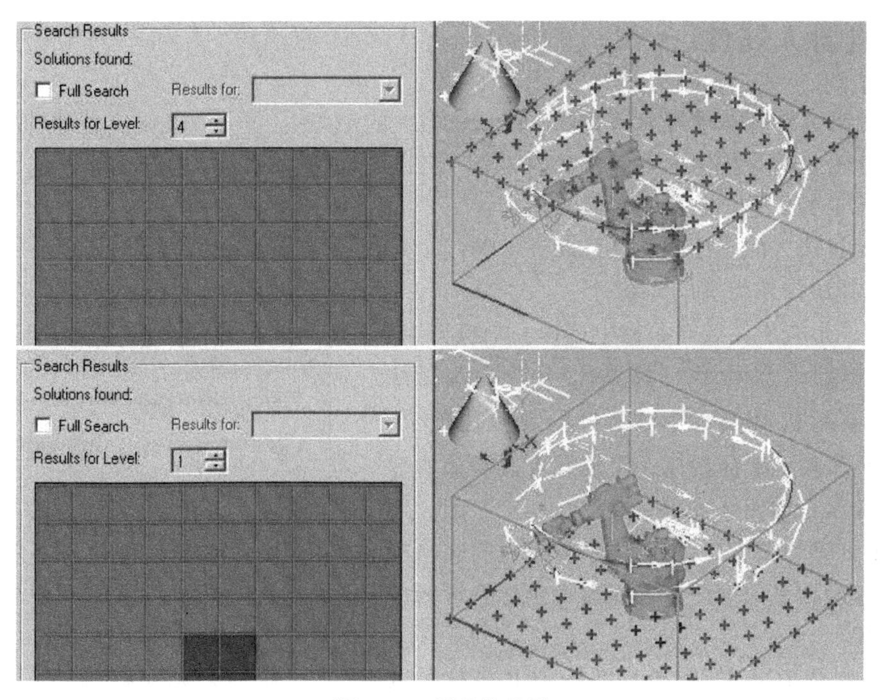

图 8-27　显示的级别

要在完成之前停止搜索，可单击停止按钮。

9）考虑结果后，在结果图中单击一个点。所单击点的 X，Y，Z 坐标显示在 Place At（坐标放置处）选项处。单击放置按钮，将机器人/夹具移动到选定的位置。所选位置在搜索结果中用 X 标记。

也可以双击结果图中的点，或单击图形查看器以放置机器人/夹具。

如果机器人/夹具嵌套在设备下，则整个设备移动。

10）当智能放置对话框打开时，单击重置按钮，可将机器人返回到其原始位置。

11）单击关闭按钮可关闭智能放置对话框。

8.11 卸载工具

使用卸载工具选项，可以分离通过机器人安装的工具或对象。当工具分离时，TCPF 返回到机器人的工具坐标系。默认情况下，UnMount Tool（解除连接工具）选项处于禁用状态，直到选中安装在机器人上的工具或对象。

要卸载工具，可执行以下步骤：

1）选择组件作为挑选等级。

2）选择安装在机器人上的工具，然后选择机器人选项卡→工具和设备组→卸载工具选项，所选工具与机器人断开连接，TCPF 从工具移回机器人工具坐标系。尽管该工具在图形查看器中没有物理移动，但它已断开连接，因此可以独立操作机器人和工具。从机器人卸下伺服枪开始，会自动将伺服枪关节从机器人外轴列表中移除。

8.12 机器人属性

使用机器人属性选项可显示并修改所选机器人的 TCPF、位置以及限定外部轴的机器人。外部轴属于由机器人控制的外部装置的关节。可以根据需要显示为所选机器人定义的 TCPF 和参考坐标系的位置，并修改它们的位置。

要显示机器人的属性，可执行以下步骤：

1）选择组件作为挑选等级。

2）在图形查看器或对象树中选择一个机器人，然后选择机器人选项卡→设置组→机器人属性选项，显示机器人属性对话框的设置选项卡，并且 TCPF 和基本坐标系都在图形查看器中的机器人上突出显示，如图 8-28 所示。

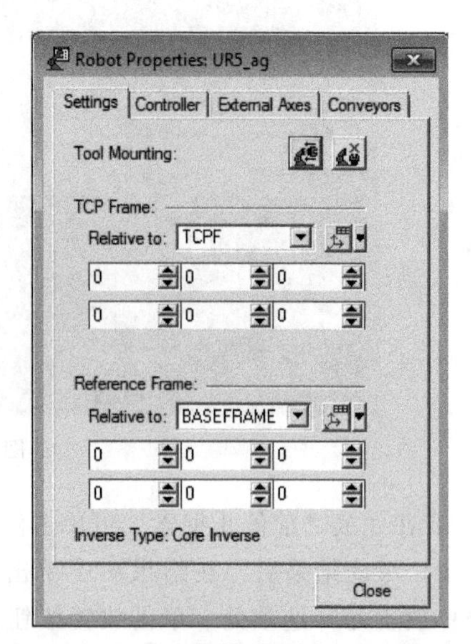

图 8-28 机器人属性对话框的设置选项卡

TCPF 的确切位置在 TCP 坐标系区域的表格中指定，参考坐标系的确切位置在参考坐标系区域的表格中指定。

3）要调整 TCPF 的位置，可从 TCP 坐标系区域的相对于下拉列表中选择一个坐标系。显示的测量结果与所选坐标系相关。

当相对于区域处于焦点状态，或单击参考坐标系按钮旁边的下拉按钮，并使用四种方法之一指定坐标系的新位置时，可以通过在图形查看器中单击来使所选坐标系的位置可用。

4）为所需坐标输入一个新值，或单击向上按钮和向下按钮选择一个新值，TCPF 坐标系移动到图形查看器中的新位置。

5）要调整参考坐标系的位置，可从参考坐标系区域的相对于下拉列表中选择一个坐标系。显示的测量结果与所选坐标系相关。

6）为所需坐标输入一个新值，或单击向上按钮和向下按钮选择一个新值，参考坐标系移到图形查看器中的新位置。

可以单击按钮和按钮将工具安装到所选机器人，并从中卸载工具。

机器人的逆向类型显示在机器人属性对话框的底部，具体介绍如下：

① 无反：机器人没有反算法。

② 用户逆：机器人使用用户逆模块，该模块的名称也会显示。这只是机器人设置的指示，不能证明用户机器上有用户逆模块。

③ 近似逆：机器人使用可以处理超过 6DOF（6 自由度）的机器人的迭代近似算法（这也可以称为特殊逆解法）。

④ 核心逆：所有反演算法都是通过 Process Simulate 实现的（除了近似逆算法）。

7）单击关闭按钮保存更改，并关闭机器人属性对话框。

8.12.1 选择机器人控制器

要选择机器人控制器，可执行以下步骤：

1）在机器人属性对话框中选择控制器选项卡，如图 8-29 所示。

2）从控制器下拉列表中选择所需的机器人控制器。该控制器显示当前安装在系统中的所有控制器，包括 RRS1 控制器（如果有）。机器人供应商显示所选控制器的供应商名称。

默认控制器具有一组基本参数和命令，可以根据需要修改它们。

3）在 RCS 版本下拉列表中选择所需的 RCS 版本。

4）在操纵类型下拉列表中选择适当的机器人类型。

5）在控制器版本下拉列表中选择机器人控制器所需的版本。

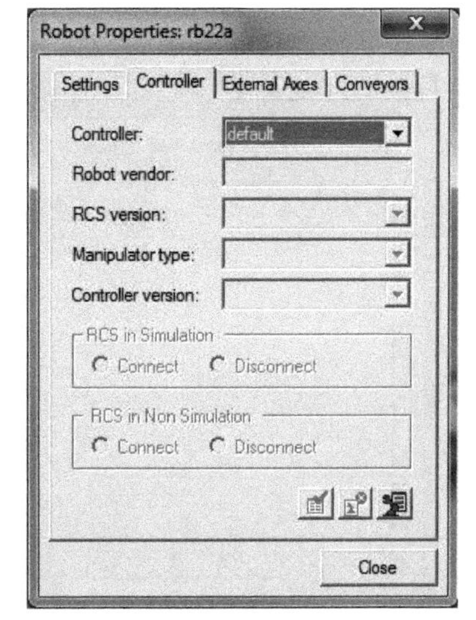

图 8-29 机器人属性对话框的控制器选项卡

6）在仿真中的 RCS 区域中选中连接单选按钮，可以连接机器人与其 RCS 模块以进行精确仿真，或者选择断开单选按钮，在不使用 RCS 模块的情况下运行仿真（并改为使用默认的运动计划引擎）。

7）在非仿真中的 RCS 区域中选中连接单选按钮，可以在运行非模拟命令时连接机器人与其 RCS 模块，或选择断开单选按钮，在不使用 RCS 模块的情况下运行非仿真命令。

通常，运行非仿真命令时不需要特殊的 RCS 许可证。但是，从 RCS 模块断开连接时运行非仿真命令，可能会施加一些限制。自动示教行为不受活动的 RCS 连接的影响，因为无论 RCS 或 MOP 是否处于活动状态，都会在到达位置时示教位置。示教信息（转弯和配置）仅以 Tecnomatix 格式存储，并转换为机器人格式（如果 RCS 已连接并进行非模拟操作，则通过专用 RCS 服务操作；如果 RCS 未连接，则通过手动进行操作）。

连接到 RCS 模块以运行运动仿真时，通常需要许可证。从 RCS 断开连接时，系统使用内部 Tecnomatix 默认控制器运行仿真。

从模拟和非模拟切换到断开模式，都会自动终止以前运行的任何连接到这些机器人的 RCS 模块（关闭机器人属性对话框后）。

8）也可以单击以下任一按钮：

单击按钮，可验证 RCS 参数，并显示是否可以初始化 RCS 模块的消息。单击按钮，可终止 RCS 模块，按钮仅在 RCS 模块初始化后才有效。单击按钮，可打开所选控制器的第三方设置对话框。

9）单击关闭按钮。

8.12.2　定义新的外部轴

如果已将伺服喷枪定义为机器人的工具，或将伺服喷枪安装在机器人上，那么伺服喷枪关节会预加载到外部轴选项卡中。

要定义新的外部轴，可执行以下步骤：

1）在机器人属性对话框中选择外部轴选项卡，如图 8-30 所示。

2）单击添加按钮，显示添加外部轴对话框，如图 8-31 所示。

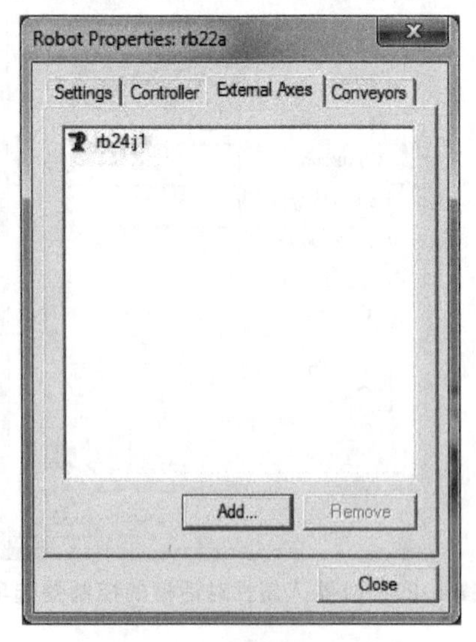

图 8-30　外部轴选项卡

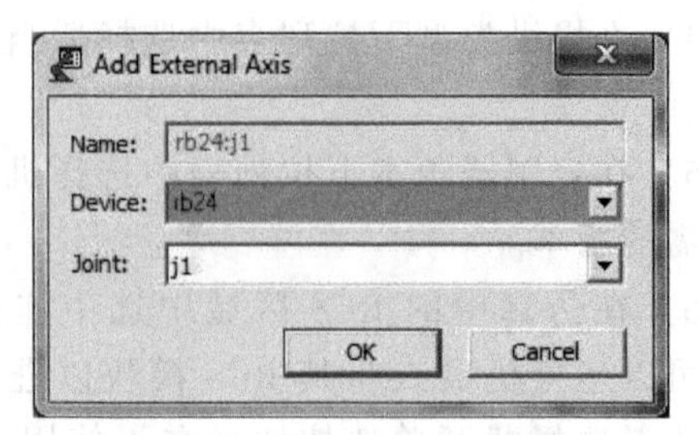

图 8-31　添加外部轴对话框

3）从设备下拉列表中选择机器人以外的单元格中的对象。

4）从关节下拉列表中选择应该定义为机器人外部轴的对象的关节。

5）单击确定按钮，外部轴显示在外部轴选项卡中。

8.12.3　去除外部轴

从外部轴选项卡中显示的列表中选择一个外部轴，然后单击移除按钮即可。

8.13　机器人配置

使用机器人配置选项可以查看和反向解决方案，以便在机器人操作中到达选定的位置。当机器人分配给操作时，系统会为每个位置计算并显示解决方案。如果没有机器人分配给操作，则此选项被禁用。

机器人配置选项支持连续的功能操作和缝操作，但这些操作不是它们的父操作。

可以指定模拟使用与系统默认不同的解决方案。另外，可以通过更改关节值来修改解决方案。

Process Simulate 可以阅读 motionparameters. e、under. co 和 . cojt 文件夹。有些情况下，用户使用集成的 . e 文件数据（但不直接来自 . jt 文件）从组件文件夹打开设备以进行建模。

升级到最新版本会在 . co 或 . cojt 文件夹中创建 motionparameters. e 文件（它是原始 . e 文件的重复文件）。原始 . e 文件中的注释不会被复制到新的 motionparameters. e 文件中，除非它们使用开始文本/结束文本标记进行包装。

要在某个位置进行机器人配置，可执行以下步骤：

1）在机器人操作中选择一个位置，然后选择机器人选项卡→设置组→机器人配置选项，显示机器人配置对话框，如图 8-32 所示。

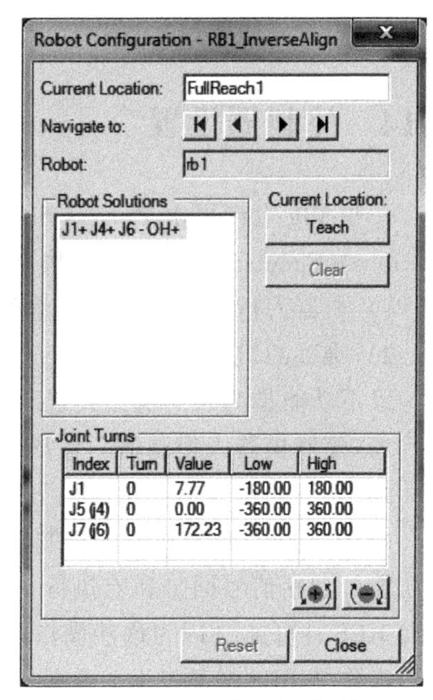

图 8-32　机器人配置对话框

父操作的名称显示在对话框的标题栏中，将执行操作的机器人显示在机器人选项中。

2）如果选择了一个操作（而不是特定位置），那么默认情况下会在当前位置选项中显示第一个位置。可以通过单击按钮来更改位置，操作按钮描述见表 8-5。

表 8-5　操作按钮描述

按钮	描述
	选择所选机器人操作中的第一个位置
	选择所选机器人操作中的上一个位置
	选择所选机器人操作中的下一个位置
	选择所选机器人操作中的最后一个位置

3）在机器人解决方案列表中，选择机器人在模拟过程中使用的解决方案。默认情况下，机器人使用显示的第一个解决方案。要使用不同的解决方案，可从该列表中选择，然后单击示教按钮。所选解决方案以粗体显示，同时显示在图形查看器中。

要恢复为默认解决方案，可单击清除按钮。

4）要让操作中的所有后续位置使用与所选位置相同的反向解决方案，可单击动态示教。要返回其他位置的默认解决方案，可在位置系列区域中清除。

5）如果需要，可修改选定解决方案中关节的转场选项。在关节转弯列表中选择一个关节，单击 [+] 按钮可增加转数，单击 [-] 按钮可减少转数。更改 Turn 选项时，Value 选项将相应更改。该值必须在“低”和“高”选项中显示的限制范围内。

如果关节名称与关节索引不同，则关节将添加到括号中。

6）单击关闭按钮。

8.14 控制器设置

一些 Mfg 生产可由 Process Simulate 使用的定制机器人专用 RCS 模块完成。RCS 模块替换 Process Simulate 中的默认模块并提供以下功能：

1）机器人行为的真实几何重现。

2）准确的机器人行为时机。

以下功能是为每个机器人定制的，并取决于 RCS 模块：

1）定制机器人控制器，包括 OLP 命令功能。

2）定制的示教器和机器人下载功能。

ESRC：仿真特定机器人控制器。在没有 RCS 模块的情况下，提供执行机器人特定语法的功能，包括信号同步和宏执行。运行机器人定制的非 RCS 操作（不启动 RCS 模块），不需要 RCS 许可证（因为这些操作由西门子开发，而不是由机器人 Mfg 开发）。为此，需要将这些操作从 RCS 模块断开。要设置控制器，可执行以下步骤：

1）选择机器人选项卡→设置组→控制器设置选项。显示控制器设置对话框，如图 8-33 所示。

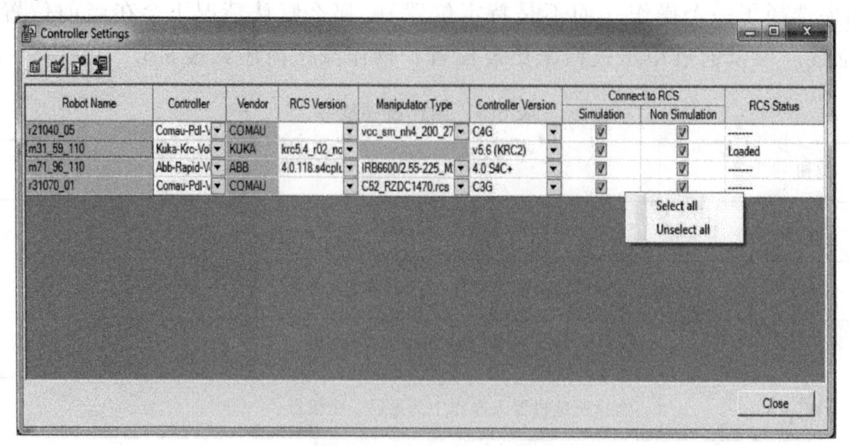

图 8-33　控制器设置对话框

控制器设置对话框的工具栏包含以下按钮：

单击按钮，可根据当前表中选择的机器人的参数验证 RCS 参数，并初始化 RCS 模块（如果可能的话），系统弹出一条消息，指示 RCS 模块是否已初始化。

单击按钮，可验证所有 RCS 参数，并根据参数初始化表中所有机器人的 RCS 模块（如果可能），系统弹出一条消息，指示哪些 RCS 模块已初始化。

单击按钮，可终止 RCS 模块。该按钮仅在 RCS 模块初始化后才有效。

单击按钮，可打开所选机器人的设置对话框。

2）对于每个机器人，可以设置以下内容：

控制器：从下拉列表中选择所需的机器人控制器，该列表显示系统中当前安装的所有控制器，包括 RRS1 控制器（如果有）。供应商列显示所选控制器的供应商名称。

RCS 版本：从下拉列表中选择所需的 RCS 版本。

操纵类型：选择合适的机器人类型。

控制器版本：选择机器人控制器所需的版本。

连接到 RCS：仿真列可将机器人与其 RCS 模块连接起来以进行精确仿真，或者清除它以在不使用 RCS 模块的情况下运行仿真（并改为使用默认的运动计划引擎）。

在非模拟命令运行时，非模拟可以将机器人与其 RCS 模块连接，或者在不使用 RCS 模块的情况下清除它以运行非模拟命令。这与以下命令相关：在机器人控制器中定义机器人位置属性、下载到机器人、上传程序和使用路径编辑器。

从模拟和非模拟切换到断开连接，都会自动终止以前运行的与这些机器人连接的 RCS 模块。

使用鼠标右击连接到 RCS 区域，可打开快捷菜单 Select all Unselect all ，以便在一个操作中选择或取消选择所有条目。如果 RCS 模块正在运行，则 RCS 状态显示为 Loaded（加载）；如果未运行，则显示虚线。标签控制器的机器人属性对话框显示所选机器人相同的信息。

3）单击关闭按钮以保存机器人设置。这些文件存储在 XML 配置文件中，以用于即将到来的会话。

灰色选项表示此功能不适用于此控制器。列表中显示的控制器取决于通过 GTAC 支持网站下载并安装了哪些机器人控制器。

8.15 下载到机器人

下载到机器人选项也出现在机器人程序库存对话框的工具栏中。它将机器人程序转换为可下载到机器人的文件。该选项根据分配给机器人程序的机器人控制器指定的语法来转换机器人程序。

机器人控制器在机器人属性对话框的控制器选项卡中指定。如果指定的机器人控制器没有下载模块，则会显示错误消息，并且下载命令未完成，如图 8-34 所示。

要下载程序到机器人，可执行以下步骤：

1）在机器人程序库存对话框中选择程序，可以根据需要选择给定机器人的任意多个程

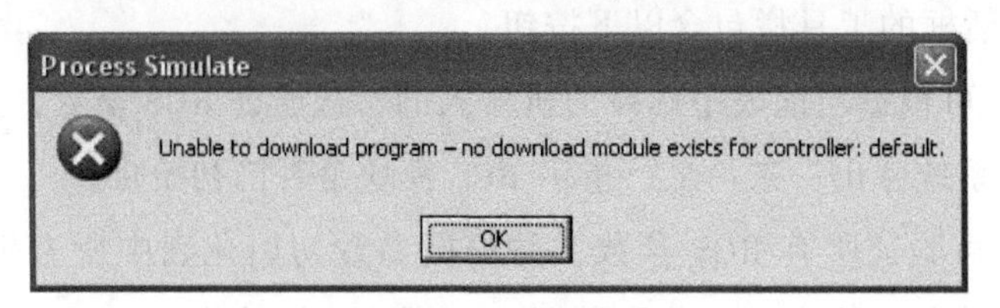

图 8-34　错误消息

序。如果选择不同机器人的程序，或者分配的机器人控制器不支持多次下载，则下载到机器人按钮变为不活动状态，表示无法执行下载操作。机器人程序库存对话框如图 8-35所示。

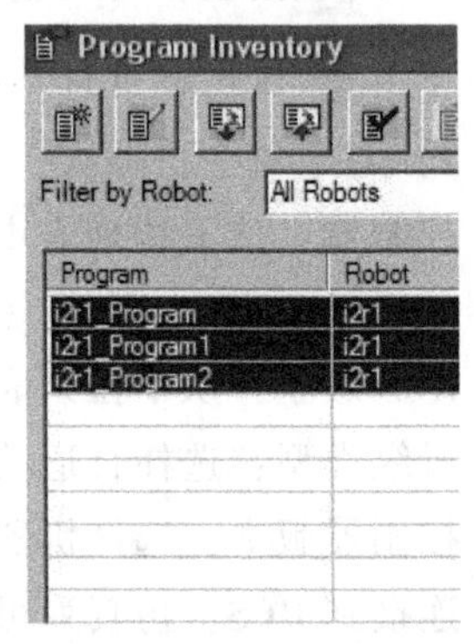

图 8-35　机器人程序库存对话框

2）单击机器人程序库存对话框中的按钮，会出现特定的分配机器人控制器对话框。

3）完成对话框中指示的步骤以转换并保存机器人程序。也可以在操作树、路径编辑器或序列编辑器中选择机器人程序，然后选择机器人选项卡→程序组→下载到机器人选项。

8.16　上传程序

上传按钮在机器人程序库存对话框的工具栏中，如图 8-36所示。

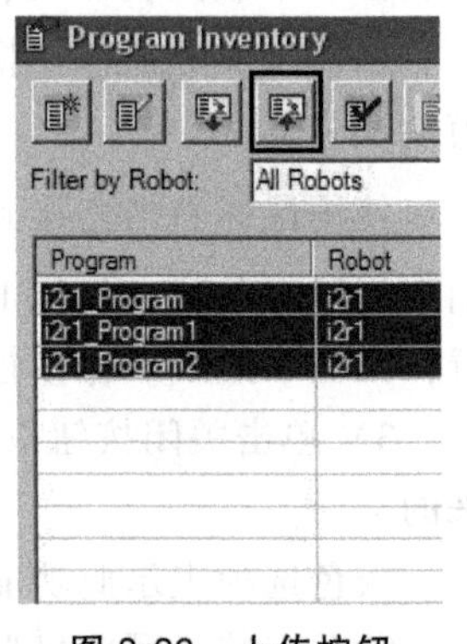

图 8-36　上传按钮

单击上传按钮，可从机器人接收信息，并将其保存为机器人的操作或程序。

要上传程序，可执行以下步骤：

1）从图形查看器中选择一个机器人，然后单击程序库存对话框中的按钮，显示文件浏览器窗口。

2）选择所需的文件，然后单击确定按钮。对于每个文件，Process Simulate 都会上传文件并创建机器人操作或程序。

8.17　设置外部轴创建模式

选择机器人选项卡→更多命令组→外部轴创建模式选项，切换外部轴创建模式。如果在创建新的通过位置时打开外部轴创建模式，则将从关节的现有值复制外部轴值。如果外部轴创建模式关闭，则它们保持为空。

使用设置外部轴值选项，可以配置并存储用于机器人关节（滑轨、伺服枪等）外部轴的接近值。对于伺服枪，也可以配置初始值。外部轴首先由机器人属性中的选定位置定义，当机器人到达此位置时，外部轴定位于所存储的值。

要设置外部轴的值，可执行以下步骤：

1）在操作树或图形查看器中选择机器人的位置或操作。

2）选择机器人选项卡→外部组→设置外部轴值选项，显示设置外部轴值对话框，如图 8-37 所示。

在此过程开始时，选择操作或位置会影响设置外部轴值对话框的外观。如果选择了某个操作，则操作中的第一个位置将显示在导航到位置选项中。如果选择了一个位置，则该位置将显示在导航到位置选项中。如果选择了多个位置，则导航到位置选项将被禁用，但在此过程中所做的更改将应用于所有选定的位置。

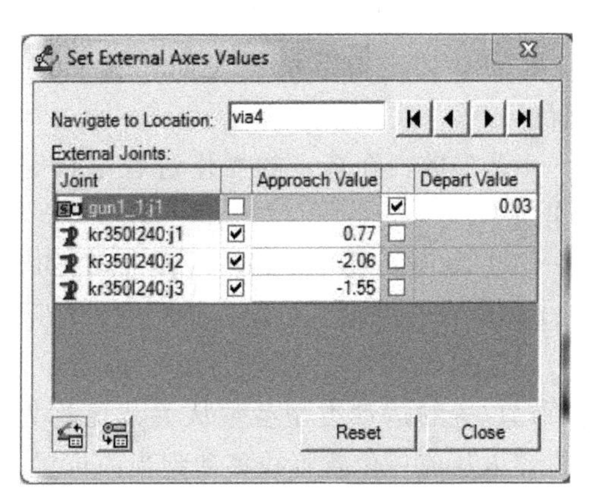

图 8-37 设置外部轴值对话框

3）从外部关节列表中选择一个关节，配置其接近值（并离开伺服枪的值）

单击、、、按钮浏览位置。如果预先选择了多个位置，那么按钮将被禁用，此时可从任何查看器中选择位置。

4）要设置接近或离开值，可选择相关复选框。Process Simulate 从关节点动对话框中检索相关值，并将其显示在相关的值选项中。如果用户愿意，可以编辑这个值。

只有伺服枪具有离开值。其他外部轴，如滑轨，没有离开值。

机器人的外部轴的值存储在当前位置。当机器人到达此位置时，外部轴根据这些值进行定位。

在路径编辑器中，外部轴值栏和离开外部轴值栏指示在选定位置定义了多少个外部轴，其中指定了此选项设置了多少个轴。指向列中的单元格可显示带有设置值的工具提示。

5）可以单击按钮进入跟随模式，并在设置外部轴值对话框和关节移动对话框之间同步。跟随模式激活后，当前值将在关节移动对话框中立即更新。

6）可以选择一个关节或多个关节，然后单击按钮以从关节点动对话框中检索当前关节的接近和离开值。或者，使用鼠标右击选定的关节，并选择获取当前关节值命令，或单击关节列标题以选择所有关节。当至少选择一个具有接近值或偏离值的关节时，将启用此选项。

7）如果需要，可单击重置按钮以放弃在外部连接对话框的当前位置中所做的更改，并恢复接近值和离开值。

使用清除外部轴值选项可以清除以前设置的外部轴值。该选项还支持所选的复合操作。

8.18 定义机器人位置属性

要定义机器人位置属性，可执行以下步骤：

1）在图形查看器或操作树中选择一个机器人位置，然后选择机器人选项卡→OLP 组→教导盒选项，与选定操作相关联的机器人的 TP 对话框在标题栏中显示当前所选操作的名称，如图 8-38 所示。

也可以选择多个位置，在这种情况下，TP 对话框的标题栏显示组中第一个位置的名称，后跟省略号以指示多个位置。导航按钮被禁用。

TP 对话框包含三组参数：

运动参数：指定机器人如何移动以达到所选位置。

工艺参数：在选定的操作过程中指定机器人的工作指令。

OLP 命令：指定添加到模拟中的离线编程（OLP）命令，并设置机器人执行它们的顺序。

更改示教器中的参数会影响特定位置。例如，将所选位置的运动类型参数从关节更改为线性，可使机器人从前一位置直线移动到当前位置。

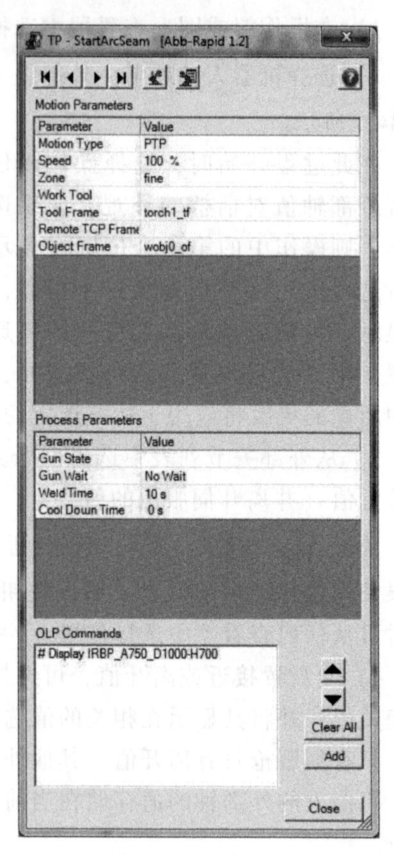

图 8-38 TP 对话框

2）要浏览操作树以选择位置，可使用导航按钮，导航按钮描述见表 8-6。

3）可以使用以下图标：

：切换跳转到位置功能。

：打开所选控制器的第三方设置对话框。

：打开默认控制器的帮助文档。

4）在运动参数区域中指定机器人应如何移动以达到所选位置，参数描述见表 8-7。

表 8-6 导航按钮描述

按钮	描述
	跳转到所选操作的父路径
	将操作树移到选定操作中的上一个位置
	将操作树移到选定操作的下一个位置
	跳转到直接父操作范围中的最后一个位置

表 8-7 机器人运动参数描述

参数	描述
运动类型	确定机器人 TCPF 从其当前位置到确定位置的确切路径，以下值可用： PTP：以最有效的方式移动关节并忽略机器人 TCPF 的路径。所有的机器人关节一起开始某个动作并一起完成。运动的持续时间不能短于关节所允许的时间。其他关节以低于其最大速度的速度进行相应的操作。如果为 TCPF 或最终坐标系指定的速度小于允许的最大速度，则每个关节的速度会按比例降低 Lin：使 TCPF 的原点在位置之间沿直线移动 Circ：沿着弧线移动机器人的 TCPF。此动作主要用于电弧焊接或密封过程

（续）

参数	描述
速度	指定笛卡儿速度(如果运动类型设置为 Lin 或 Circ)或最大速度的百分比(如果运动类型设置为PTP)
区	确定机器人的 TCPF 在执行运动命令时到达中间位置的精确度。中间位置(通过位置)是机器人不停止通过的位置,包括除了路径中最后一个位置以外的所有位置,以及机器人到达时指定了延迟或等待命令的所有位置。机器人 . cojt 组件目录下的机器人 parameters. e 文件中定义了不同区域的数值。
工作工具	指定用于特定操作的工具。只有当机器人在当前位置分配给此操作时,才会启用该选项
工具坐标系	指定特定操作的 TCPF。无论是否安装了工具,都应该指定机器人的 TCPF。但是,对于使用多个工具的操作,必须为每个位置指定工具坐标系定义。要指定工具坐标系,可在图形查看器或对象树中选择所需的坐标系,或在工具坐标系选项中手动输入坐标系的名称。如果定义了工具坐标系,则重置所选的工作工具或远程 TCP 坐标系
远程 TCP 坐标系	指定要在安装的工件配置中使用的远程 TCP。如果定义了远程 TCP 坐标系,则重置所选的任何工作工具或远程工具坐标系
对象坐标系	指定与运动相关的坐标系。默认情况下,相对于机器人的参考坐标系发生运动。但是,有些流程和控制器需要指定附加的参考坐标系,以确定哪些运动是相对的。要指定对象坐标系,可在图形查看器或对象树中选择所需的坐标系,或在对象坐标系选项中手动输入坐标系的名称

5）对于过程参数区域，可在操作过程中指定机器人的指示。过程参数不适用于通道位置。

对于气动枪，参数描述见表 8-8。

表 8-8　气动枪参数描述

参数	描述
枪状态	指定操作过程中喷枪的状态。以下值可用: 打开:将枪移动到开放姿势 半开放:将枪移动到半开放姿势 关闭:将枪移至关闭状态 没有变化:没有运动。这是默认的姿势 注意:应该在姿势编辑器中定义每个姿势
枪等待	指定在继续移动机器人之前,机器人是否应该等到枪已打开。以下值可用: 等待:机器人等待,直到枪已达到其指定状态 无等待:机器人继续移动,不会等待喷枪达到其指定状态。这是默认状态
焊接时间	指定机器人执行焊接的时间(以秒为单位),如在有电流的时候
冷却时间	指定机器人在执行焊接后以及在继续下一个焊接点之前等待的时间(以秒为单位),如在枪关闭期间 注意:该参数仅适用于焊接位置操作

对于伺服枪，其参数如图 8-39 所示，参数描述见表 8-9。

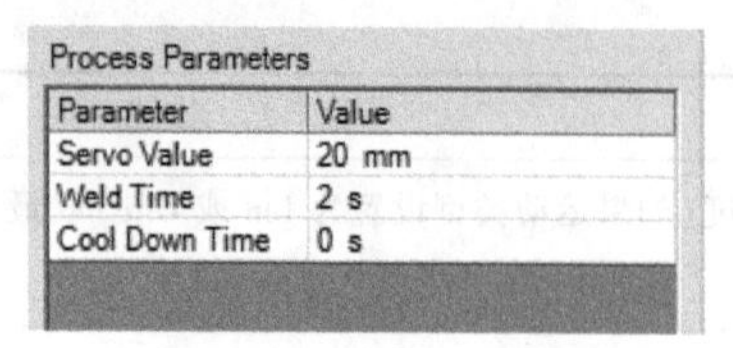
Process Parameters

Parameter	Value
Servo Value	20 mm
Weld Time	2 s
Cool Down Time	0 s

图 8-39　伺服枪参数

表 8-9　伺服枪参数描述

参数	描述
伺服值	伺服枪以毫米为单位打开
焊接时间	指定机器人执行焊接的时间(以秒为单位),如在有电流的时候 注意:该参数仅适用于焊接位置操作
冷却时间	指定机器人在执行焊接后以及在继续下一个焊接点之前等待的时间(以秒为单位),如在枪关闭期间

对于气动伺服枪（异步伺服枪），其参数如图 8-40 所示，参数描述见表 8-10。

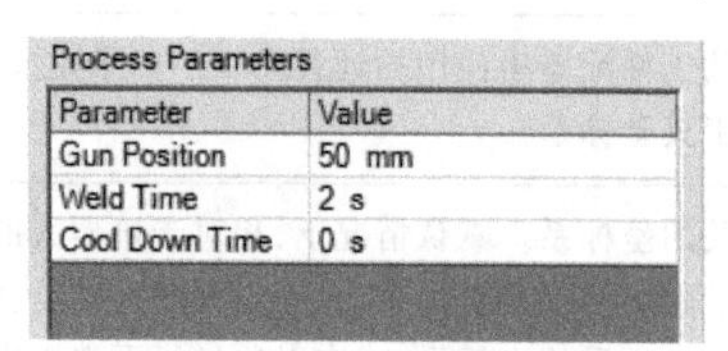
Process Parameters

Parameter	Value
Gun Position	50 mm
Weld Time	2 s
Cool Down Time	0 s

图 8-40　气动伺服枪参数

表 8-10　气动伺服枪参数描述

参数	描述
枪的位置	气动伺服枪的位置
焊接时间	指定机器人执行焊接的时间(以秒为单位),如在有电流的时候
冷却时间	指定机器人在到达某个位置后并在继续到下一个位置之前等待的时间(以秒为单位),如在枪关闭期间 注意:该参数仅适用于焊接位置操作

6）可以将 OLP 命令配置为在仿真期间运行。

① 在 OLP 命令区域中单击添加按钮，出现菜单，如图 8-41 所示。

② 执行以下操作之一：

如果希望通过输入语法添加 OLP 命令，可选择自由文本命令，出现自由文本对话框，如图 8-42 所示。

图 8-41　单击添加按钮后弹出的菜单

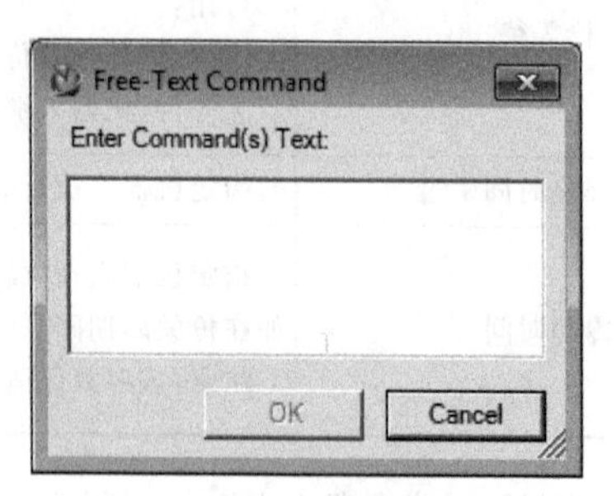

图 8-42　自由文本对话框

选择标准命令，出现级联菜单，共有八组，如图 8-43 所示，菜单描述见表 8-11。

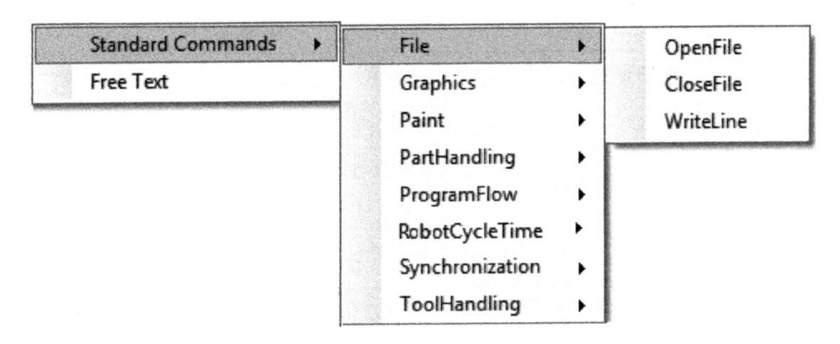

图 8-43　OLP 命令级联菜单

表 8-11　OLP 命令级联菜单描述

组	命令	描述
文件	打开文件	选择该命令，出现打开文件对话框，可打开一个文件进行编辑，可以附加或覆盖文件内容 另外，设置要在下一个写行命令和关闭文件命令中使用的句柄以及要打开的文件路径
	关闭文件	可打开关闭文件对话框，关闭打开的文件
	写行	能够在打开的文件中编写一行文本。设置使用打开文件命令打开的文件的句柄，并将文本写入表达式选项中。使用双引号括住打印变量或信号的值，例如，输入“E1”以写入信号 E1 的值
图像	隐藏	在图形查看器中隐藏选定的对象

（续）

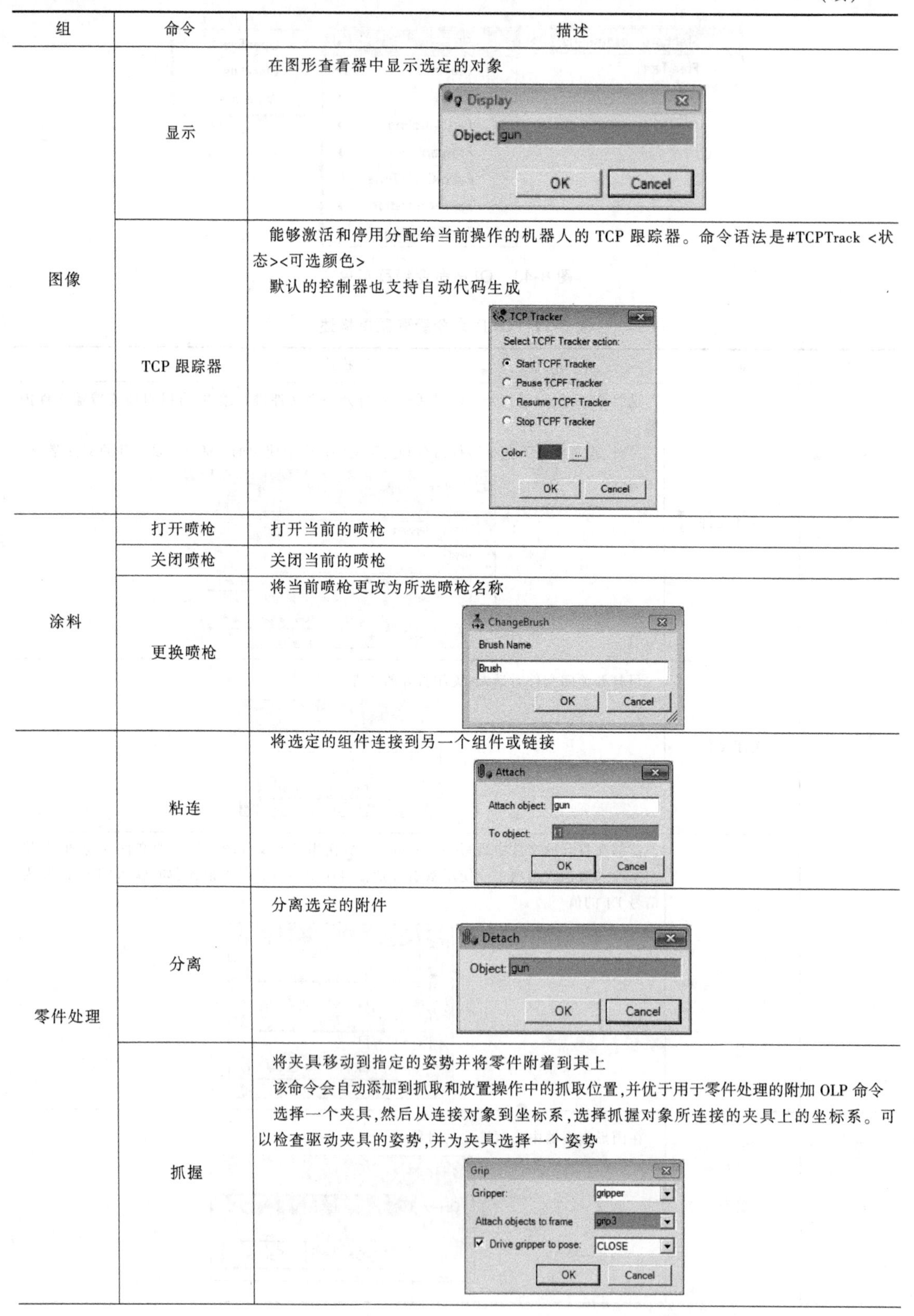

组	命令	描述
图像	显示	在图形查看器中显示选定的对象
	TCP 跟踪器	能够激活和停用分配给当前操作的机器人的 TCP 跟踪器。命令语法是#TCPTrack <状态><可选颜色> 默认的控制器也支持自动代码生成
涂料	打开喷枪	打开当前的喷枪
	关闭喷枪	关闭当前的喷枪
	更换喷枪	将当前喷枪更改为所选喷枪名称
零件处理	粘连	将选定的组件连接到另一个组件或链接
	分离	分离选定的附件
	抓握	将夹具移动到指定的姿势并将零件附着到其上 该命令会自动添加到抓取和放置操作中的抓取位置，并优于用于零件处理的附加 OLP 命令 选择一个夹具，然后从连接对象到坐标系，选择抓握对象所连接的夹具上的坐标系。可以检查驱动夹具的姿势，并为夹具选择一个姿势

（续）

组	命令	描述
零件处理	释放	将夹具移动到指定的姿势并从中分离零件。该命令将自动添加到拾取和放置操作中的释放位置，并且优于用于零件处理的释放 OLP 命令 从坐标系中选择一个夹具，并从分离对象中选择一个夹具上的坐标系，从中释放一个夹具对象。可以检查驱动夹具的姿势，并为夹具选择一个姿势 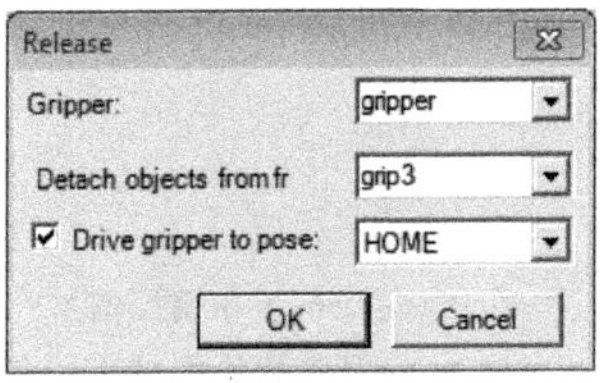
程序流程	宏	调用选定的宏程序。宏程序完成执行后，模拟将恢复分支点 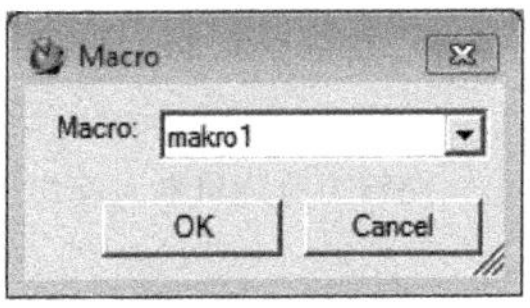
	调用路径	将模拟流程更改为另一个路径。在路径的末尾，模拟将恢复分支点 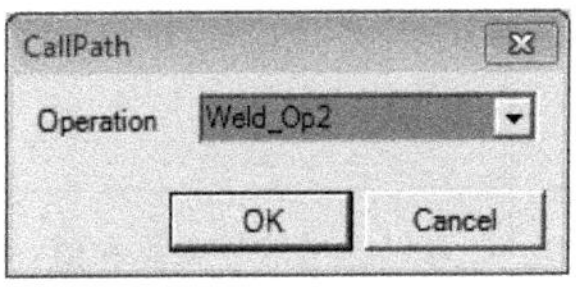
	调用程序	将模拟流程更改为另一个程序。在程序结束时，模拟将恢复分支点 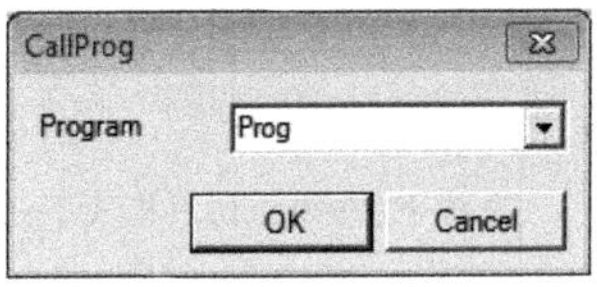
机器人时间循环	循环开始	指定何时开始循环时间计算
	循环结束	指定循环时间计算何时结束
	打开定时器	能够创建自定义计时器，将其命名并定义何时开始跟踪与模拟的某个部分相关的时间 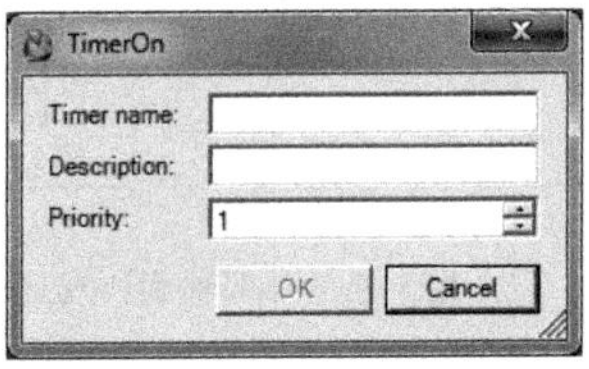
	关闭定时器	能够定义在特定周期内定时器何时停止 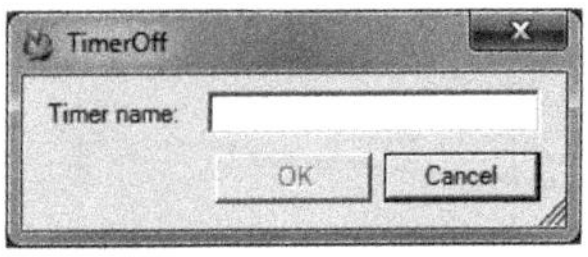

（续）

组	命令	描述
同步	发送信号	定义将哪个信号发送给哪个机器人。可以指定信号名称、其值和目标机器人 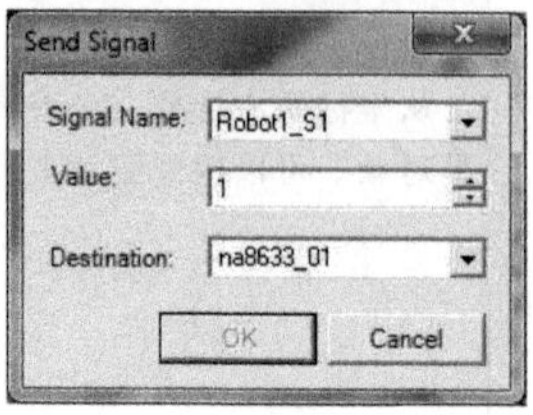 Send Signal Signal Name: Robot1_S1 Value: 1 Destination: na8633_01 OK Cancel 注意： • 支持布尔和模拟信号 • 任何整数值都可以分配给一个信号。但是，应该小心地定义与所讨论命令相关的PLC信号类型 • 在线路仿真模式下，机器人向PLC发送机器人信号（PLC输入） • 在基于事件的模拟中，目标始终保持空白
	设置信号	能够为所选机器人输出的信号值可以组成表达式 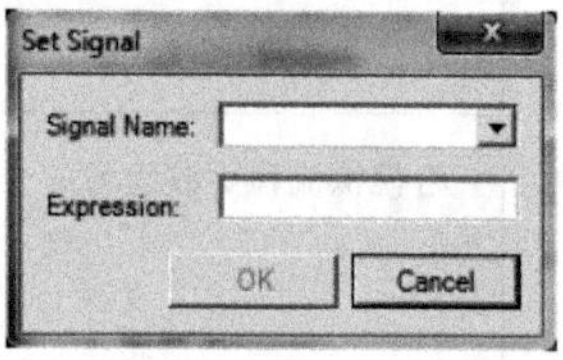 Set Signal Signal Name: Expression: OK Cancel
	等待信号	可以选择信号名称和值。当信号设置为所选值时，机器人将恢复模拟 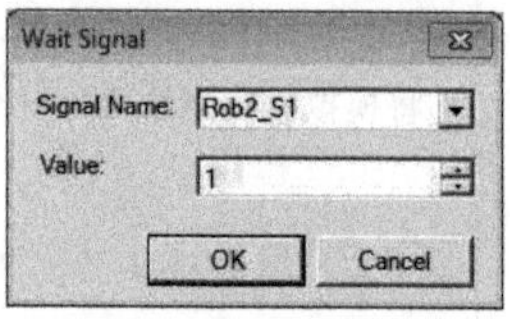 Wait Signal Signal Name: Rob2_S1 Value: 1 OK Cancel 注意：在线路仿真模式下，机器人等待来自PLC的机器人信号（PLC输出）
	等待时间	机器人在执行下一个命令之前等待的时间间隔（以秒为单位）。例如，可能让机器人在焊枪打开前等待2s 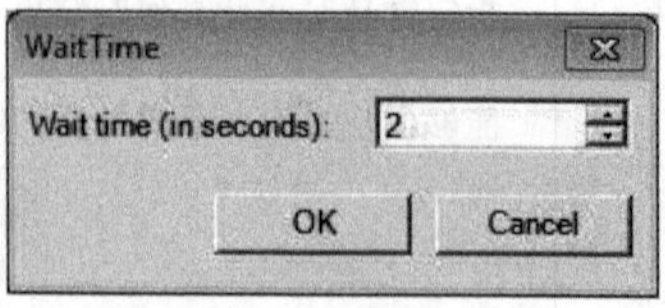 WaitTime Wait time (in seconds): 2 OK Cancel
工具处理	连接外部轴	用于连接外部轴到所选择的设备上 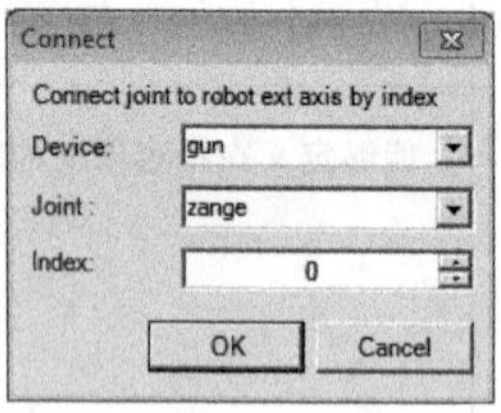 Connect Connect joint to robot ext axis by index Device: gun Joint: zange Index: 0 OK Cancel

（续）

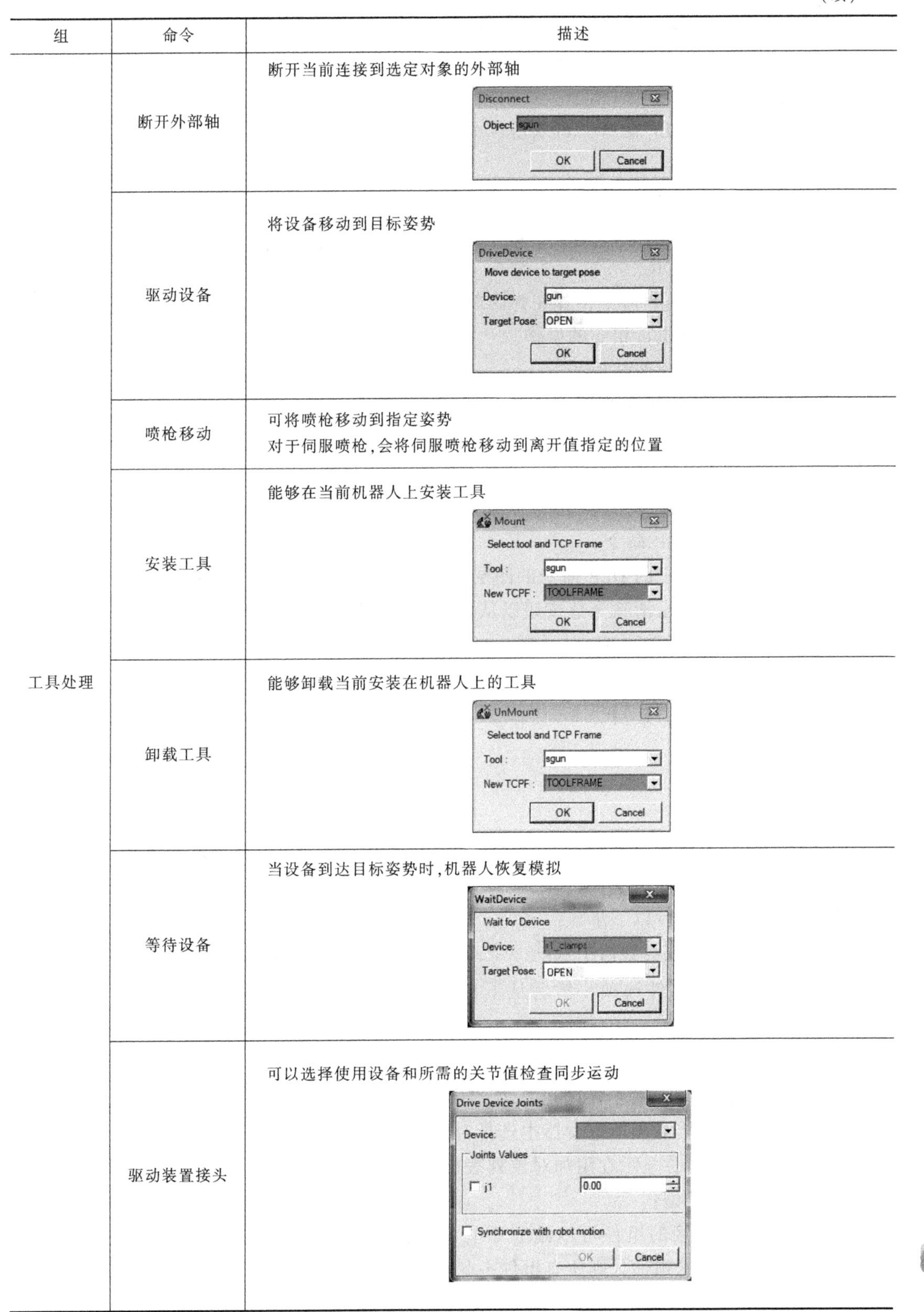

组	命令	描述
工具处理	断开外部轴	断开当前连接到选定对象的外部轴
	驱动设备	将设备移动到目标姿势
	喷枪移动	可将喷枪移动到指定姿势 对于伺服喷枪，会将伺服喷枪移动到离开值指定的位置
	安装工具	能够在当前机器人上安装工具
	卸载工具	能够卸载当前安装在机器人上的工具
	等待设备	当设备到达目标姿势时，机器人恢复模拟
	驱动装置接头	可以选择使用设备和所需的关节值检查同步运动

如果使用具有静态外观的零件配置 OLP 命令（如附加、分离、空白、显示），则需要始终选择主外观。如果选择任何其他外观，那么 Process Simulate 会自动替换主外观的选定外观（如果没有外观设置为主外观，则会自动替换原始部件）。

7）执行以下任何可选操作：

① 要编辑现有的 OLP 命令，可双击该命令，在 OLP 命令对话框中编辑相关值，然后单击确定按钮。

② 选择一个命令并单击向上按钮和向下按钮将其移动到所需的位置，机器人按照安排的顺序执行命令，如图 8-44 所示。

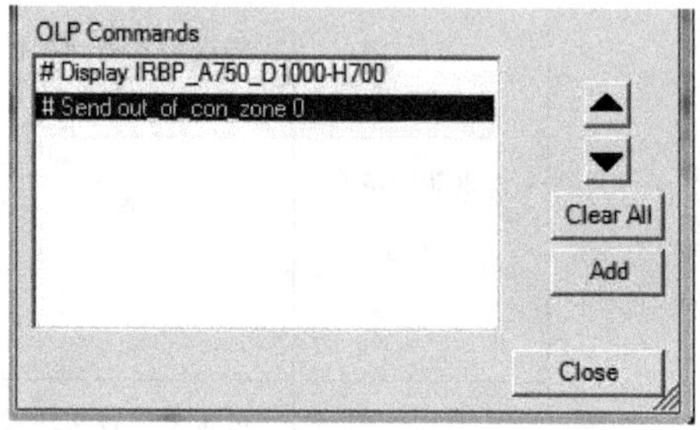

图 8-44　执行命令

③ 使用鼠标右击 OLP 命令，并在弹出的快捷菜单中选择命令，可以执行相应的操作。

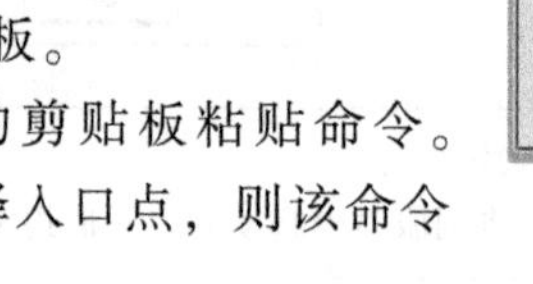

复制：将命令复制到剪贴板。

粘贴：从选定命令下方的剪贴板粘贴命令。如果在粘贴 OLP 命令时未选择入口点，则该命令将粘贴在列表的底部。

删除：删除选定的命令。

取消组合：分隔 OLP 命令。

显示图层：显示选定的 OLP 命令的图层。

如果有必要，可单击清除全部按钮以从列表中删除所有 OLP 命令。

8）单击关闭按钮，关闭 TP 对话框。

8.19　附加和分离组件

8.19.1　附加组件

使用附加命令可以将一个或多个组件附加到另一个组件。可以通过选择组件，打开对象树并显示“附加到”列来检查组件是否附加到另一个对象上。

要附加组件，可执行以下步骤：

1）在图形查看器或对象树中选择一个或多个组件，然后选择主页选项卡→工具组→附件选项，然后从下拉列表中选择附加选项，此时显示附加对话框，附加对象列表中会显示所选组件的名称，如图 8-45 所示。

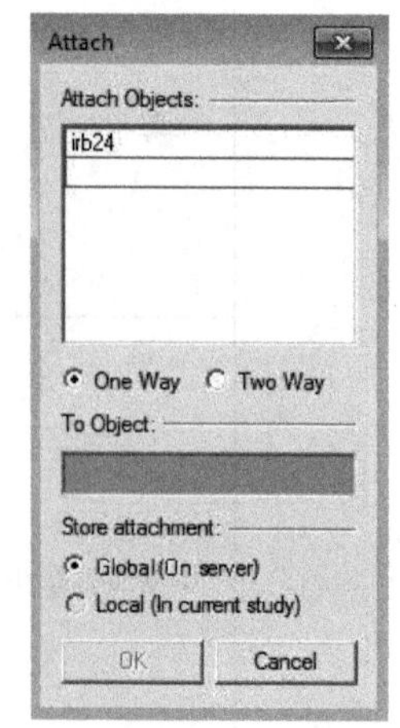

图 8-45　附加对话框

或者显示附加对话框后，在图形查看器或对象树中选择要附加到其他组件的组件（当在图形查看器中选择对象时，鼠标指针变为+形状），所选组件的名称显示在附加对象列表框中。

2）指定附件的类型：

一种方式：所连接的组件可以独立于它们所连接的组件移动。如果移动组件所连接的组件，则所有组件一起移动。

双向：如果移动连接的组件或组件连接的组件，则所有组件一起移动。

3）选择目标对象选项，并在图形查看器或对象树中选择要将所选组件连接到的组件（在图形查看器中选择对象时，鼠标指针变为+形状），所选组件的名称显示在目标对象选项中。

如果选择一个实体，则会自动显示该实体的集合。如果实体的集合是一个块，则显示最少的连接或组件。

4）默认情况下，在存储附件区域中选择全局单选按钮。这意味着附件保存在 eMServer 中，而不是存储在研究的工程数据中。例如，如果将机器人连接到全局的铁路，那么当在另一个研究中使用同一个机器人和轨道时，它们已经连接。图标表示全局附件，如图 8-46 所示。

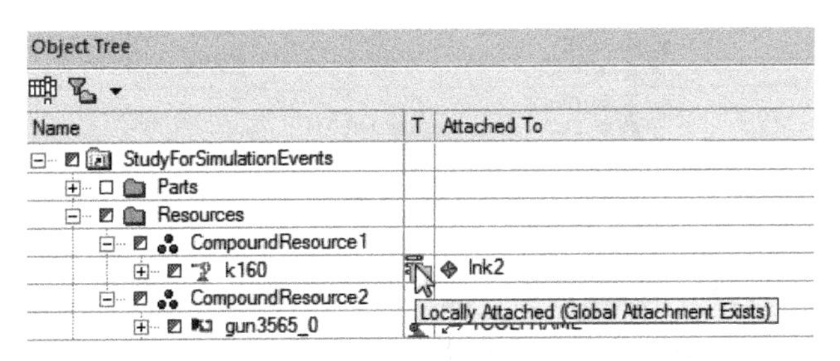

图 8-46 全局附件图标

只能在资源之间创建全局附件。例如，如果选择全局时选择零件，则系统返回错误。

5）如果不想全局保存附件，那么可选择本地单选按钮。本地附件图标如图 8-47 所示。

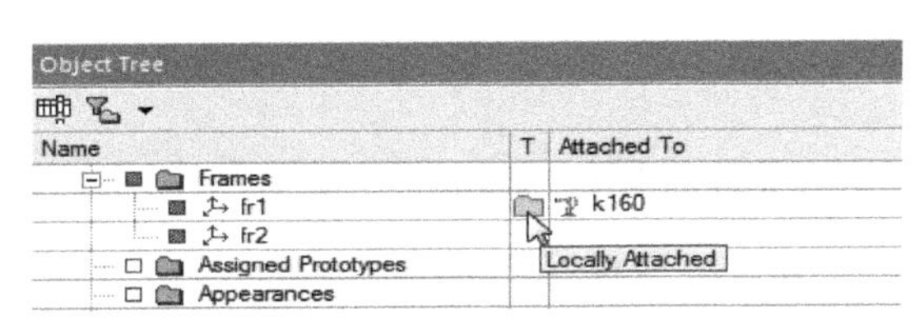

图 8-47 本地附件图标

6）在将资源（如 k160）全局附加到另一个资源（如 lnk1）之后，可以在本地附加相同资源（如 k160）到附加资源（如 lnk2）。此时，本地附件处于活动状态，这可以在不破坏全局附件的情况下测试各种情况，此时的操作树如图 8-48 所示。

因此，移动 lnk2 还会导致 k160 移动，而移动 lnk1 不会移动 k160。如果分离 k160，则会删除本地附件（因为它当前处于活动状态），并且全局附件变为活动状态。目前，移动 lnk1 导致 k160 移动，而移动 lnk2 不移动 k160。

7）单击确定按钮。所选组件已附加，并可根据指定的附件类型在图形查看器中移动。如果附件列当前显示在对象树中，则附加组件的名称将显示在其附加的组件旁边。

如果删除了一个组件，那么附加到它的任何对象都不会被删除。组件保持连接状态，直到将它们分开。

8.19.2 分离组件

使用分离选项可解除连接部件之间的连接。选择一个附件，选择首页标签→工具组→附

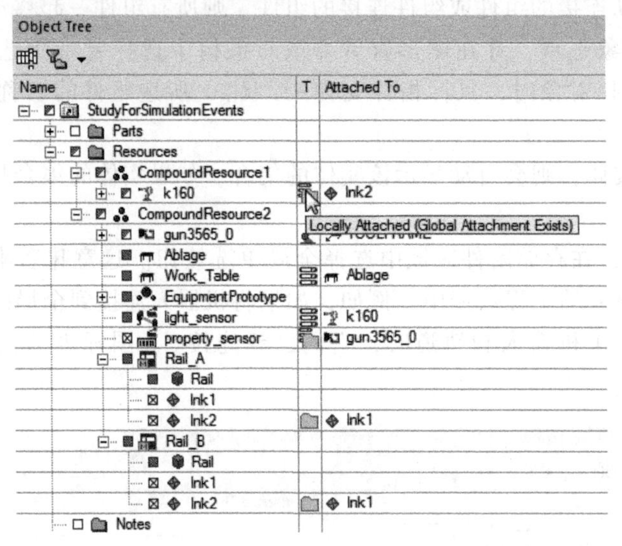

图 8-48　操作树

件，然后从下拉列表中选择分离选项，此时附件不再连接，可以独立移动。

如果禁用了分离选项，则该组件不会附加到另一个对象，而是可以根据需要附加。

通过全局附件分离本地将恢复全局附件。因此，要彻底打破本地的全局附件，有必要运行两次分离选项。

8.20　查看 Mfg

Mfg 查看器在研究中显示所有的 Mfg，如图 8-49 所示。

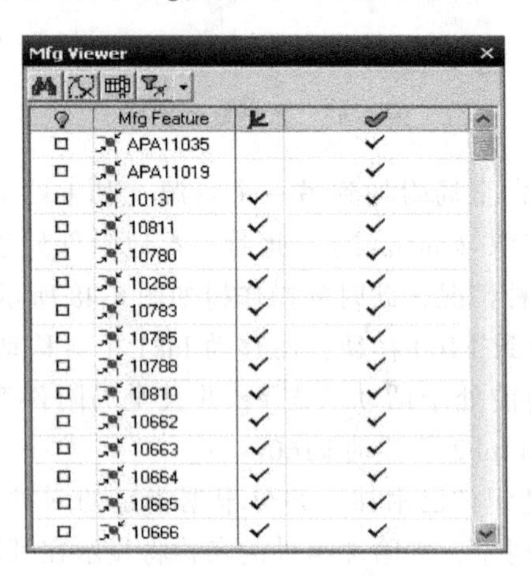

图 8-49　Mfg 查看器

Mfg 查看器可以在研究中查看 Mfg，切换每个 Mfg 的视图状态，查看每个 Mfg 的投影状态，查看 Mfg 属性，从操作中取消分配 Mfg，将 Mfg 分配给操作。

默认的 Mfg 查看器包含的信息见表 8-12。

表 8-12 Mfg 查看器包含的信息

列	描述
	指示 Mfg 的显示状态。可以单击 Mfg 的显示状态图标以更改其显示状态。■表示 Mfg 显示在图形查看器中。□表示 Mfg 不显示在图形查看器中
Mfg 特征	Mfg 的标题
	指示 Mfg 的投影状态。✓表示 Mfg 是预计位置。空白表示 Mfg 不是位置或者是未投影的位置

Mfg 查看器中的操作按钮见表 8-13。

表 8-13 操作按钮

按钮	名称	描述
	按标题查找	能够通过标题在 Mfg 查看器中搜索 Mfg。打开一个查找对话框,可以在其中指定生产厂家标题
	取消分配	在当前分配的所有操作中取消指定在查看器中选定的 Mfg。如果当前未分配的制造特征是焊接点,则根据在选项对话框的焊接选项卡中的焊接位置取消分配中配置的规则,重新分配嵌套在焊接点下的所有焊接位置
	字段	能够选择 Mfg 查看器中显示的 MFG 属性
	按类型过滤	按类型过滤 Mfg 的显示。单击该按钮右侧的下拉按钮以显示下拉菜单,从中可以选择要在查看器中显示的 Mfg 类型

第9章

Process Simulate的连续焊接

9.1 焊炬对齐

使用焊炬对齐选项可以编辑使用 Project Arc Seam（投影弧缝）创建的接缝位置。使用此选项进行小的更改可以满足创建新操作的需求。要使用火炬对齐选项编辑接缝操作，可执行以下步骤：

1）在操作树中选择一个接缝操作或位置。

2）选择处理选项卡→弧组→焊炬对齐选项，出现焊炬对齐对话框，如图 9-1 所示。

3）使用对话框中的箭头按钮选择一个位置或输入位置名称，系统使用放置操纵器在图形查看器中显示位置，如图 9-2 所示。

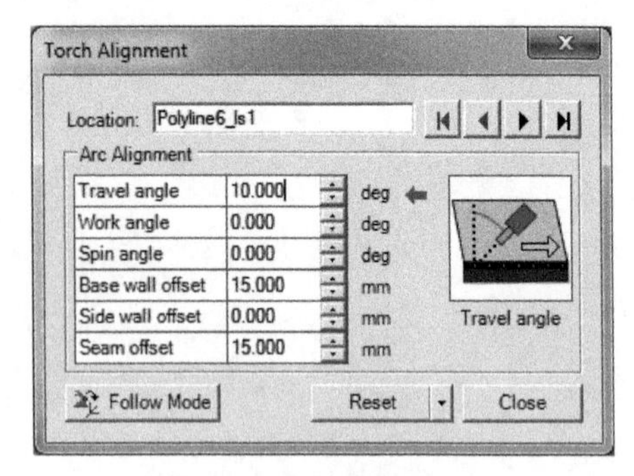

图 9-1　焊炬对齐对话框

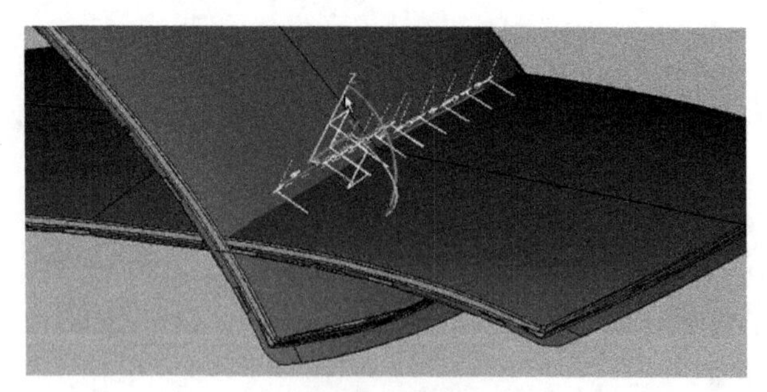

图 9-2　位置

4）使用操纵器调整选定位置。

5）编辑所选位置的弧对齐参数，见表 9-1。

表 9-1　弧对齐参数

弧对齐参数	描述
行程角度	从宽边视图看到焊炬的侧向倾斜。默认值为 0 弧度(焊炬正好在平分线上接近接缝)

（续）

弧对齐参数	描述
工作角度	沿平分线测量接近角。默认值为0弧度(焊炬正好接近平分线上的接缝)
旋转角度	焊炬围绕其法线(逼近)矢量的角度。默认值为0弧度
基壁偏移	基准图可以通过原始投影位置和操纵后的接缝位置来定义。基壁偏移是该平行四边形底边的长度
侧壁偏移	侧视图可以由原始投影位置和操纵后的接缝位置定义。侧壁偏移是该平行四边形的边长
接缝偏移	接缝偏移是该平行四边形的对角线长度,其在操纵之后连接原始投影位置和接缝位置。平行四边形可以由原始投影位置和操纵之后的接缝位置来定义

在应用旋转之前应用偏移，因此无论如何旋转，都会按照定义进行维护，如图 9-3 所示。

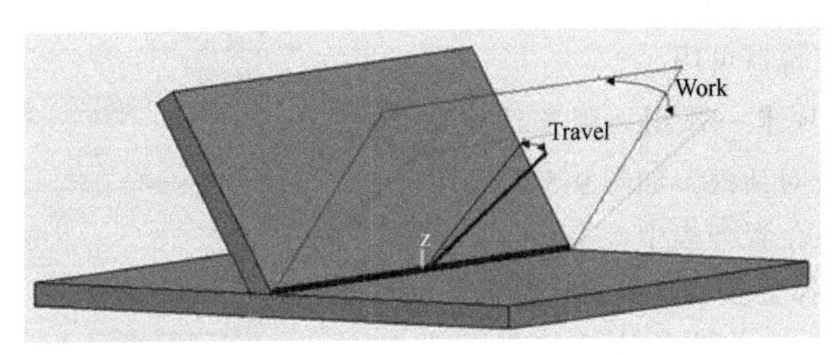

图 9-3 应用偏移

6）选择其他位置并编辑。

7）通过选择跟随模式，使分配的机器人在选择要编辑的位置时跟踪位置。再次单击该按钮可取消跟随模式。如果该位置不在机器人可到达的范围内，则系统会显示一把重影枪，如图 9-4 所示。

当所选位置在机器人可到达的范围内时，重影枪消失，机器人跳到选定位置。

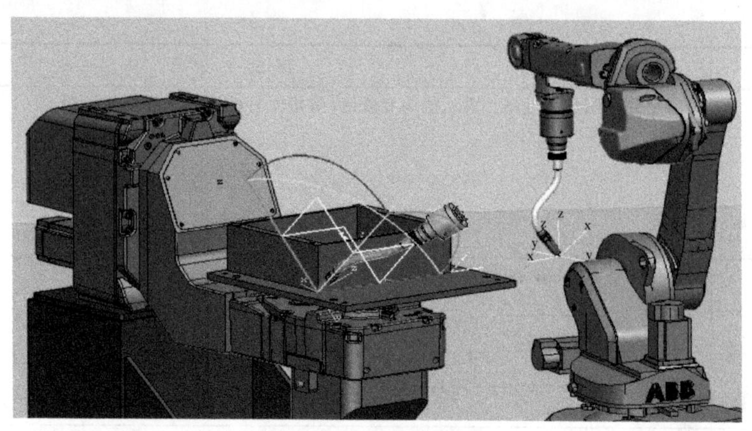

图 9-4　显示重影枪

8）默认情况下，单击重置按钮可重置当前位置到原来的值。

9）单击重置按钮旁边的下拉按钮，然后选择重置所有已编辑位置选项，可以将焊炬对齐对话框恢复为启动时的状态（将所有已编辑位置重置为原始值）。

10）单击关闭按钮关闭对话框。

9.2　弧连续定位

使用弧连续定位选项可自动计算单个旋转轴线定位器以及两个垂直旋转轴线定位器的最佳外轴位置。这样做是为了使水平接缝平行于地面并以向下运动进行焊接（焊枪位于接缝上方，接近矢量垂直）来实现最佳焊接效果。

该选项是灵活的，可以为位置法线的对齐指定任何方向，并且可以将任何位置矢量定义为法线。

1）选择与同一机器人相关的位置或机器人操作。选择操作会选择所有选定操作的位置。主机器人必须具有一个或多个外部轴，并且这些外部设备中必须至少有一个定位器可用。

2）选择处理选项卡→弧组→弧连续定位选项，出现弧连续定位对话框，如图 9-5 所示。

所选位置显示在位置列表中。

3）根据需要选择更多位置或删除位置。

4）选择合适的定位器来计算接缝位置的外部轴。

5）选择法向矢量。这定义了哪个位置的方向矢量将与目标的相同矢量对齐（默认情况下，Z+被选中）。

6）选择运动矢量。这定义了哪个位置的方向矢量与接缝相切（默认选择 X+）。与法向矢量一起，

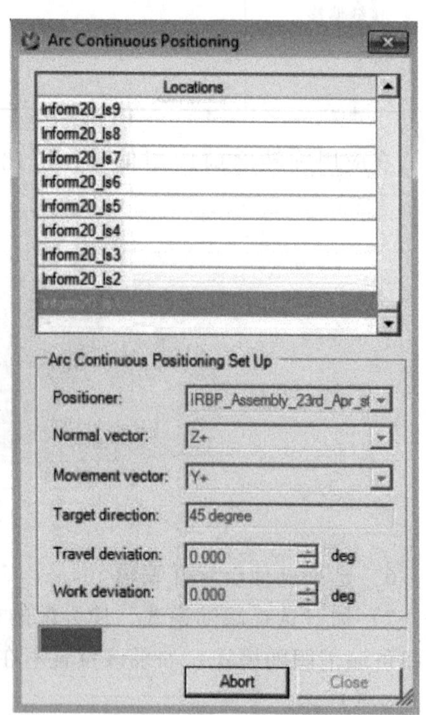

图 9-5　弧连续定位对话框

该参数定义了如何应用行程偏差和工件偏差。

7）选择一个坐标系来设置目标方向。此坐标系的法向矢量用作目标方向（默认情况下选择世界坐标系）。

8）设置行程偏差如下：

0：位置法向矢量与目标方向对齐。

>0：位置法向矢量朝接缝方向倾斜（当法向矢量=Z+且运动向量=X+时，绕X+正转）。

<0：位置法向矢量向后倾斜（当法向矢量=Z+且运动向量=X+时，绕X+负旋转）。

9）设置工作偏差如下：

0：没有偏差。

>0：从开始到结束接缝，右侧存在偏差（当法向矢量=Z+且运动向量=X+时，绕X+正转）。

<0：从开始到结束接缝，左侧存在偏差（当法向矢量=Z+且运动向量=X+时，绕X+负旋转）。

10）单击确定按钮。所选位置的外部轴被更新。

11）该过程完成后，单击关闭按钮。

9.3　投影弧缝

使用投影弧缝选项可以将弧投影为两个部分的交集或两个零件面的交点，并创建一个弧形缝操作。可以使用此选项为焊炬两部分的弧焊创建操作。执行此过程之前，执行新的连续特征操作或连续过程生成器命令可以选择一个机器人，并将弧形制造与连续操作相关联。

要投影弧缝，可执行以下步骤：

1）选择位于两个零件相交处或两个零件面相交处的圆弧生产线。

通常情况下，弧形Mfg位于零件或面的相交处，但不一定非要在相交处。

2）选择处理选项卡→弧组→投影弧缝选项，出现投影弧缝对话框，如图9-6所示。

特征树显示目标连续操作为父结点，由图标表示。源弧Mfg嵌套在连续操作下并由图标表示。

选择分配给相同连续操作的多个圆弧Mfg后，也可以启动投影弧缝选项，如图9-7所示。

系统在目标连续操作下显示两个Mfg。

选择分配给多个连续操作的圆弧Mfg后，也可以启动投影弧缝选项，如图9-8所示。

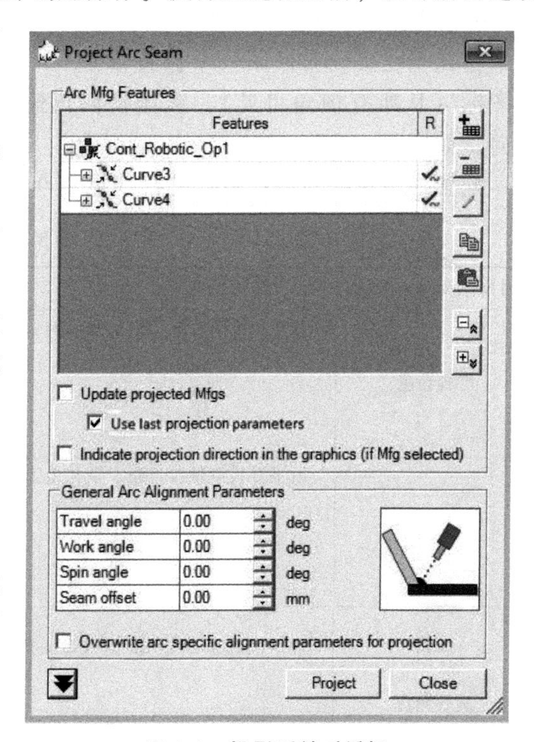

图9-6　投影弧缝对话框

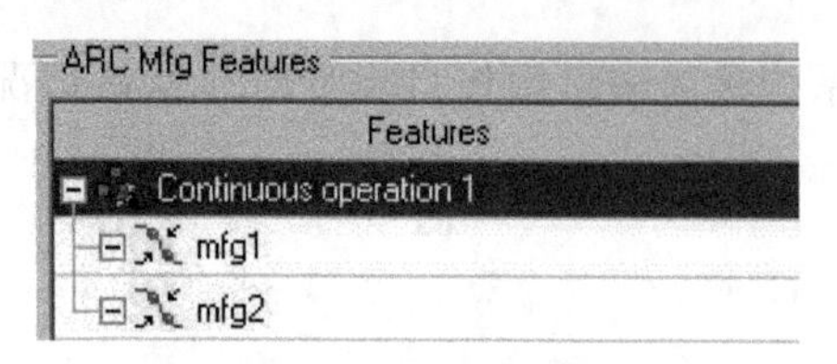

图 9-7　选择分配给相同连续操作的多个圆弧 Mfg

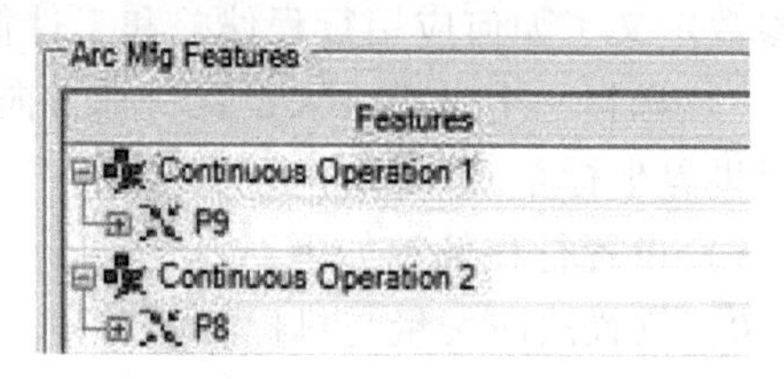

图 9-8　选择分配给多个连续操作的圆弧 Mfg

系统显示两个连续操作，每个操作都有一个 Mfg。

3）如果希望向功能树添加更多操作，可在操作树中选择所需的操作，然后单击按钮，所选操作将显示在功能树中及其关联的 Mfg 中。

该系统只允许添加拥有 Mfg 的操作。

系统忽略重复的选择。

4）如果投影已经存在并且希望更新，可选中更新投影 Mfg 复选框以覆盖当前数据。如果此复选项被取消选择（这是默认设置），则系统省略先前投影的 Mfg。

5）如果选择了更新投影 Mfg 复选框，则可以选中使用最后一个投影参数复选框来指示系统使用先前投影中使用的参数。

如果先前的投影是使用版本 11 之前的 Process Simulate 执行的，则不能选择使用上次投影参数复选框。在这种情况下，系统将使用默认参数。

6）如果选中图形中的指示投影方向，则系统会在创建接缝时向第一个位置添加一个圆锥图标（从所有视角可见），锥体指向投影的方向，如图 9-9 所示。

图 9-9　投影方向

配置通用弧线对齐参数，其描述见表 9-2。

表 9-2　通用弧线对齐参数描述

通用弧线对齐参数	描述
行程角度	从宽边视图看到焊炬的侧向倾斜。默认值为 0 弧度（焊炬正好在平分线上接近接缝）
工作角度	沿平分线测量接近角。默认值为 0 弧度（焊炬正好接近平分线上的接缝）
旋转角度	焊炬围绕其法线（逼近）矢量的角度。默认值为 0 弧度

（续）

通用弧线对齐参数	描述
接缝偏移	接缝偏移是该平行四边形的对角线长度，其在操纵之后连接原始投影位置和接缝位置。平行四边形可以由原始投影位置和操纵之后的接缝位置来定义 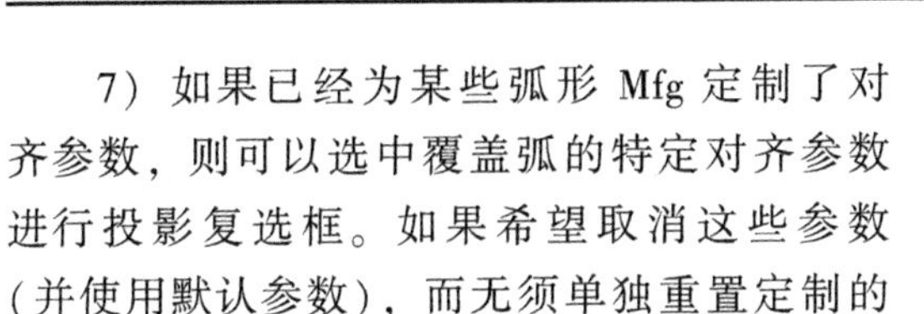

7）如果已经为某些弧形 Mfg 定制了对齐参数，则可以选中覆盖弧的特定对齐参数进行投影复选框。如果希望取消这些参数（并使用默认参数），而无须单独重置定制的每个弧形 Mfg。

8）如果希望将弧形 Mfg 添加到特征树中，可单击按钮，出现添加 Mfg 特征数据对话框，如图 9-10 所示。

9）选择一个关联附加弧生产的操作，这可能与已经添加到命令或另一个目标操作的弧 Mfgs 的目标操作相同。

10）选择一个弧形 Mfg。

11）在零件/面区域中，按如下方式定义零件/面对：

① 选择零件以在两个零件的相交处投影 Mfg。

② 在图形查看器或对象树中选取基本部分和边部分，或输入其名称。

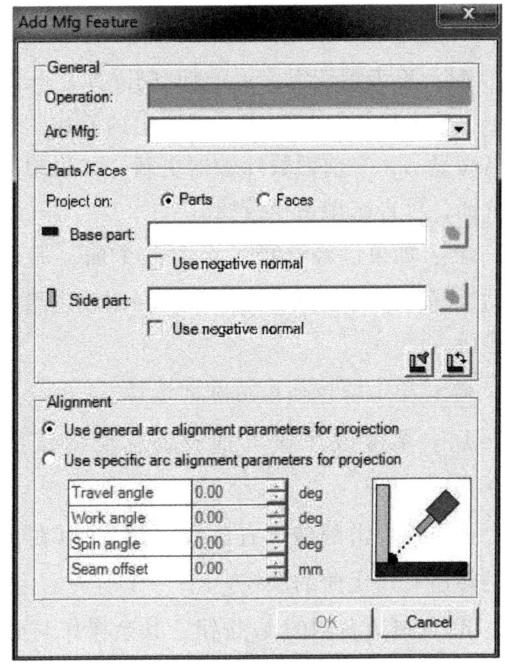

图 9-10 添加 Mfg 特征数据对话框

③ 可以检查底部或侧面部件的反向法线。这反向了用于计算的正常值，并且使得新接缝操作中的位置方向相反，如图 9-11 所示。

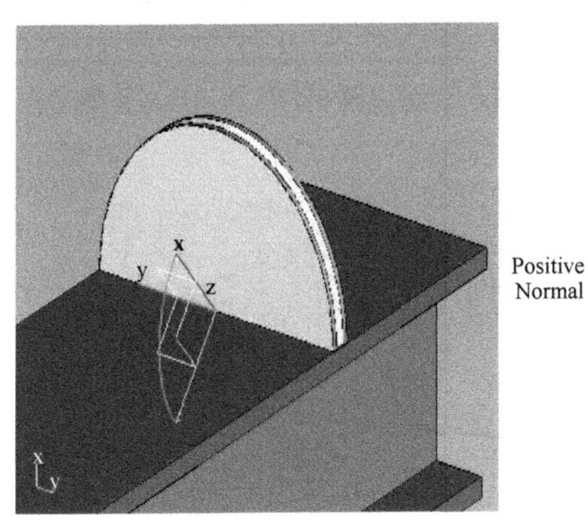

Negative
Normal

图 9-11 检查底部或侧面部件的反向法线

使用反向操作会影响机器人接近角度，并可用于改善结果。正在使用反向法线的零件有图标，使用结果如图 9-12 所示。

也可以从 Project on（投影）选择 Faces（面）单选按钮，以在两个零件面的相交处投影 Mfg，此时的添加 Mfg 特征数据对话框如图 9-13 所示。

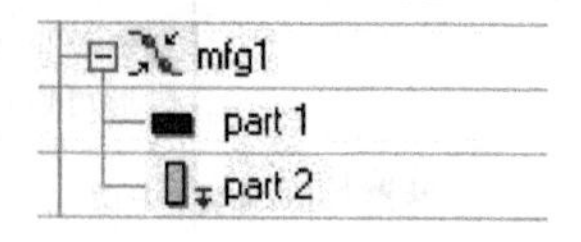

图 9-12　使用结果

12）接着按以下步骤进行操作：

① 单击基座右侧的按钮以选择面，出现面选择对话框，如图 9-14 所示。

② 执行以下操作：

：单击该按钮，可添加/删除面。在图形查看器中，单击想要添加的面，则选定的面在图形查看器中高亮显示，当前面数计数器更新。如果想取消选择一个面，可再次单击该按钮。

：如果已经选择了至少一个面，那么系统将自动选择与最初选择的面位于同一侧或边缘的所有面的连接。

：单击该按钮可清除面选择。

：单击该按钮可选择面，反向法向量，如图 9-15 所示。

也可以单击翻转所有法线按钮以在单个操作中翻转所有选定面的法线。

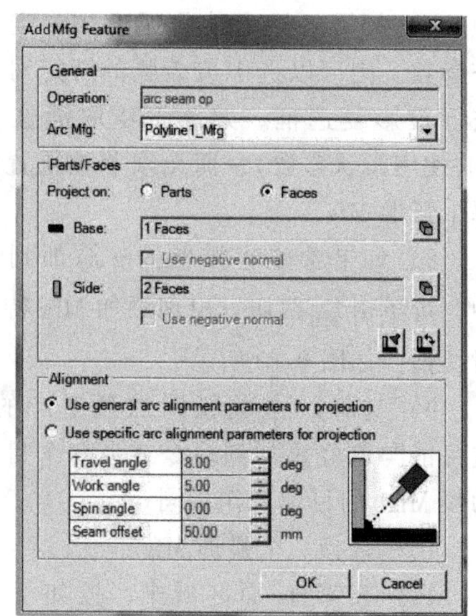

图 9-13　设置投影后的添加 Mfg 特征数据对话框

③ 点击边右侧的按钮，其余操作与面相同。

系统不允许为边零件和基底零件选择相同的零件。

13）单击按钮，突出的部分如图 9-16 所示。图形查看器中的所有其他对象都变暗。

14）单击按钮，可交换侧面部分的底面。

15）在对齐区域中，选择以下选项之一：

① 使用通用的弧线对齐参数进行投影：弧形 Mfg 使用配置的对齐参数。这是默认设置。

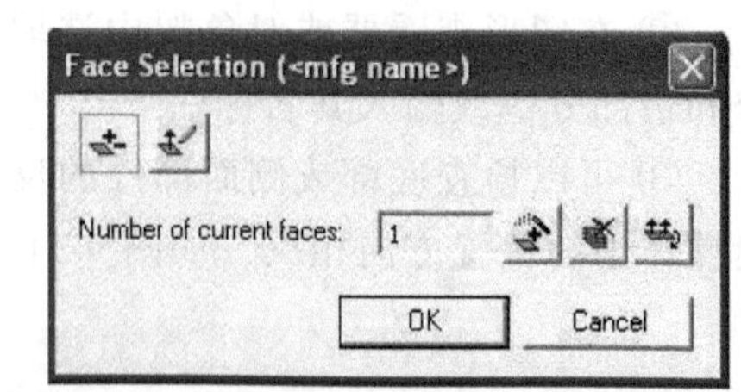

图 9-14　面选择对话框

图 9-15　面选择

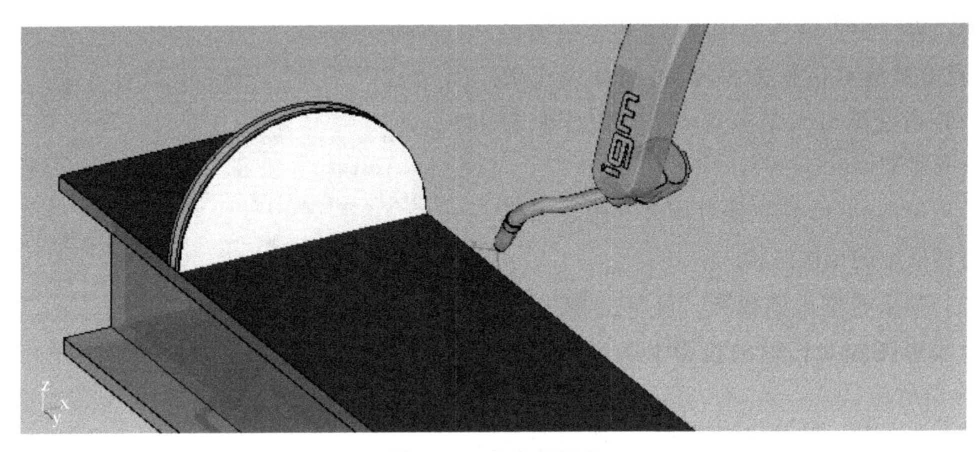

图 9-16　突出的部分

② 使用特定的弧线对齐参数进行投影：专门配置对齐参数以用于新弧线 Mfg。系统为特定的对齐参数添加一个结点到弧形 Mfg。结点添加结果如图 9-17 所示。

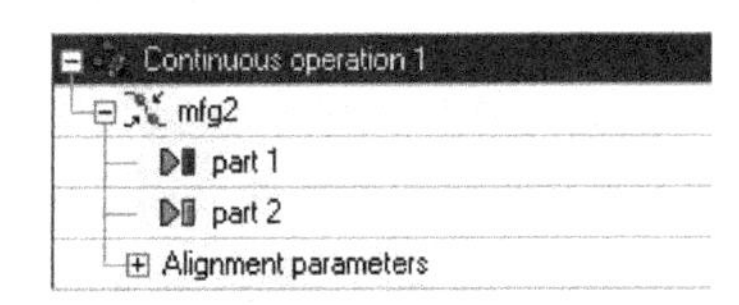

图 9-17　结点添加结果

可以将对齐参数结点复制并粘贴到其他弧形 Mfg。

16）单击确定按钮，确认新弧形 Mfg 的零件/面，添加 Mfg 特征数据对话框关闭。

17）如果要编辑弧形 Mfg，可双击连续操作或弧形 Mfg。出现编辑 Mfg 特征数据对话框，如图 9-18 所示。

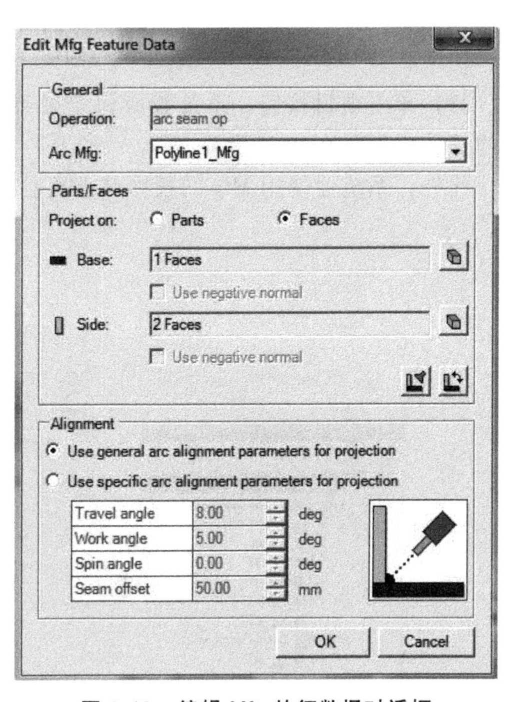

图 9-18　编辑 Mfg 特征数据对话框

如果在打开了编辑 Mfg 特征数据对话框之前选择了连续操作，并且所选的连续操作拥有多个弧形 Mfg，可选择一个弧形 Mfg 进行编辑。可执行以下任何操作：

在零件/面区域中，如果想在图形查看器中突出显示零件对，可单击按钮。图形查看器中的所有其他对象都变暗。单击按钮可交换侧面部分的基座部分。如果想为当前编辑的投影自定义对齐参数，可选择使用特定的弧线对齐参数进行投影复选框。如果使用通用弧线对齐参数进行投影，那么系统将使用现有的对齐参数。

18）在编辑 Mfg 特征数据对话框中，单击确定按钮关闭对话框。

19）要从投影弧缝对话框中删除选定的连续操作、Mfg 或对齐参数，可单击按钮。

如果删除连续操作下嵌套的所有弧形 Mfg，则系统也会删除连续操作。

20）也可以单击复制按钮和粘贴按钮在投影弧缝对话框中将零件/面从一个节点复制并粘贴到另一个节点。也可以复制和粘贴对齐参数。

21）单击和按钮可展开和折叠投影弧缝对话框中的层次结构。

22）如果希望微调投影，可单击按钮以显示投影弧缝对话框的投影参数区域，如图 9-19 所示。

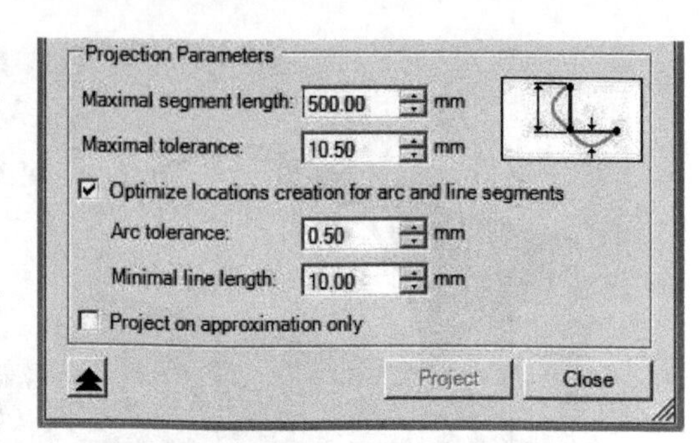

图 9-19　展开后的投影弧缝对话框

在投影参数区域可以配置表 9-3 所示的参数。

表 9-3　投影参数区域中的参数

参数	描述
最大段长度	投影连续 Mfg 时创建的两个位置之间的最大允许距离
最大公差	位置和定义接缝几何的曲线之间允许的最大距离
优化弧和线段的位置创建	当选择该复选框（这是默认设置）时，可以优化 Mfg 投影，条件是源 Mfg 中的所有位置都符合定义的电弧容差和最小线条长度。系统使用两个位置为直线创建投影，三个位置为圆弧创建投影，五个位置为圆圈创建投影。当取消选择该复选框时，系统会创建连续位置的投影，此时需要大量计算机资源
仅在近似投影上进行	项目 Mfg 在零件的近似版本上。使用此选项可节省计算资源并实现快速结果

23）单击项目按钮，系统投影每个弧形 Mfg 并在相关的连续操作下创建嵌套操作。此时的操作树如图 9-20 所示。

此外，系统会使用 Mfg 的投影状态更新投影弧缝对话框的 R 列，如图 9-21 所示。

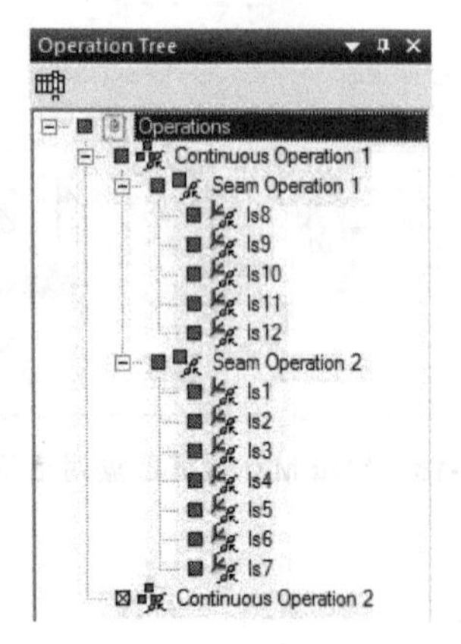

图 9-20　操作树

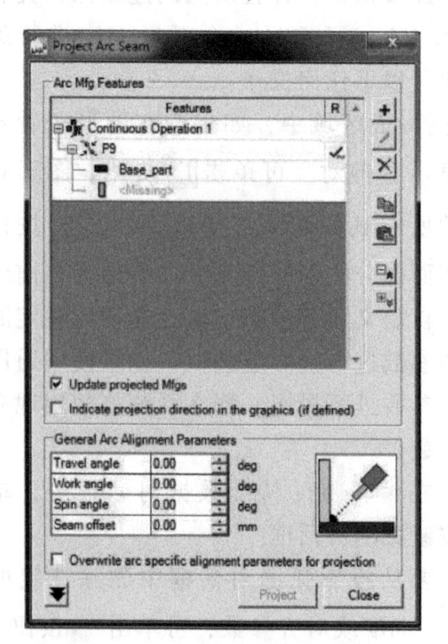

图 9-21　更新投影弧缝对话框的 R 列

在 R 列中，以下结果是可能的：

① 空白：未投影。

② ✓：投影成功。

③ ✓：投影近似成功。

④ ✓：投影在近似几何图形上成功（如果尝试，则在精确几何图形上失败）。

⑤ ?：当操作重新投影失败时，系统会保留先前投影的位置。该图标标记此操作下次打开。

如果对投影结果不满意，那么可以再次运行投影弧缝并更改一些参数，或者可以启动焊炬对齐对话框来编辑当前的接缝操作。

9.4　连续过程生成器

连续过程生成器选项能够进行投影操作，与使用各种项目选项的方式类似。它可以为焊缝操作中由焊缝间隔空间（类似于虚线）组成的弧焊跳焊（或针焊）提供支持，能够以固定的时间间隔创建覆盖模式操作，以用于涂层。

选择面和所需参数后，该命令将自动执行以下操作：

1）为要创建的 Mfg 预览一个或多个路径（预览接缝，并用于投影计算）。为每个接缝创建新的连续 Mfg。

2）设置 Mfg 类型。将 Mfg 分配给第一个面的部分。

3）创建新的连续特征操作，或者允许将接缝操作和分配的 Mfg 附加到现有的连续特征操作。将连续 Mfg 分配给新的或现有的连续特征操作。为每个连续 Mfg 创建新的接缝操作，并使用正确的面部定义将它们嵌套在新的或现有的连续操作下。系统定义哪些面属于接缝操作。如果加载的数据中有一个机器人，则该选项会将该机器人及其安装的工具分配给该操作。

要创建连续操作，可执行以下步骤：

1）选择处理选项卡→连续组→连续过程生成器选项，或者选择操作选项卡→创建操作组→新操作→连续过程生成器选项，也可以选择主页选项卡→操作组→连续过程生成器选项。

可以通过在启动连续过程生成器之前预先选择一个复合操作来设置新连续操作的范围，也可以在打开对话框后更改范围。在这种情况下，新的连续操作嵌套在所选的复合操作中。

2）从过程下拉列表中，选择弧或覆盖模式，如图 9-22 所示。

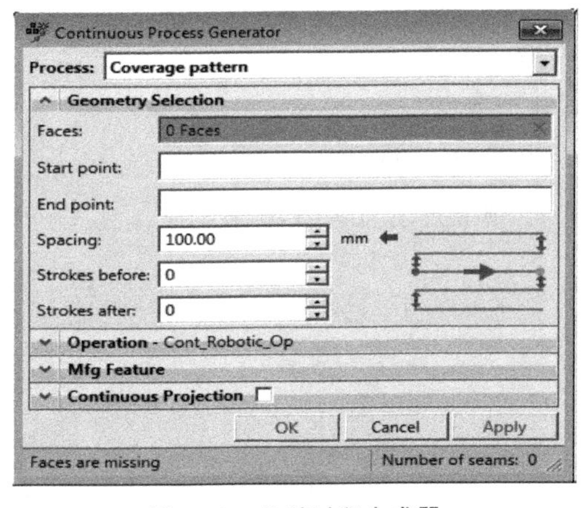

图 9-22　连续过程生成器

3）执行以下操作之一：

如果将过程选项设置为弧，可选择面集

选项。

① 在面集选项中选择基座集。

② 在其中一个观看者中选择一个或多个面，以深褐色突出显示。

③ 选择边集。

④ 在其中一个观看者中选择一个或多个面，以浅褐色突出显示。系统预览要创建的接缝，如图 9-23 所示。

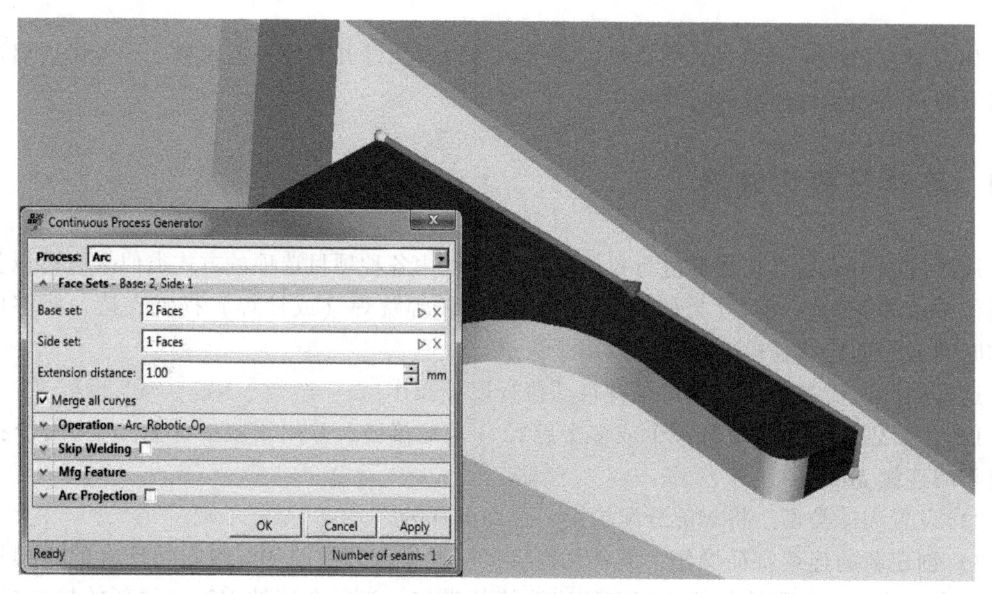

图 9-23　预览要创建的接缝

对于弧进程，无法在基本集和边集中定义相同的面。所有选定的面必须具有精确的几何图形，而不是几何图形的近似表示。

⑤ 左侧第一个点表示缝的开始，第三个点表示结束。如果不希望使用面之间的整个接缝进行新接缝操作，可将绿色点或橙色点拖动到所需的位置，如图 9-24 所示。

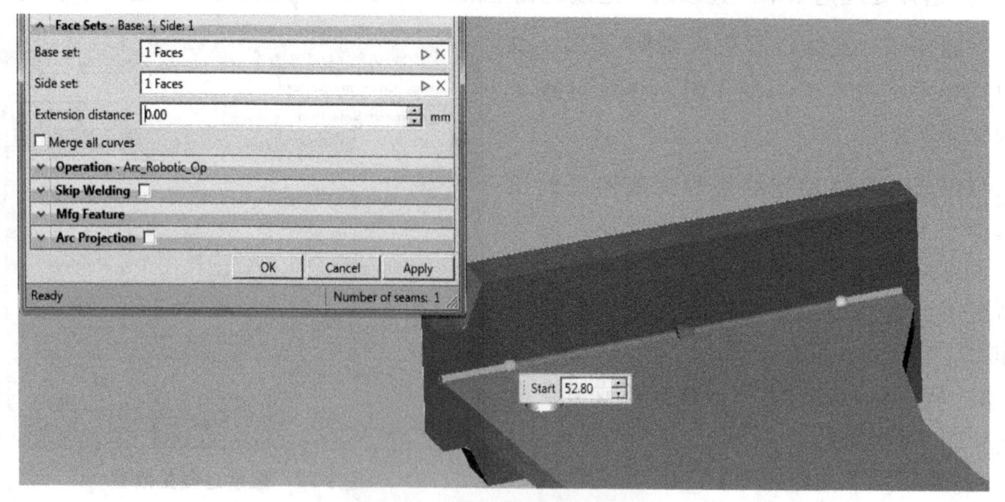

图 9-24　开始及结束位置点

开始尺寸框出现在图形查看器中，并指示绿色点与接缝开始处的距离，并且结束尺寸框指示橙色点与接缝末端之间的距离。可以通过定义一个点的正值和另一个点的相同负值来更改封闭轮廓线缝的起点和终点。

⑥ 可以单击▷按钮以选择与最后选定的面相切的所有面。在下面的例子中，系统已经沿着零件边缘选择了所有的面，直到图中左边的 90° 角处，底面不是相切的，如图 9-25 所示。

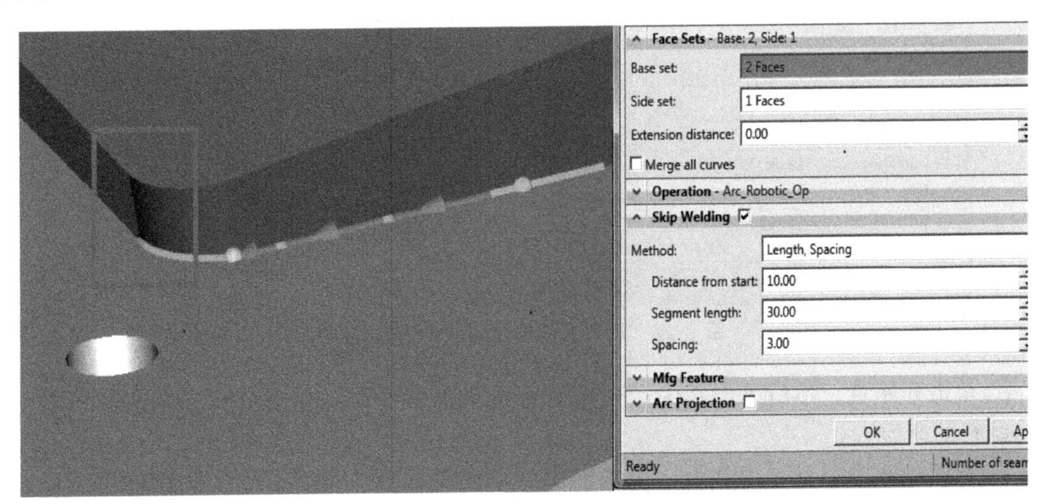

图 9-25　沿着零件边缘选择所有的面

⑦ 可以单击✕按钮以取消选择所有面。

如果将过程设置为覆盖模式，可执行如下几何选择。

a. 在几何选择中选择面选项。

b. 在其中一个观看者中选择一个或多个面，以棕色突出显示，如图 9-26 所示。

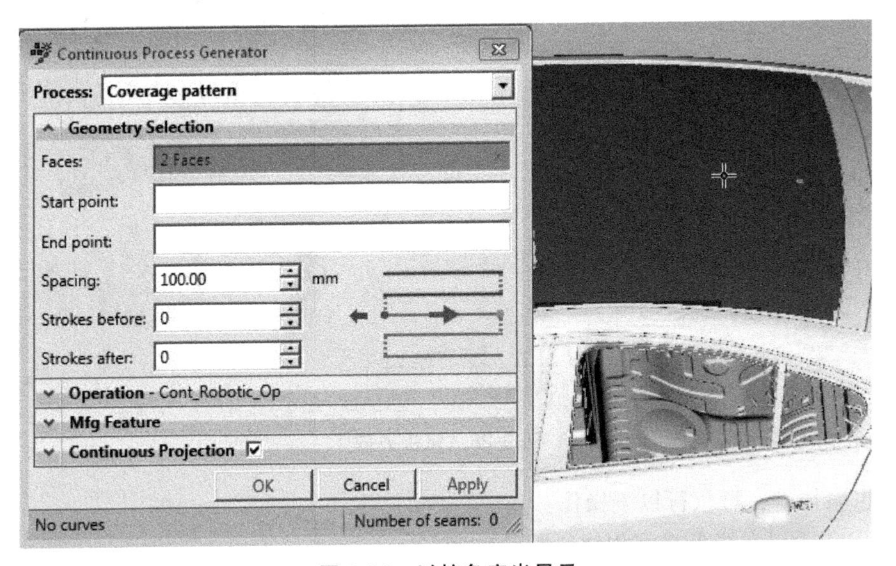

图 9-26　以棕色突出显示

如果选择具有近似几何表示形式的零件的面，则会出现面精确几何消息，如图 9-27 所示。

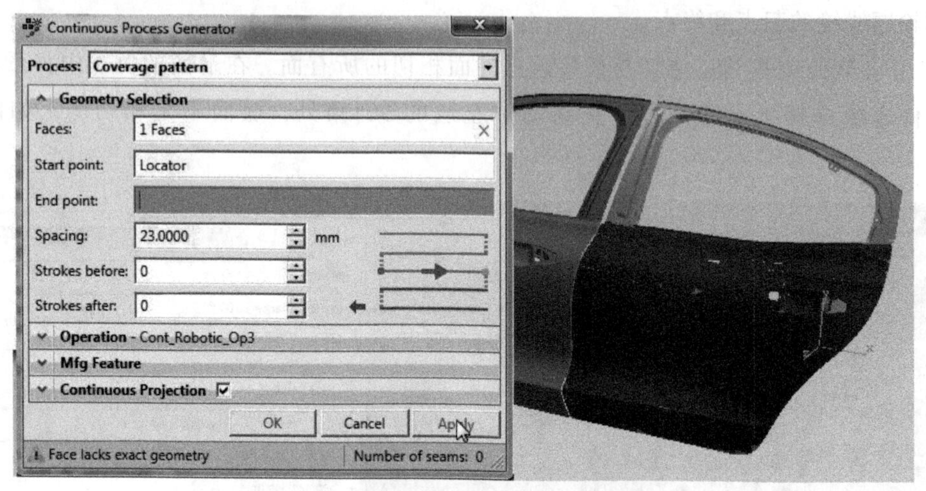

图 9-27　近似几何表示形式的零件的面

c. 单击开始点，然后单击其中一个选定部件上的坐标系、位置、点，则此绿色点可标记起始行的开始。

d. 单击结束点，并单击其中一个选定部件上的坐标系、位置、点，则此橙色点标记最初一行的结尾。系统还会以蓝色显示参考线，并用箭头指示其方向，如图 9-28 所示。

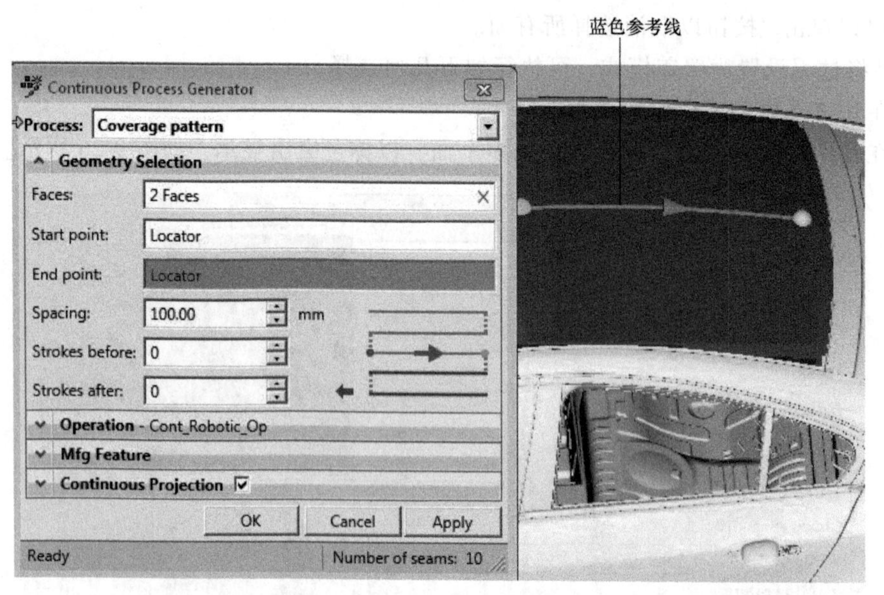

图 9-28　弧焊方向

如果想添加行，可执行以下操作：

a. 设置间距以在线条之间创建所需的空间。

b. 在主笔画之前或之后添加线条，如图 9-29 所示。

在这个例子中，所提出的模式从参考线之前的第一个过程开始，沿着虚线到达第二个过

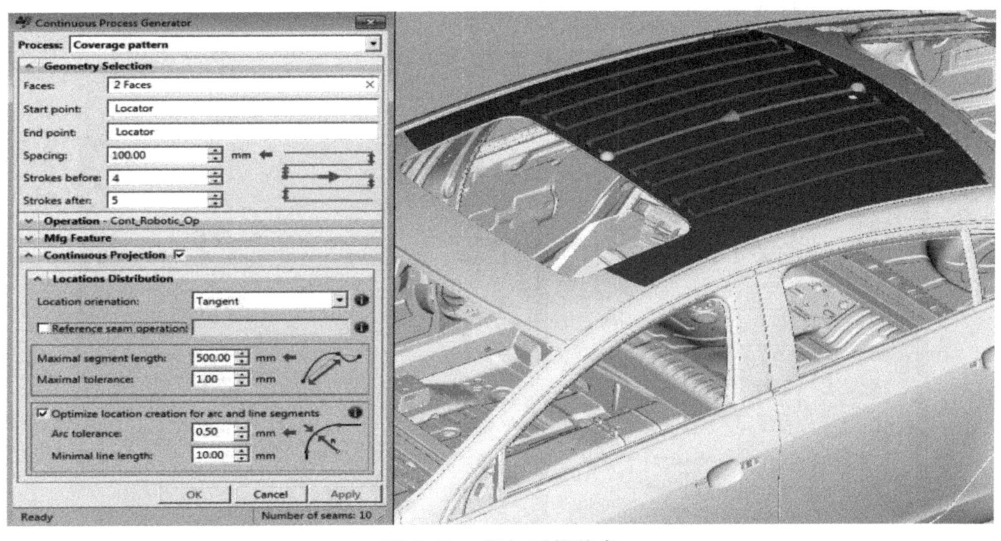

图 9-29　添加弧焊线条

程，沿着虚线到达绿色点，沿着箭头到达橙色点，沿着过程的虚线在参考线之后结束。

如果想更改图案的方向，可单击参考线上的箭头，如图 9-30 所示。

4）在选择面/几何图形之后，就绪消息替换面缺失消息，确定和应用按钮被启用，并且系统计算并显示窗口底部要创建的接缝数量。

5）单击确定按钮以运行该选项，创建新的连续操作并退出连续过程生成器。新的接缝和 Mfg 的创建方式确保了机器人执行的最短行程。

也可以单击应用按钮，接受更改并继续在连续过程生成器中工作。

图 9-30　更改图案的方向

6）继续执行下面的步骤来微调数据。

如果创建一个弧进程并且所选面不接触（它们之间有一个小间隙），则可以在面设置区域中配置延伸距离。只要间隙小于延伸距离，系统就会在两个非接触面之间创建所需的连续操作。在以下示例中，两个表面之间的间隙（白色）为 2.22mm，如图 9-31 所示。

因此，将延伸距离设置为 1.50mm 不能创建连续操作，如图 9-32 所示。

但是将延伸距离设置为 2.50mm 确实可以创建该操作，并显示预览线（蓝色），如图 9-33 所示。

7）如果创建一个弧进程，可以检查合并面集合区域中的所有曲线以创建一个单一的生产线，并在新的连续操作下创建一个接缝操作。所有连续的曲线合并成一条曲线，但不连续的曲线保持独立，如图 9-34 所示。

8）定义操作区域参数，如图 9-35 所示。

① 单击操作选项，展开操作区域。

② 配置以下参数：

操作名称：允许修改默认操作名称。

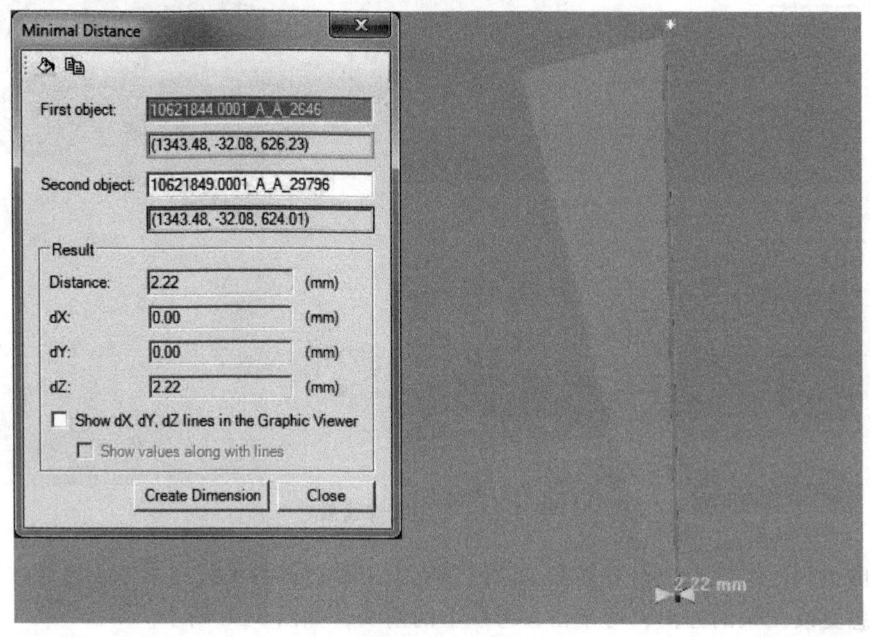

图 9-31　示例

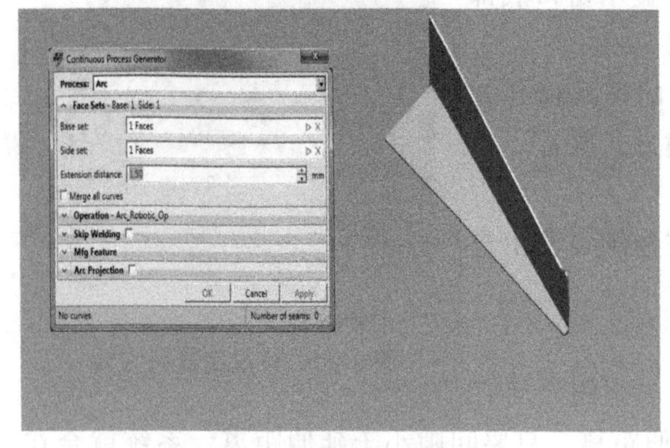

图 9-32　延伸距离设置（1）

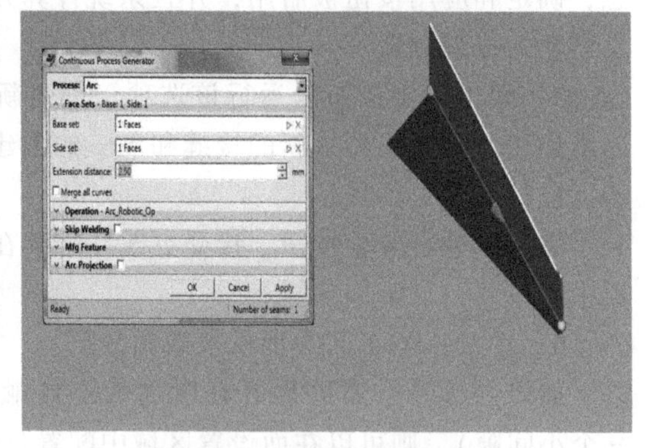

图 9-33　延伸距离设置（2）

机器人：如果加载数据中有单个机器人，则该选项会将该机器人分配给该操作。如果有多个机器人，则可以分配一个机器人给该操作。如果此参数保持为空，则系统在创建操作后不 进行分配。

工具：如果在选定的机器人上安装了工具，则该选项会将该工具分配给该操作。如果想使用不同的工具，则可以修改这个参数。

作用域：默认情况下，新的连续操作嵌套在操作树的根结点下。

描述：可以为新的连续操作撰写有意义的描述。

如果在启动连续过程生成器之前选择了复合操作，则新的连续操作将嵌套在所选的复合操作下。该操作名称、机器人和工具参数无法进行配置，因为它们从范围操作派生，如图 9-36 所示。

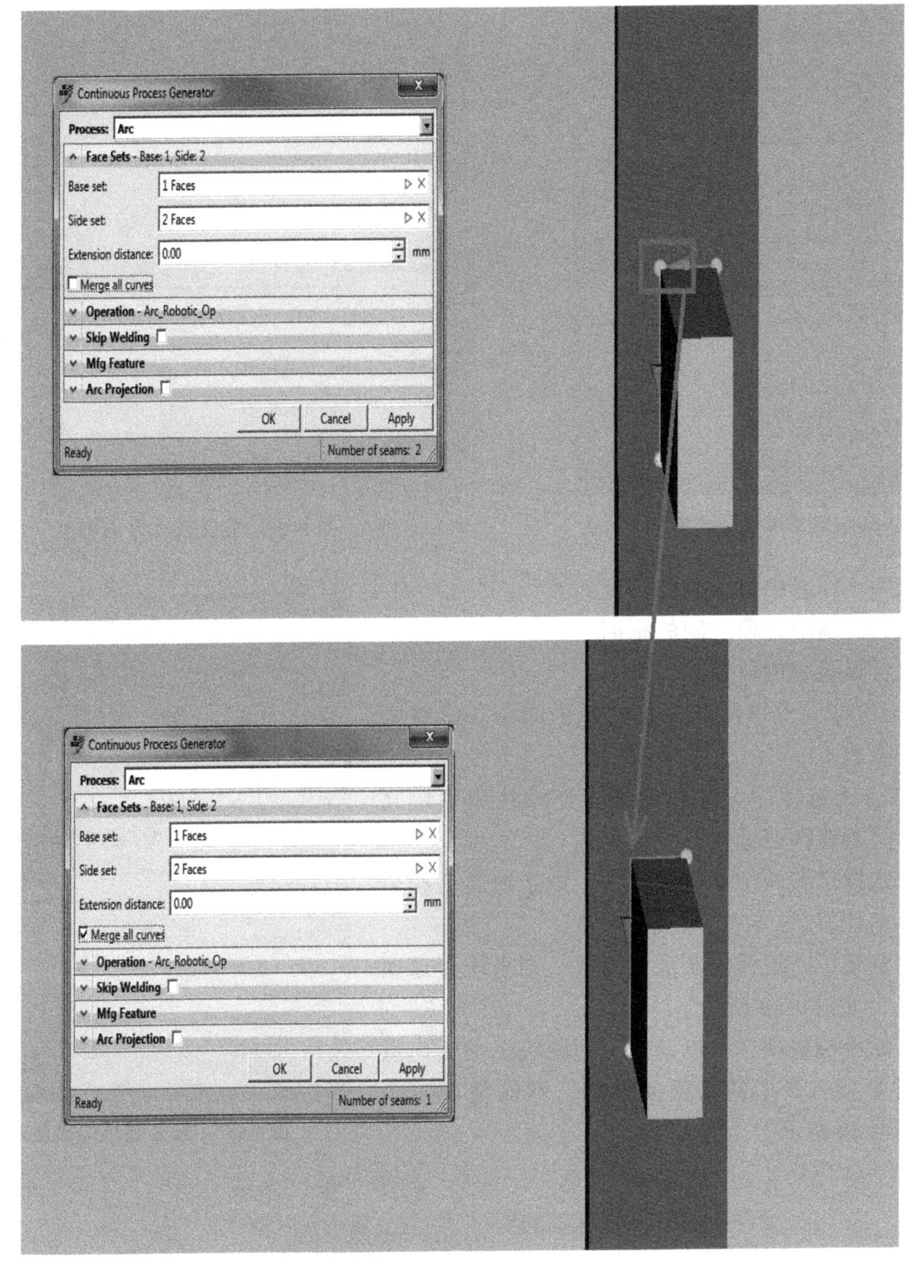

图 9-34　创建一个弧进程

9）如果正在配置一个弧焊过程，可以执行跳过焊接。首先为新接缝操作选择面，根据需要设置合并所有曲线选项，然后按以下步骤操作：

① 单击跳过焊接选项，展开跳过焊接区域，如图 9-37 所示。

② 选择跳过焊接复选框可以激活此功能。如果在前一个会话中设置了这些参数，那么这些值将被保留。

③ 设置以下跳过焊接参数：

开始距离：从开始跳过焊接的接缝处开始的距离。

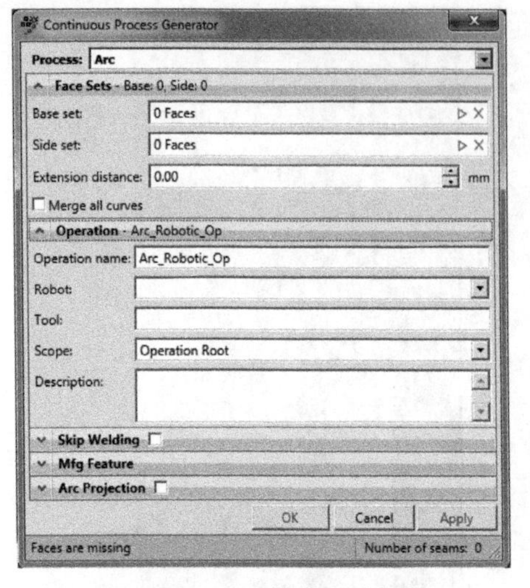

图 9-35　定义操作区域参数

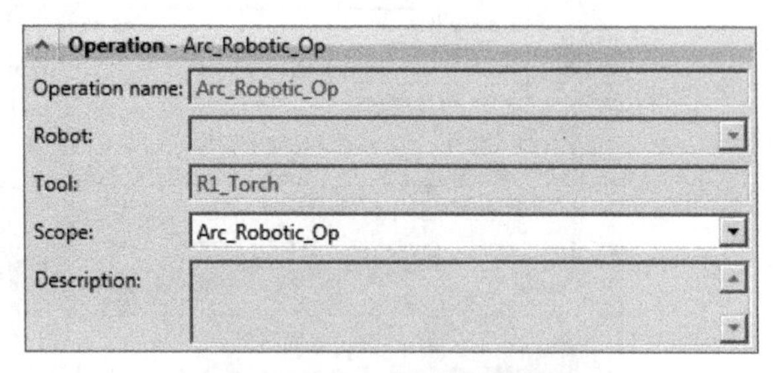

图 9-36　定义操作区域参数

段长度：焊缝中每个段的长度。

间距：焊缝中各段之间的距离。

段数：焊缝中的段数。

图 9-38 所示为焊接段及其之间的间距，接缝方向由箭头指示。

④ 在方法选项中，选择在新的连续接缝中定义跳过焊接时需要哪些参数。

如果选择带有两个参数的选项，则系统会为剩余参数计算最佳值。

如果创建了一组无法实现的参数，则系统会返回一个错误，如图 9-39 所示。

从开始距离选项，可以沿选定的曲线上的任何点开始跳过焊接。该参数是强制性的，默认情况下为零，如图 9-40 所示。

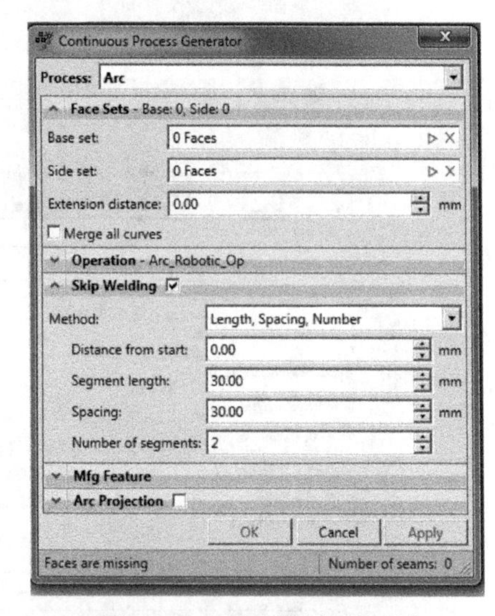

图 9-37　展开跳过焊接区域

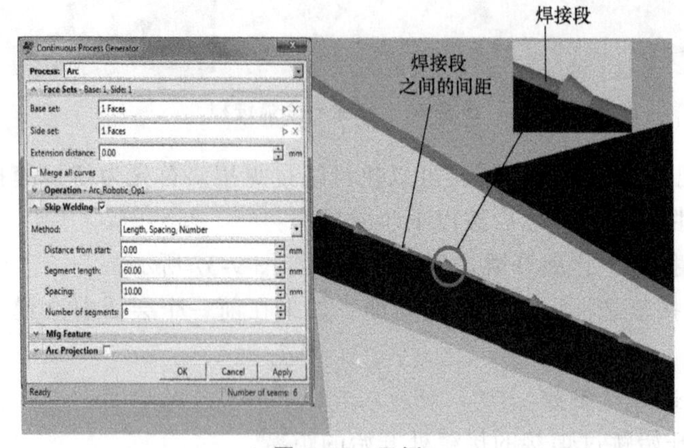

图 9-38　示例

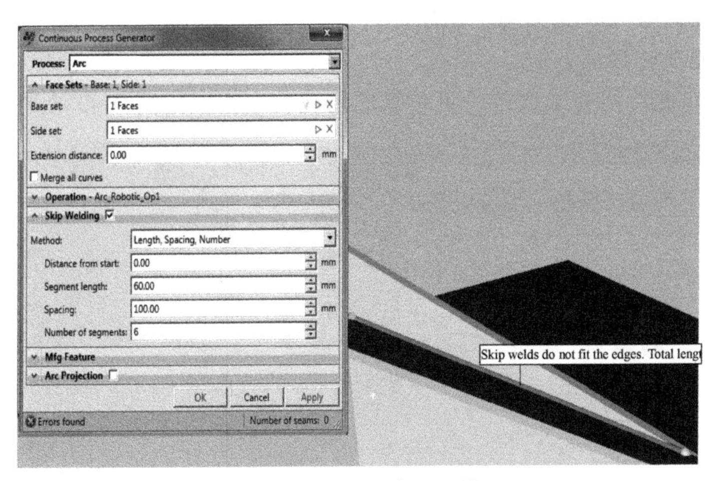

图 9-39 方法选项设置

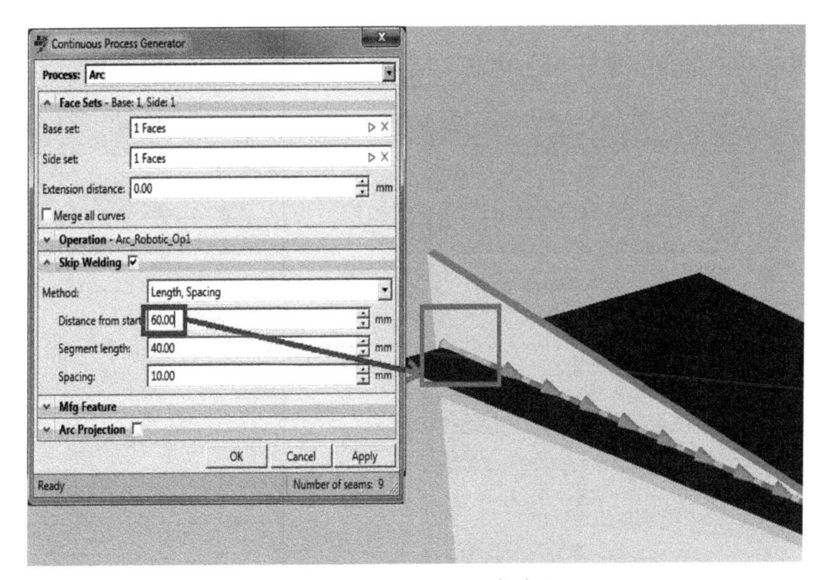

图 9-40 设置开始距离选项

⑤ 如果想改变接缝操作的方向，可单击其中一个箭头，如图 9-41 所示。

图 9-41 示例

设置跳过焊接的所有参数，如定义所有面、设置合并所有曲线等，然后反转接缝操作的方向。这是因为任何参数改变都会将接缝重新设置为原来的方向。因此，只有在对所有接缝参数满意后，才能反转接缝方向。

⑥ 如果希望在此阶段完成更改，可单击应用或确定按钮如图 9-42 所示。

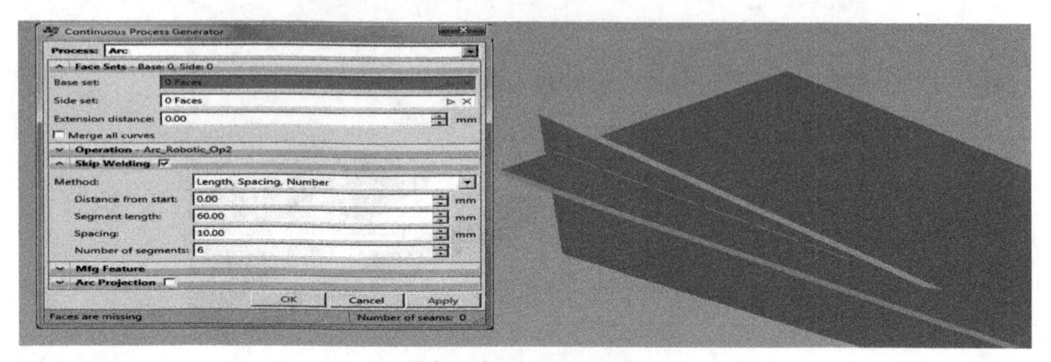

图 9-42　更改接缝操作的方向

10）定义 Mfg 功能类型。

① 单击 Mfg 功能选项，展开 Mfg 功能区域，如图 9-43 所示。

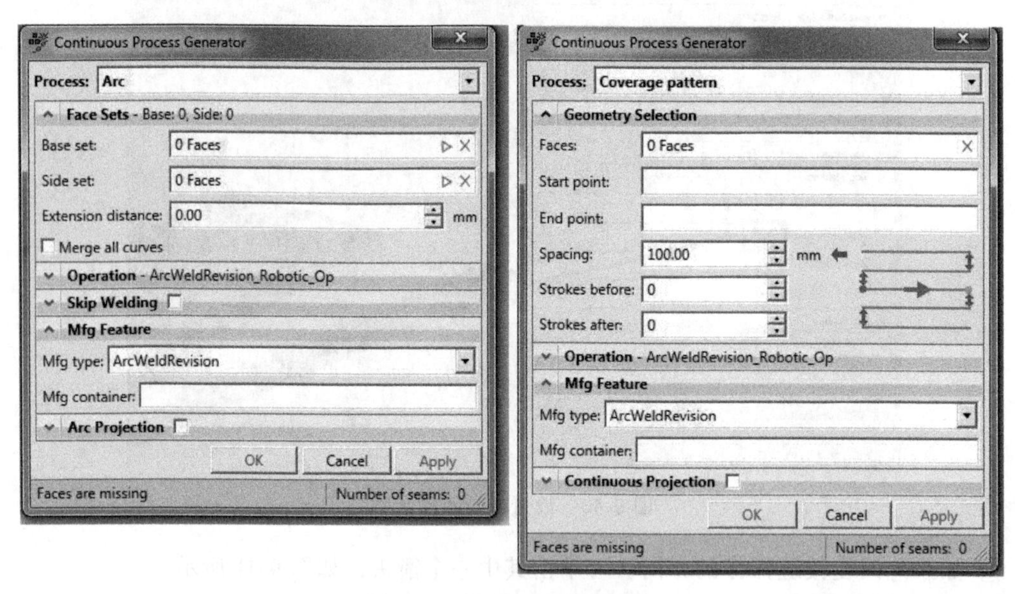

图 9-43　展开 Mfg 功能区域

② 配置 Mfg 类型。

③ 要配置存储连续 Mfg 的 3D 文件夹位置，可单击按钮，出现选项对话框的连续选项卡。将 3D 文件夹位置设置到所需的位置。这必须嵌套在系统根目录下。

11）单击确定按钮以运行该选项并创建新的连续操作。

12）可以从连续过程发生器执行接缝操作上的弧投影：

① 单击弧投影选项，展开弧投影区域，如图 9-44 所示。

② 选择弧投影复选框启用投影。如果在前一个会话中设置了这些参数，那么这些值将被保留。在不选择复选框的情况下展开弧投影区域，可以查看当前设置。

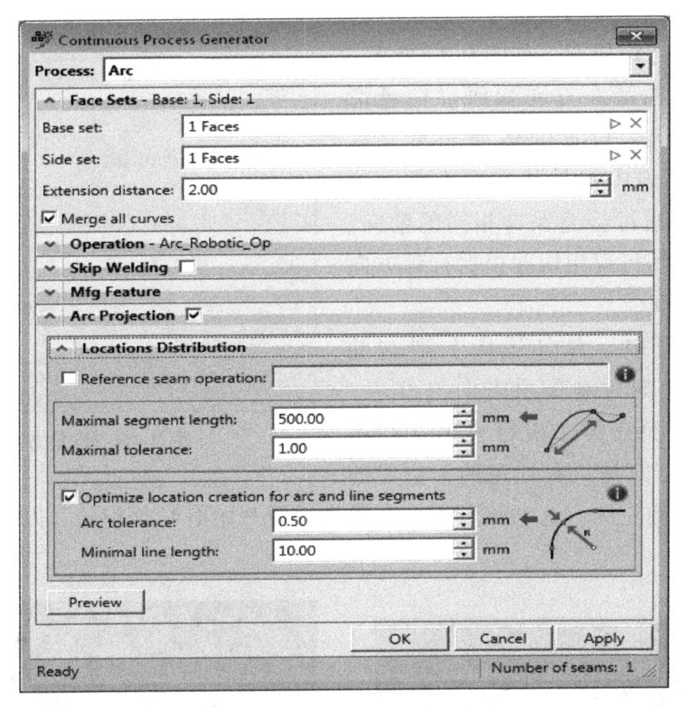

图 9-44　展开弧投影区域

③ 要采用已投影的接缝投影参数，可选择参考接缝操作复选框，然后在图形查看器或操作树中选择一个投影接缝。

④ 如果希望设置投影参数，可使用投影弧缝对话框中的投影参数部分所述的最大线段长度、最大容差和优化位置创建参数。

⑤ 在应用之前，可以单击预览按钮查看沿接缝的位置分布。

13）可以从连续过程生成器对话框中对连续操作执行连续投影。

① 单击连续投影选项，展开连续投影区域，如图 9-45 所示。

② 选择连续投影复选框来启用投影。如果在前一个会话中设置了这些参数，那么这些值将被保留。在不选择复选框的情况下打开连续投影可以查看当前设置。

③ 要采用已投影接缝的投影参数，可选择参考接缝操作复选框，然后在图形查看器或操作树中选择一个投影接缝。

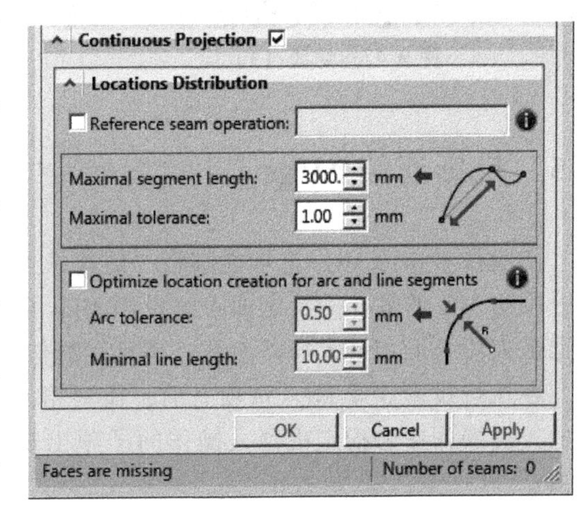

图 9-45　展开连续投影区域

④ 如果希望设置投影参数，可使用项目连续 Mfg 中所述的最大线段长度、最大容差和优化位置创建参数。

⑤ 如果正在配置覆盖模式过程，则连续投影还会提供位置方向参数，如图 9-46 所示。

所有投影位置的方向都与参考行程的方向类似，并与它们的行程相切，如图 9-47 所示。

可以看出，无论箭头方向如何（白色箭头，根据笔画交替），位置的运动矢量（红色）方向在所有笔画中都是从左到右的。这意味着机器人可以通过接缝保持相同的朝向。切线指投影位置与其行程相切并根据行程方向定向，如图 9-48 所示。

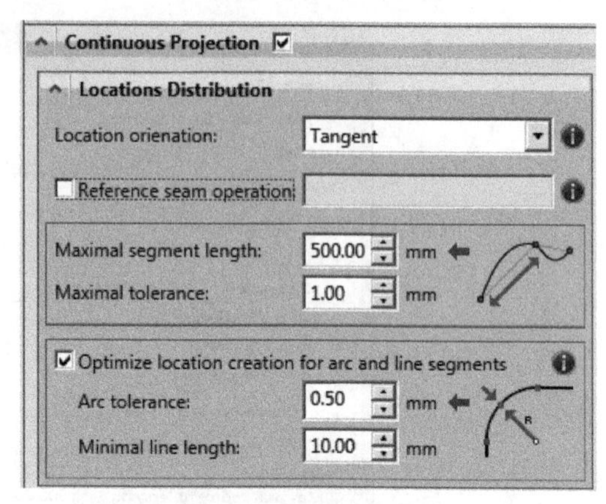

图 9-46　位置方向参数

在第一次行程中，方向是从左到右的（白色箭头），位置的运动矢量方向（红色）也是从左到右的，而在第二次行程中（在第一次行程之上），方向是从右到左的，位置的运动矢量也是从右到左的。这意味着焊枪在每次行程开始时必须旋转，以便从正确的角度接近位置。

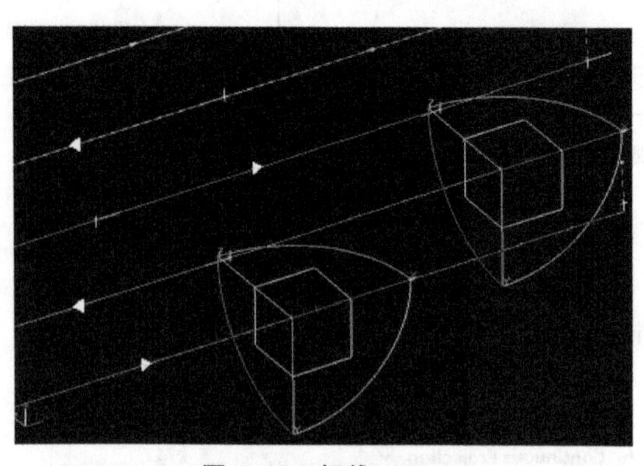

图 9-47　切线（1）

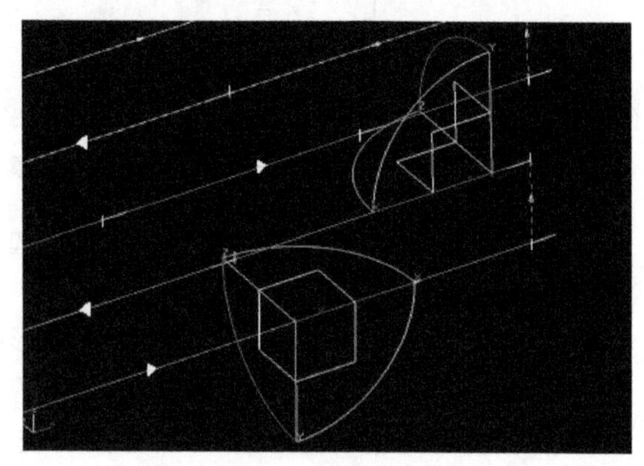

图 9-48　切线（2）

9.5　投影连续 Mfgs

使用投影连续 Mfgs 选项能够将一组连续 Mfgs 元素投影到分配给它们的零件上，或投影到分配给 Mfg 的零件的特定面上。投影 Mfgs 会为每个 Mfg 生成机器人接缝操作和接缝位置。根据最大段长度和最大容差参数，预计接缝位置接近该部件的形状。

在执行投影连续 Mfgs 选项之前，需要指定一个连续的机器人复合操作。使用该选项生成的接缝操作作为指定机器人操作的子项出现在操作树中。要连续制造 Mfgs，可执行以下步骤：

1）选择连续机器人复合操作。

2）选择处理选项卡→连续组→投影连续 Mfg 选项，出现投影连续 Mfgs 对话框，如图 9-49 所示。

该对话框显示与选定的机器人操作相关的树。每个操作下嵌套的操作是 Mfgs。如果希望将 Mfgs 投影到特定的零件面上，那么可以在零件面下嵌套零件面。如果省略嵌套任何零件面，则系统默认将 Mfgs 投影到零件区域中列出的零件上。

对于每个 Mfg，R（结果）列表示 Mfg 的投影状态。以下内容可能出现在 R 列中：

① 空白：未投影。

② ✓：精确几何投影成功。

③ ✓~：近似几何投影成功。

④ ✓!：投影在近似几何图形上成功（如果尝试，则在精确几何图形上失败）。

⑤ ?：当操作重新投影失败时，系统会保留先前投影的位置。该图标标记此操作下次打开。

3）单击 或 按钮可展开/折叠特征树中的另一层结点。例如，如果至少有一个面结点当前正在展开，则单击 按钮会将该树折叠到 Mfg 结点的较高级别。

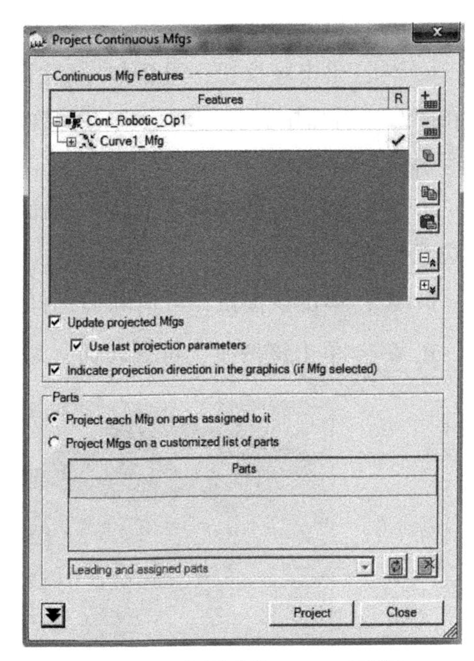

图 9-49　投影连续 Mfgs 对话框

4）如果希望向特征树添加更多操作，可在操作树中选择所需的操作，然后单击 按钮，所选操作将显示在特征树中及其关联的 Mfgs 中。

该系统只允许添加拥有 Mfgs 的操作。

系统忽略重复的选择。

5）可以将 Mfgs 添加到特征树中，步骤如下：

① 在 Mfg 查看器中选择连续 Mfg，或者在操作树中选择与相关 Mfg 连续的操作。

只能添加分配给连续机器人操作的 Mfg，无法添加其他连续的 Mfg。

如果 Mfg 已经在特征树中列出，则不会重复。

② 单击 按钮将 Mfg 添加到特征树中。

Mfg 会自动将其分配到其操作下的特征树中。如果操作在特征树中不存在，则系统添加所需的结点。

如果通过选择操作树中的操作添加 Mfg，则该操作将通过嵌套 Mfg 添加到特征树中。

如果添加与多个操作关联的 Mfg，则会添加所有相关操作，并且 Mfg 嵌套在每个操作下。

6）如果希望将 Mfg 工程投影到指定的零件面上，则可选择面。

系统将选定面的 Mfg 投影到选定的面上，并且 Mfg 已省略选择零件列表中零件的面。

① 单击要在其下面嵌套面的要素树中的 Mfg。

② 单击 按钮，面选择对话框出现，如图 9-50 所示。

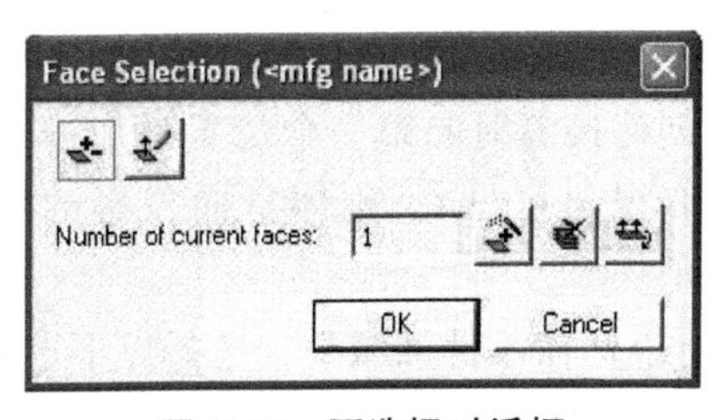

图 9-50　面选择对话框

③ 执行以下操作：

a. ：单击该按钮，可添加/删除面。在图形查看器中，单击想要添加的面，则选定的面在图形查看器中高亮显示，当前面数计数器更新。如果 想取消选择一个面，可再次单击该按钮。

b. ：如果已经选择了至少一个面，那么系统将自动选择与最初选择的面位于同一侧或边缘的所有面的连接。

c. ：单击该按钮，可清除面选择。

d. ：单击该按钮，可翻转面，如图 9-51 所示。

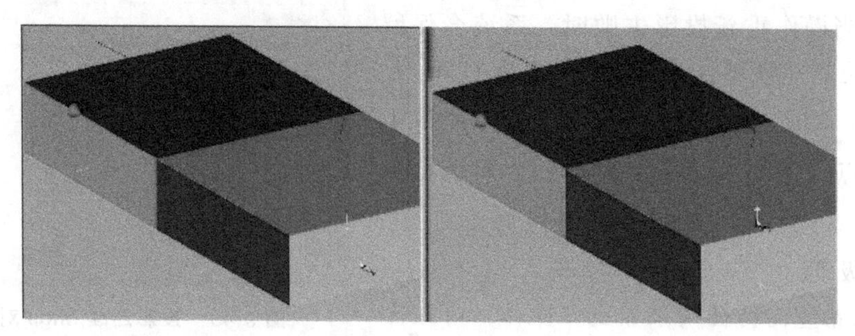

图 9-51　面操作

在正常模式下工作时，鼠标指针变为。也可以单击翻转所有法线按钮，在单个操作中翻转所有选定面的法线。

④ 单击确定按钮接受面选择。特征树中的面嵌套在 Mfg 中。在特征树中选择面，可在图形查看器中突出显示。无法选择空白部分的面。

7）可以选择面并使用复制按钮和粘贴按钮进行操作，方便在其他 Mfg 下进一步选择面。

8）配置以下选项：

① 如果投影已经存在并且希望更新，可选中更新投影 Mfgs 复选框以覆盖当前数据。如果此选项清除（这是默认设置），系统将省略先前投影的弧形 Mfgs。

② 如果设置了更新投影 Mfgs，则可以选中使用最后一个投影参数复选框来指示系统使用与先前投影中使用的参数相同的参数。

③ 如果先前的投影是使用版本 11 之前的 Process Simulate 执行的，则不能选择使用上次投影参数复选框。在这种情况下，系统将使用默认参数。

④ 如果选中图形中的指示投影方向，则系统会在创建接缝时向第一个位置添加一个圆锥图标（从所有视角可见）。锥体指向投影的方向，如图 9-52 所示。

图 9-52　锥体指向投影的方向

9）在零件区域中，选择以下选项之一：

① 所选操作的 Mfgs 自动出现在特征树中。Mfgs 的相关零件在零件清单中列出。

② 如果 Mfg 下方有嵌套面，则系统将忽略零件区域中的设置。

③ 在分配给它的零件上投影每个 Mfg：系统自动将每个 Mfg 投影到其分配的零件上。

④ 投影 Mfg 到零件的自定义列表：系统将 Mfg 投影到零件列表中列出的零件上。如果向特征树添加了其他 Mfg，那么可从下拉列表中选择以下其中一项，然后单击按钮以将关联的零件添加到零件列表。

a. 仅限主要部分：在特征树中填充每个 Mfg 的前导部分。

b. 引导和分配的零件：使用特征树中每个 Mfg 的引导和分配零件填充零件列表。要清除零件列表中的所有零件，可单击按钮。

10）如果希望微调投影，可单击按钮以展开投影连续 Mfgs 对话框的投影参数区域，如图 9-53 所示。

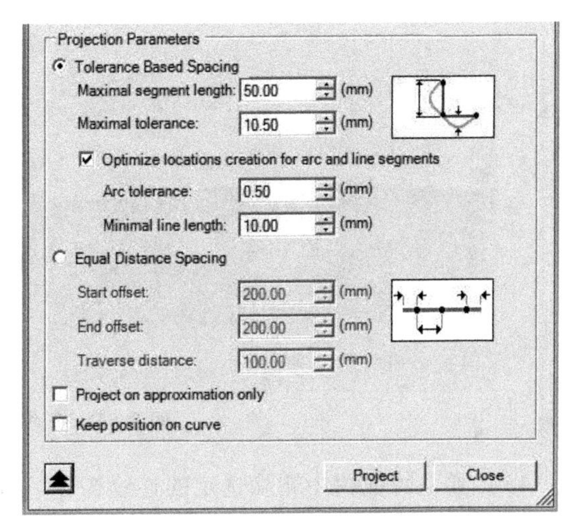

图 9-53　投影参数区域

11）选择下列选项之一：

① 基于公差的间距：系统根据目标特征的几何结构放置投影位置。配置以下参数：

最大段长度：投影连续 Mfgs 时创建的两个位置之间的最大允许距离。

最大公差：位置和定义接缝几何的曲线之间允许的最大距离。

② 优化圆弧和线段的位置创建：当选择该复选框（默认设置）时，会优化 Mfg 投影，条件是源 Mfg 中的所有位置都符合定义的圆弧容差和最小线条长度。系统使用两个位置为直线创建投影，三个位置为圆弧创建投影，五个位置为圆圈创建投影。当取消选择此复选框时，系统会创建连续位置的投影，需要大量计算机资源。

完成投影后，系统根据曲线段的检测结果设置各个位置的运动类型。位置的运动类型取决于机器人接近位置的方式。对于圆形曲线，系统将最后两个点设置为 CIRC；对于线性曲线，将最后一点设置为 LIN。这些点投影的位置由这些运动类型设置。

③ 等距离间距：系统根据初始参数放置投影位置。

④ 起始偏移量：从 Mfg 开始到第一个投影位置的偏移距离。

结束偏移：从最后一个投影位置到 Mfg 结束的偏移距离。

遍历距离：投影位置之间的距离。

图 9-54 所示为基于公差的间距和等距离间距的结果。

12）也可以配置以下内容：

① 仅在近似项目上投影：在零件的近似版本上投影 Mfgs。使用此选项可节省计算资源并实现快速结果。

② 在曲线上保持位置：如果 Mfg 与 投影的零件不在同一平面上，设置此选项可确保投影位置保留在 MFG 处，如图 9-55 所示。

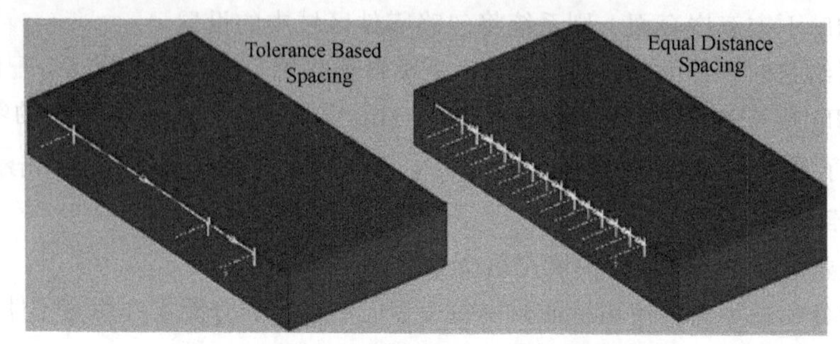

图 9-54　基于公差的间距和等距离间距的结果

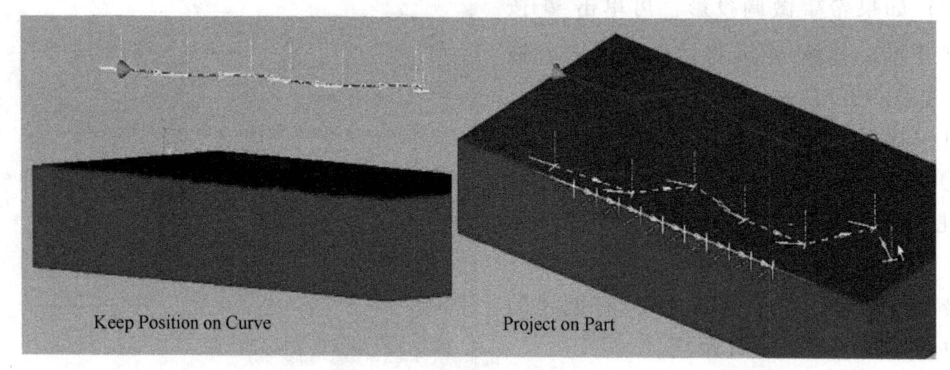

图 9-55　在曲线上保持位置

13）要从特征树中删除选定的连续操作、Mfg 或面，可单击按钮。

如果删除连续操作下嵌套的所有弧形 Mfg，则系统也会删除连续操作。

14）单击 Project 按钮以投影 Mfg。

对于特征树中的每个 Mfg，此步骤会生成以下内容：

连续特征操作：这些操作作为机器人复合操作的子代出现在操作树中。特征树中 Mfg 的顺序决定了连续特征操作在机器人复合操作下的操作树中出现的顺序。操作树中接缝操作的顺序决定了它们执行的顺序。连续特征操作如图 9-56 所示。

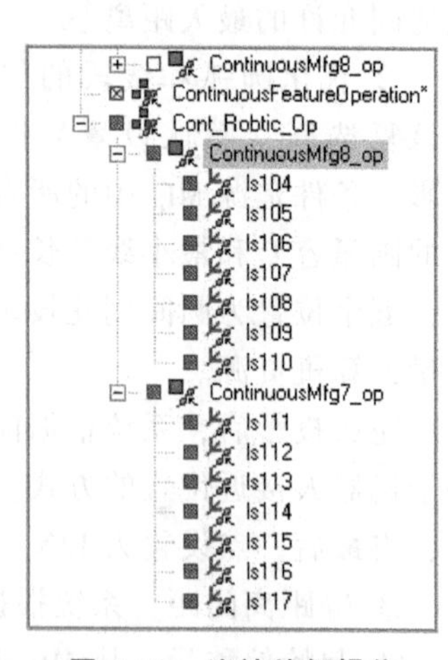

图 9-56　连续特征操作

接缝位置出现在图形查看器的相关部件上，如图 9-57 所示。

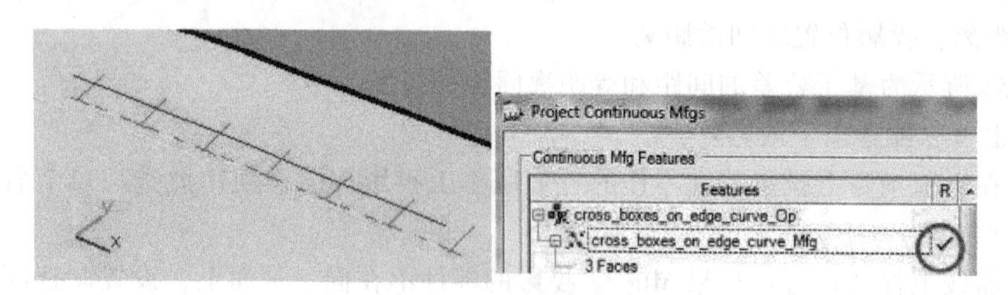

图 9-57　接缝位置

15）单击 Close 按钮关闭投影连续 Mfgs 对话框。

9.6 从曲线创建连续 Mfgs

使用从曲线创建连续 Mfgs 选项可以在当前投影中的任何曲线创建连续 Mfgs。可以使用现有曲线，创建新曲线或从外部 CAD 程序导入曲线。创建连续 Mfgs 后，可以投影到零件上。

要从曲线创建连续 Mfgs，可执行以下步骤：

1）设置建模范围。

2）选择处理选项卡→连续组→从曲线创建连续 Mfgs 选项，出现从曲线创建连续 Mfgs 对话框，如图 9-58 所示。

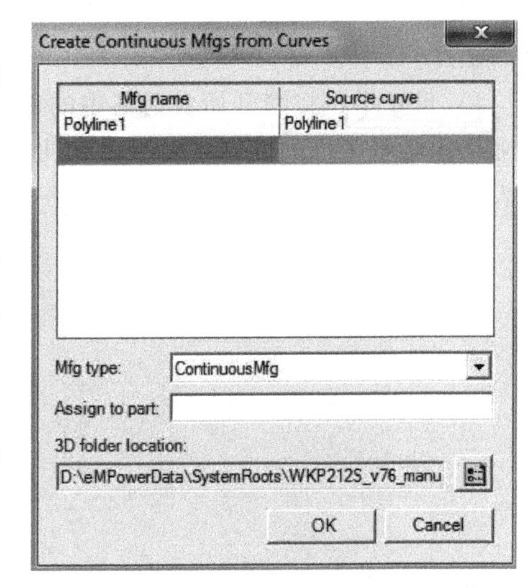

图 9-58 从曲线创建连续 Mfgs 对话框

如果在启动从曲线创建连续 Mfgs 元素之前在图形查看器或对象树中选择了曲线、圆形、弧形或多段线，则这些元素将加载到从曲线创建连续 Mfgs 对话框右侧的源曲线列表中。对话框左侧的 Mfg 名称列表中显示了要创建的每个 Mfg 的默认名称。

3）要添加源曲线，可单击源曲线列表的底部行，并从图形查看器或对象树中选择圆形、圆弧或多段线。

4）要编辑 Mfg 名称，可双击 Mfg 名称列表中的条目。

5）除非先前选择了另一种类型，否则选择要创建的 Mfg 类型时。可以选择从 Continuous Mfgs（连续特征值）继承的 Mfg 类型。

确保保存以生成 COJT。

6）要选择分配新 Mfg 的零件，可单击分配以分离选项，并在图形查看器或对象树中选取零件。如果此选项为空，则系统不会将 Mfg 分配给任何零件。

7）要配置存储连续 Mfgs 的 3D 文件夹位置，可单击按钮，出现选项对话框的连续选项卡。将 3D 文件夹位置设置到所需的位置。这必须嵌套在系统根目录下。

该系统可以将制造 JT 文件与所有其他 JT 文件分开存储。系统在本地存储制造 JT 文件，直到执行更新数据时更改为 eMServer。

8）单击确定按钮。

本地更改的 Mfg 会使用覆盖标记进行标记。

9.7 指示接缝开始

使用指示接缝开始选项可以设置从一个封闭的曲线创建连续 MFGS 的起点和方向。运行投影连续 Mfgs 选项时，可控制接缝中位置的顺序。要设置连续 Mfgs 的起点和方向，可执行以下操作：

1）选择处理选项卡→连续组→指示接缝开始选项出现指示接缝开始对话框，如图 9-59 所示。

Indicate Seam Start

Mfg feature: Circle4_mfg_X

Start point: 200.15 188.59 1000.00

Via direction point: 255.96 100.54 1000.00

OK Cancel

图 9-59 指示接缝开始对话框

2）选择 Mfg 功能选项，然后从图形查看器中选择想要配置的连续 Mfg。如果在指示接缝启动之前选择了 Mfg，则会将其加载到 Mfg 功能中。

3）设置指示接缝开始对话框中的开始点。在图形查看器中选择想要成为起点的 Mfg 点。图形查看器中插入一个小红叉，起点显示所选点的坐标。

4）设置指示接缝开始对话框中的通过方向点。在图形查看器中，单击起点旁边的一个点来指示希望选择的方向。对于闭合曲线，投影方向从起点到通过方向点。在图形查看器中插入一个小蓝十字，通过方向点显示所选点的坐标。起点与通过方向点如图 9-60 所示。

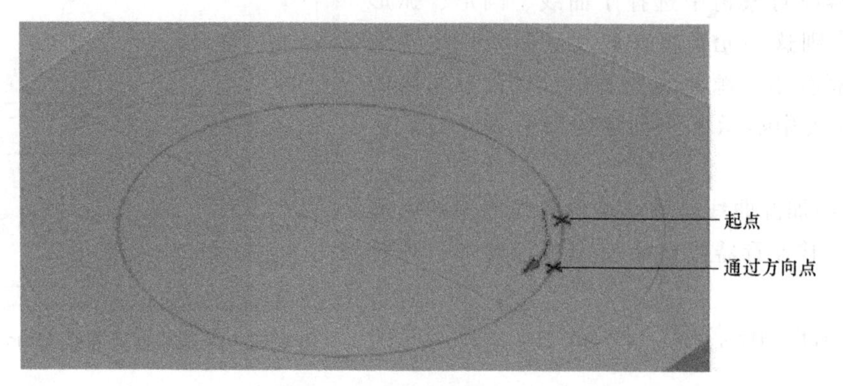

图 9-60 起点与通过方向点

制图点上的点数必须在图形查看器中配置，无法直接在指示接缝开始对话框中配置。

对于打开的 Mfgs，起点和通过点方向是在曲线创建时设置的。

如果先前设置了一个点（用于开始或通过），则会显示该点。

9.8 CLS 上传

要进行 CLS 上传，可执行以下步骤：

1）选择一个机器人。

2）选择处理选项卡→连续组→CLS 上传选项，出现 CLS 上传对话框，如图 9-61 所示。此时，机器人选项显示选定的机器人。

3）设置以下参数：

① Reframe（重坐标）：CLS 路径坐标的参考位置。这仅在选择主零件时才需要。如果未设置此参数，则主零件的自身原点将用作参考位置。

② 主要部分（可选）：上传的接缝和通过位置要附加到的部分。

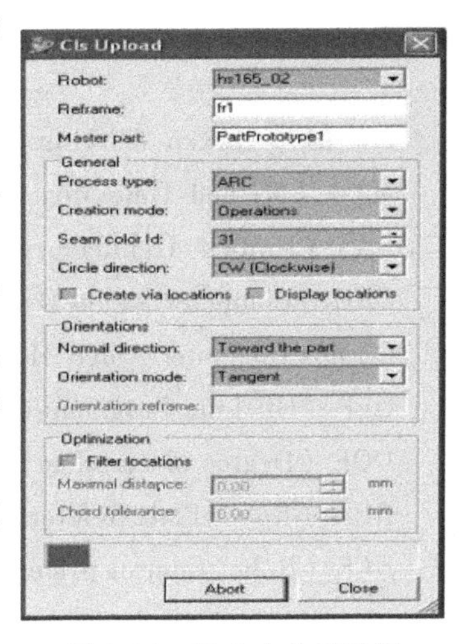

图 9-61　CLS 上传对话框

③ 过程类型：为创建的接缝操作或接缝 Mfg 选择所需的连续过程。如果此参数未设置，则该过程未定义。

创建模式：指示是否创建接缝操作或具有几何体的 Mfg。

④ Seam color Id（弧焊颜色）：CLS 文件中的 Paint/Color，用于区分接缝位置和通过位置。

⑤ 圆圈方向：定义圆圈指令中的法向矢量是 CW（顺时针）还是 CCW（逆时针）旋转。如果 CLS 文件来源于 NX，可选择 CW（顺时针）。如果 CLS 文件来自 ProE，可选择 CCW（逆时针）。

⑥ 通过位置创建：指示是否在接缝操作之间创建通过位置。

⑦ 显示位置：指示是否显示路径上的位置。

⑧ 法向：CLS 文件中定义的法向矢量用作法向轴方向。

朝向零件：与在 CLS 文件中定义的法向矢量相反，用作法向轴方向。

⑨ 方向模式：此参数和方向参考坐标系用于定义如何计算运动轴的方向。可以选择任何可定位的对象作为方向重构。如果所选参考不是一个坐标系，那么它的自身原点被用作参考坐标系。设置下列其中一项：

切线：移动轴与轨迹相切。

固定：移动轴与方向重构对齐的轴线相同。

朝向点：移动轴指向方向重构的中心。

切线锯齿形：与正常切线模式相比，每移动一次，运动轴就会翻转（绕法向轴旋转 180°）。

如果计算的运动轴平行于法线轴，则可采用任意的运动轴方向。

⑩ 方向重构：可以选择任何可定位的对象作为方向重构。如果所选参考不是一个坐标系，那么它的自身原点被用作参考坐标系。

⑪ 过滤器位置：指示是否根据最大距离和和弦公差过滤接缝位置。

⑫ 最大距离：表示两个位置之间允许的最大距离。

⑬ 和弦公差：表示允许的最大和弦偏差。优化过程会从 CLS 文件中删除尽可能多的接缝位置，同时保留以下接缝位置：

任何跳过的位置小于上一次上传位置的最大距离。

任何跳过的位置，形成的弧度小于和弦公差和弦，与上一个和下一个上传的位置一致。始终上传接缝的第一个和最后一个位置。

4）单击上传按钮。系统会提示选择一个或多个 CLS 文件。

每个路径的连续操作路径由 TOOL PATH 关键字分隔。如果不存在，则使用完整文件内容创建单个路径并命名为 Milling。

创建的接缝路径为黄色。

如果 PAINT/COLOR（笔画/颜色）指令不存在，则应用程序假定所有点都在一个笔画内。

缩略语索引

OWAS（ Owako Working-posture Analyzing System） Owako Working-posture 分析系统

MTM（Method-Time-Measurement）时间测量方法

UAS（Unified Architecture System）统一架构系统

CAD（Computer Aided Design）计算机辅助设计

CAM（Computer Aided Manufacturing）计算机辅助制造

OLP（Off Line Programming）离线编程

DOF（Degree of Freedom）自由度

RPR（Robot Path Reference）机器人路径参考

RCS（Robot Control System）机器人控制系统

参考文献

[1] 林裕程，韩勇. 基于NX MCD的数控机床虚拟调试［J］. 制造技术与机床，2021（2）151-156.
[2] 成正勇，李爱冉，黎亮，等. 基于TECNOMATIX的机器人点焊离线编程技术应用［J］. 汽车科技，2020（5）：73-79.
[3] 黄初敏. 西门子PROCESS SIMULATE与三菱PLC通讯研究［J］. 时代汽车，2020（5）：27-28.
[4] 李海芸，林南靖，董楸煌，等. 毛边锯材智能加工装备控制系统设计与试验［J］. 中南林业科技大学学报，2020，40（4）：133-139.
[5] 陈冲，戚江波，马世兴，等. 基于TECNOMATIX的电机虚拟装配技术研究［J］. 现代制造技术与装备，2020（4）：67-68.
[6] 王刚，郭艳丽. 虚拟调试技术在白车身生产线中的应用［J］. 湖北汽车工业学院学报，2019（4）：38-41.
[7] 高炜，姜万生，张磊刚，等. NCDDE技术在机床远程监控中的应用［J］. 机械工程师，2019（3）：73-75.
[8] 叶茎，丁群燕，鄢鼎立，等. 基于PLM的全自动焊接生产线设计［J］. 轻工科技，2018，34（12）：63-64；73.
[9] 黄敦华，李勇，季君. 基于OPC SERVER技术的多功能工业机器人控制系统设计［J］. 实验室研究与探索，2018，37（10）：98-102.
[10] 罗家欣. 基于PLM的生产技术资料管理系统的设计与实现［D］. 广州：华南理工大学，2017.

参考文献

[1] [illegible]. 基于 NX MCD 的数控机床[illegible] [J]. 制造技术与机床，2021 (?)：151-156.

[2] [illegible]. 基于 TECNOMATIX 的[illegible] [J]. [illegible]，2020 (5)：73-7[illegible].

[3] [illegible]. 基于 PROCESS SIMULATE [illegible] [J]. [illegible]，2020 (4)：27-28.

[4] [illegible] [J]. [illegible]，2020，4 (?)：[illegible].

[5] [illegible]，等. 基于 TECNOMATIX [illegible] [J]. [illegible]，2020 (4)：[illegible].

[6] [illegible] [J]. [illegible]，2019 (?)：[illegible].

[7] [illegible]. AGILE 技术[illegible] [J]. [illegible]，2019 (33)：[illegible].

[8] [illegible]，等. 基于 PLM [illegible] [J]. [illegible]，2018，31 (12)：[illegible].

[9] [illegible]. 基于 OPC [illegible] 技术[illegible] [J]. [illegible]，2018，(10)：98-102.

[10] [illegible]. 基于 PLM [illegible] [D]. [illegible]，2018.